KOMPAKTWISSEN
BIOLOGIE

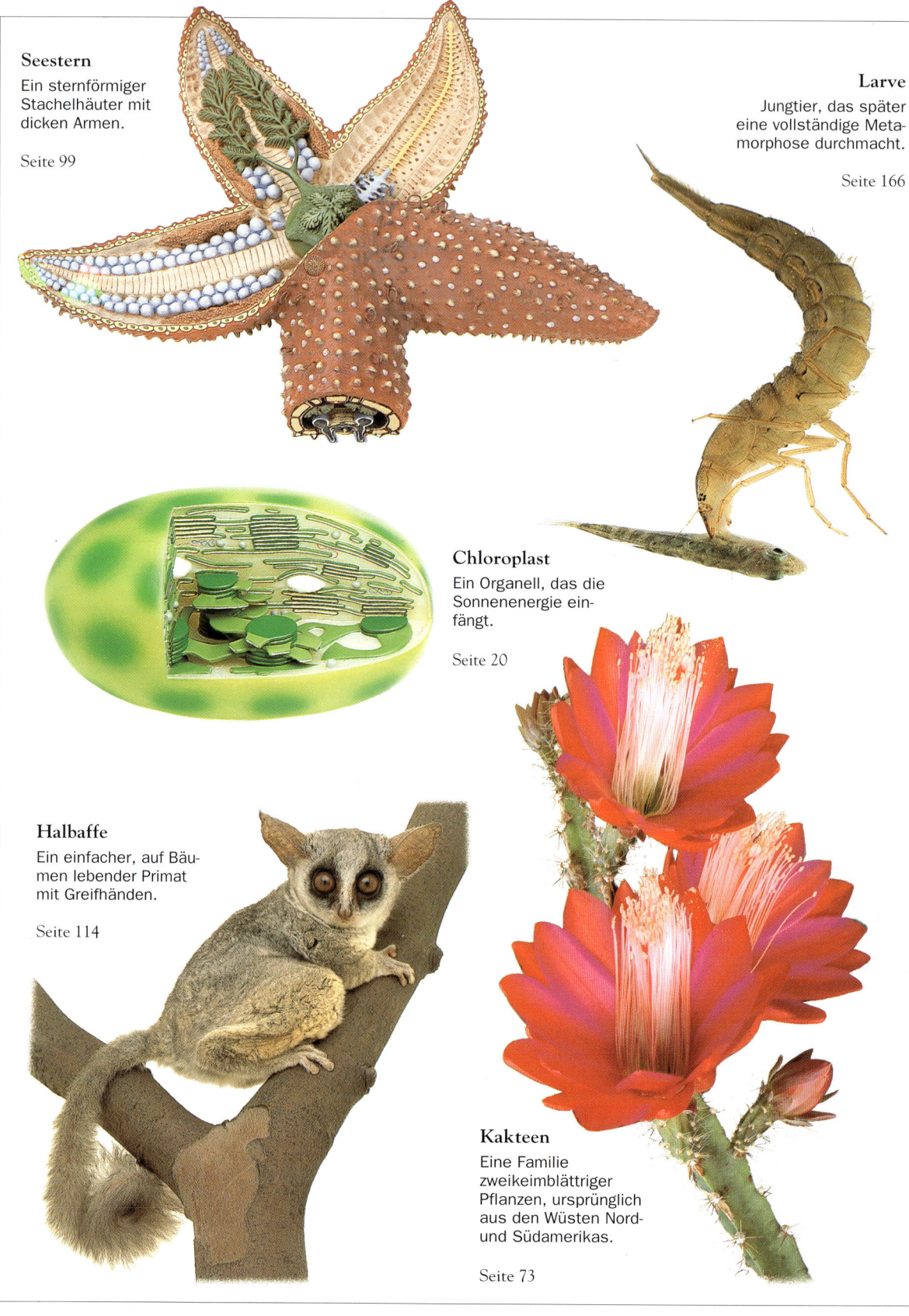

Seestern

Ein sternförmiger
Stachelhäuter mit
dicken Armen.

Seite 99

Larve

Jungtier, das später
eine vollständige Meta-
morphose durchmacht.

Seite 166

Chloroplast

Ein Organell, das die
Sonnenenergie ein-
fängt.

Seite 20

Halbaffe

Ein einfacher, auf Bäu-
men lebender Primat
mit Greifhänden.

Seite 114

Kakteen

Eine Familie
zweikeimblättriger
Pflanzen, ursprünglich
aus den Wüsten Nord-
und Südamerikas.

Seite 73

KOMPAKTWISSEN
BIOLOGIE

David Burnie

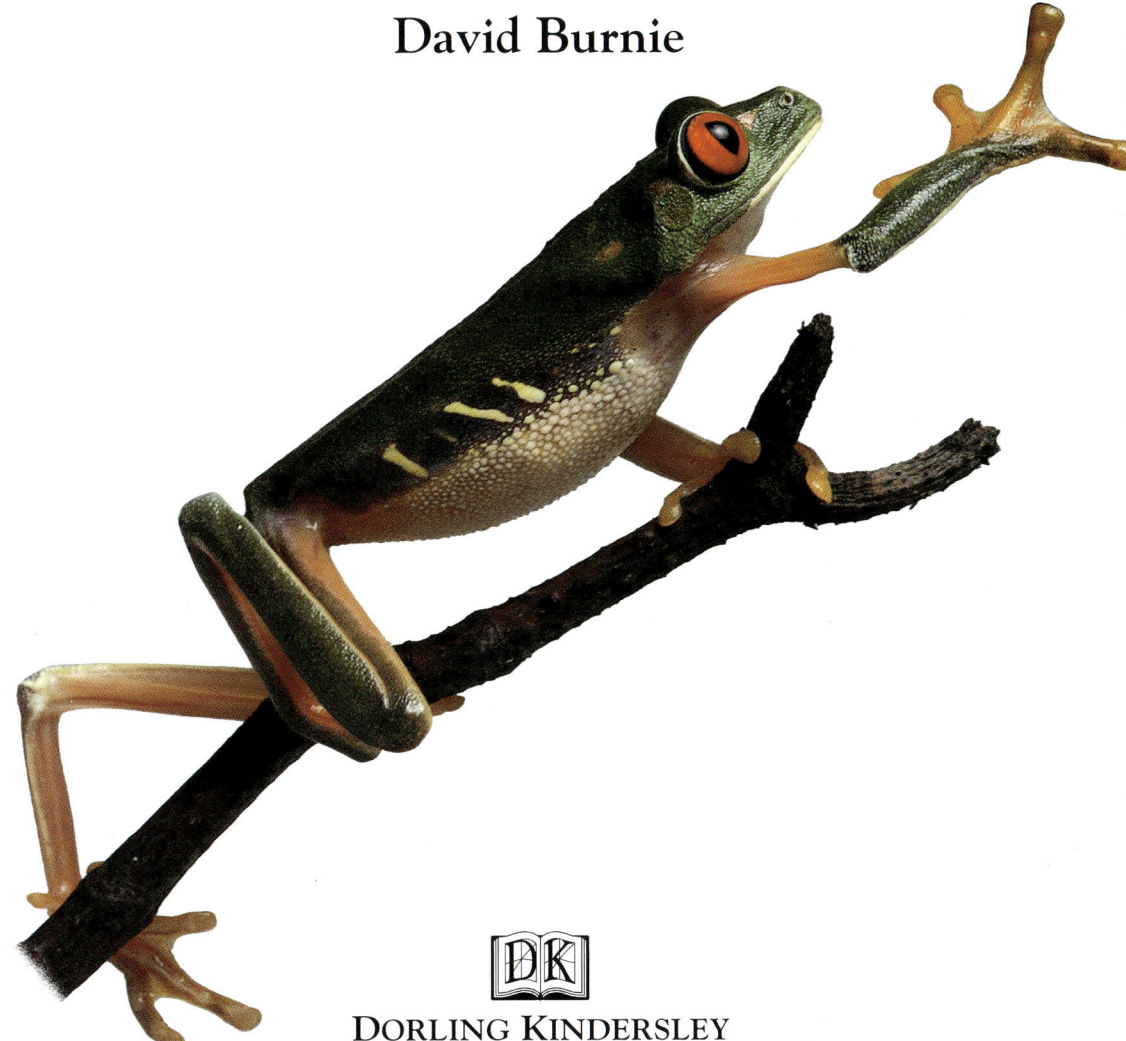

DORLING KINDERSLEY
London • New York • München • Paris

DORLING KINDERSLEY

Projektbetreuung Bridget Hopkinson
Bildbetreuung Yaël Freudmann
Redaktion Fiona Robertson
Design Nicola Webb
Herstellung Samantha Larmour
Cheflektorat Helen Parker
Chefbildlektorat Peter Bailey
Bildrecherche Anna Lord

Pädagogische Beratung Jackie Hardie,
B.Sc., M.Ed., C.Biol., F.I.Biol.,
The Latymer School, London
Kimi Hosoume, B.A., Lawrence Hall of Science,
University of California at Berkeley
Redaktionelle Beratung Dr. Philip Whitfield
Kings College, London

Modelle von Somso Modelle, Coburg, Deutschland

Die Deutsche Bibliothek – CIP-Einheitsaufnahme

Ein Titeldatensatz für diese Publikation ist bei
Der Deutschen Bibliothek erhältlich.

Titel der englischen Originalausgabe:
Concise Encyclopedia Nature

© Dorling Kindersley Limited, London, 1994
Text © 1994 David Burnie

© der deutschsprachigen Ausgabe by Dorling
Kindersley Verlag GmbH, München, 2001

Alle deutschsprachigen Rechte vorbehalten

Übersetzung Dr. Sebastian Vogel
Redaktion/Lektorat Michael Holtmann
Satz Verlagsbüro Michael Holtmann, Bayreuth

ISBN 3-8310-0137-5

Besuchen Sie uns im Internet
www.dk.com

Naturschutz

Dieses Buch enthält Fotos vieler Gegenstände und Lebewesen, die man in freier Natur findet. Unmittelbares Beobachten ist entscheidend, wenn man etwas über die Natur erfahren will, aber man darf den Lebewesen dabei weder Schaden zufügen noch ihr Leben in Gefahr bringen. Wilde Tiere und Pflanzen sollte man nicht nach Hause oder ins Labor mitnehmen, sondern in ihrer natürlichen Umgebung beobachten.

Wissenschaftliche Namen

In den Erklärungen dieses Buches werden wissenschaftliche und umgangssprachliche Namen nebeneinander benutzt. Im Allgemeinen wird eine Art zunächst mit ihrem **fett** gedruckten umgangssprachlichen Namen vorgestellt, und dann folgt der zweiteilige wissenschaftliche Name in *kursiver* Schrift. Der Hauptartikel über eine Gruppe eng verwandter Arten beginnt ebenfalls mit dem umgangssprachlichen Namen in **fetter** Schrift, gefolgt von der einteiligen, *kursiv* gedruckten wissenschaftlichen Bezeichnung. Größere Gruppen werden nach dem auf Seite 56/57 erläuterten Klassifikationssystem benannt.

Inhalt

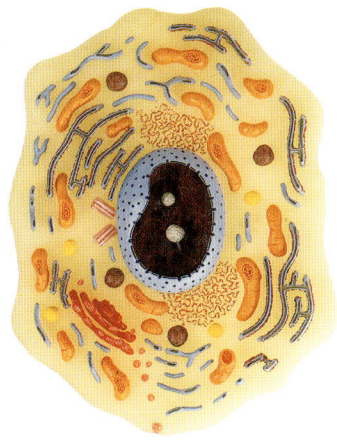

Zellen
Ein Lebewesen kann aus einer einzigen Zelle bestehen, aber auch aus vielen Milliarden. Mehr über Zellen auf Seite 18–23

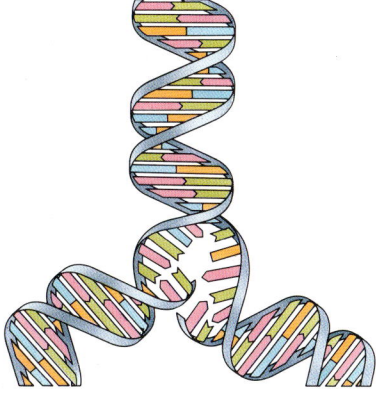

Replikation
Die DNA trägt die chemischen Anweisungen für das Leben und gibt sie durch Selbstverdoppelung oder Replikation weiter. Mehr über DNA auf Seite 34–43.

Fossilien
Die Fossilfunde zeigen, wie die Lebewesen sich in der Erdgeschichte verändert haben. Mehr über die Geschichte des Lebendigen auf Seite 44–55.

Mikroorganismen
Euglena ist so klein, dass sie in einem Wassertropfen schwimmen kann. Sie ist eine von unzähligen mikroskopischen Lebensformen. Mehr über Mikroorganismen auf Seite 60–65.

Bestäubung
Blumen locken mit bunten Farben und Duft viele Insekten an. Die Tiere tragen Pollenkörner von Blüte zu Blüte, sodass Samen entstehen können. Mehr über Bestäubung auf Seite 92–93.

Spinnen
Spinnen sind nützlich: Sie fressen unzählige Insekten. Mehr über Spinnen und ihre Verwandten auf Seite 100–101.

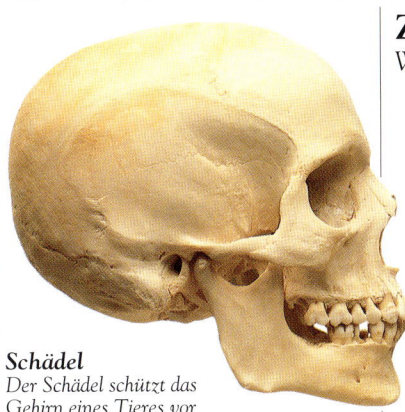

Schädel
Der Schädel schützt das
Gehirn eines Tieres vor
Verletzungen. Er ist einer der härtesten
Körperteile. Seine Form liefert Aufschlüsse
über Lebensweise und Evolution.
Mehr über die Schädel von Menschen
und Tieren auf Seite 140.

ZOOLOGIE 116–167
Wie Tiere leben und wie sie sich ernähren

Verhalten
Durch ihr Drohverhalten sieht diese Echse
gefährlicher aus als sie ist. Solche vor-
gegebenen Verhaltensmuster verbessern
die Überlebensaussichten. Mehr über das
Verhalten der Tiere auf Seite 158.

ÖKOLOGIE 168–177
Wie Lebewesen auch von der Welt abhängen, die sie umgibt

**Charles
Darwin**
Charles Darwin
trug mehr als jeder
andere Biologe dazu
bei, unsere
Kenntnisse über
das Leben auf
der Erde zu
prägen. Er wies nach,
dass Lebewesen eine
Evolution durchmachen, und
erklärte die Ursachen dieses
Wandels. Eine Liste mit vielen anderen
berühmten Biologen und Naturforschern
findet sich auf Seite 178–181.

PIONIERE DER BIOLOGIE 178–181
Über 150 bedeutende Biologen aus aller Welt

REGISTER 182–192
Mehr als 2000 Schlagwörter und Begiffe aus der Biologie

DANKSAGUNGEN 192

Zum Gebrauch dieses Buches

Dieses Wörterbuch erläutert die wichtigsten biologischen Begriffe und ihren Gebrauch. Es ist themenbezogen aufgebaut, das heißt, die Wörter sind nicht alphabetisch, sondern in Themenfeldern wie »Photosynthese« angeordnet. Auf diese Weise findet man nicht nur einzelne Begriffe, sondern ganze Gebiete der Biologie. Zum Auffinden von Wörtern dient das Register am Ende. Themen suche man ebenfalls im Register oder im Inhaltsverzeichnis auf Seite 5–7. Dort sind die Abschnitte und Themen aufgeführt.

Hauptabbildung
Mehrere zusammenhängende Einträge werden meist mit einer großen Abbildung illustriert. Sie erläutert die Stichworte oder ihren Zusammenhang. Dieses Foto eines Blattes verdeutlicht die Photosynthese.

Querverweis
Das Quadrat (■) hinter einem Wort weist darauf hin, dass es sich um ein Stichwort (Unterstichwort) an anderer Stelle handelt. Die Seitenzahlen findet man in dem Kasten »Siehe auch«.

Unterstichwort
*Unterstichworte sind **fett** gedruckt. Hier wird ein Begriff im Zusammenhang mit dem Hauptstichwort erläutert, in diesem Fall das Wort »Wellenlänge«.*

Gebrauch des Registers
Im Register sind alle Stichworte alphabetisch und mit ihrer Seitenzahl aufgeführt. Hier erfährt man zum Beispiel, dass das Stichwort »Photosynthese« auf Seite 84 steht. Es kann sich dabei um ein Hauptstichwort, ein Unterstichwort im Artikel zu einem Hauptstichwort oder um einen Begriff in einer Tabelle handeln.

Hauptüberschrift und Einleitung
Die Hauptüberschrift stellt das Thema vor. Alle Stichworte auf dieser Doppelseite haben mit Photosynthese zu tun. Eine Einleitung zu jedem Thema gibt einen Abriss über das Folgende.

---

84 • Botanik

Photosynthese

Pflanzen können selbst Nährstoffe produzieren. Sie fangen mit den Blättern die Sonnenenergie ein und nutzen sie, um aus einfachen Stoffen ihre Nährstoffe zu erzeugen. Dieser Vorgang, die Photosynthese, ist für das Leben als Ganzes unentbehrlich: Direkt oder indirekt liefert er fast allen Lebewesen ihre Nahrung.

Photosynthese
Die Herstellung von Nährstoffen aus einfachen Substanzen mithilfe des Sonnenlichts

Photosynthese heißt »durch Licht zusammensetzen«. Sie findet in den Chloroplasten ■ der Pflanzenzellen ■ statt. Dabei nutzt die Pflanze die Energie des Sonnenlichts für eine Reihe chemischer Reaktionen ■ und stellt aus Kohlendioxid- und Wassermolekülen ■ den Nährstoff Glucose her. Nebenbei entsteht Sauerstoff. Die Glucose steckt voller Energie und treibt das Wachstum der Pflanzen an. Aus Glucose erzeugen die Pflanzen auch Stärke ■ als Energiespeicher und Cellulose ■ als Baumaterial für Zellwände.

Licht
Sichtbare elektromagnetische Strahlung

Sonnenlicht ist Energie in Form von Wellen. Den Abstand von einer Welle zur nächsten nennt man **Wellenlänge**. Durch unterschiedliche Wellenlängen erhält das Licht seine Farben. Sonnenlicht ist eine Mischung aller Wellenlängen des **sichtbaren Spektrums** von Violett bis Rot. Pflanzen nutzen manche Wellenlängen stärker als andere; sie sammeln etwa ein Zehntausendstel der Sonnenenergie, die auf die Erde trifft.

Photosynthesereaktionen
Bei der Photosynthese entsteht mithilfe der Sonnenenergie aus je sechs Wasser- und sechs Kohlendioxidmolekülen ein Molekül Glucose. Gleichzeitig werden sechs Sauerstoffmoleküle gebildet.

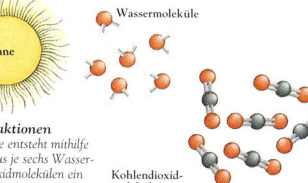

Sonne

Wassermoleküle

Kohlendioxid-moleküle

Photosynthesepigment
Eine Substanz, welche die Energie des Sonnenlichts einfängt

Pflanzen fangen die zur Photosynthese benötigte Energie mit besonderen Farbstoffen (Pigmenten) ein. Ein Pigmentmolekül, das von Licht getroffen wird, nimmt einen Teil der darin enthaltenen Energie auf und gibt sie an andere Substanzen weiter, sodass die Photosynthese ablaufen kann.

Chlorophyll
Das wichtigste Photosynthesepigment grüner Pflanzen

Chlorophyll ist das wichtigste Photosynthesepigment. Es liegt in den Chloroplasten der Pflanzenzellen und verleiht ihnen die grüne Farbe, weil es grünes Licht reflektiert, rotes und blaues aber absorbiert. Es gibt mehrere Formen des Chlorophylls; am wichtigsten ist das **Chlorophyll a**, das in Pflanzen ■, Grünalgen ■ und Cyanobakterien ■ vorkommt.

Primärpigment
Ein Pigment, das unmittelbar die Photosynthese antreibt

Die meisten Pflanzen enthalten mehrere Photosynthesepigmente. Ein Primärpigment gibt die Energie unmittelbar an die Photosynthesereaktionen weiter. In grünen Pflanzen tut dies Chlorophyll a.

Blatt enthält Chlorophyll.

Hilfspigment
Ein Pigment, das zusätzlich Lichtenergie einfängt

Hilfspigmente nehmen aus Licht bestimmter Wellenlänge zusätzlich Energie auf und geben sie an ein Primärpigment weiter. Hilfspigmente sind unter anderem die roten oder orangen **Carotine** und **Xanthophylle** sowie die braunen **Phycobiline**.

Beschriftungen und Legenden
Eine Legende mit einer Überschrift erklärt eine Abbildung. In diesem Beispiel erläutert sie, wie während der Photosynthese die Glucose entsteht. Auf Einzelheiten wie die einzelnen Moleküle der Photosynthese weisen die Beschriftungen hin.

Erklärungen

Hier wird das Stichwort näher erläutert. Man erkennt genauer, was die Definition bedeutet und wie ein Begriff verwendet wird. Außerdem stellt die Erklärung auch Verbindungen zu anderen Stichworten des gleichen Themenfeldes her. Hier wird die Funktion der Thylakoide in der Photosynthese erläutert.

Kolumnentitel

Der Kolumnentitel zeigt jeweils sofort den Hauptabschnitt. Diese Seite gehört zum Abschnitt über Botanik.

Definition

Die Definition ist eine kurze, genaue Beschreibung. Hier wird ein Thylakoid definiert.

Biografien

Auf Seite 85 steht eine Biografie über Jan Ingenhousz, der entscheidend zur Aufklärung der Photosynthese beitrug. Dieses Wörterbuch enthält zahlreiche Biografien berühmter Wissenschaftler jeweils im Zusammenhang mit den von ihnen erforschten Fragen. Weitere berühmte Biologen sind auf Seite 178–181 alphabetisch aufgeführt.

Stichwort

Dieses Stichwort lautet »Thylakoid«.

Räumliche Modelle

An einigen Stellen verdeutlichen besondere Modelle den Aufbau der Lebewesen. Hier ist ein Chloroplast dargestellt, ein winziges, mit bloßem Auge nicht erkennbares Körperchen in Blattzellen.

Botanik • 85

Absorbierte Lichtenergie (y-Achse)
Farbe (Lichtwellenlänge) (x-Achse)

Chlorophyll: Absorptionsspektrum
Das Pigment Chlorophyll absorbiert sehr wenig grünes Licht. Deshalb sehen die meisten Pflanzen grün aus.

Absorptionsspektrum

Ein Diagramm, das die von einem Pigment am stärksten absorbierten Wellenlängen erkennen lässt

Jedes Pigment hat ein charakteristisches Absorptionsspektrum. Chlorophyll absorbiert rotes und blaues Licht, aber nur wenig grünes. Carotine absorbieren mehr Grün und wenig Rot.

Thylakoid

Ein chlorophyllhaltiges Membransäckchen

Thylakoide sind flache, scheibenförmige Säckchen in den Chloroplasten. Sie bilden **Grana** genannte Stapel, die durch das **Stroma** getrennt sind. Die Thylakoide sind voller Chlorophyll. Licht, das auf ein Blatt fällt, wandert in die Chloroplasten und trifft auf die Thylakoide. Dort fängt das Chlorophyll die Energie ein und setzt die Photosynthese in Gang.

Lichtreaktion

Eine chemische Reaktion, die nur im Licht stattfindet

Im ersten Schritt der Photosynthese, der **Photolyse**, wird Wasser mithilfe der Lichtenergie gespalten. Dabei entstehen energiereiche Verbindungen wie das ATP. Diese Reaktionen finden in den Thylakoiden statt, und zwar nur bei Licht.

Dunkelreaktion

Eine chemische Reaktion, die auch im Dunkeln stattfinden kann

Im zweiten Schritt der Photosynthese werden mit der Energie aus ATP und anderen Energieträgern die Sauerstoffatome aus Kohlendioxidmolekülen herausgelöst. Die Kohlenstoffatome verbinden sich dabei zu Glucose. Diese Reaktionen finden im Stroma der Chloroplasten statt und benötigen kein Licht.

Jan Ingenhousz

Niederländischer Physiologe, 1730–1799

Jan Ingenhousz untersuchte als einer der Ersten die Photosynthese. **Joseph Priestley** (1733–1804) bemerkte 1771, dass Pflanzen Sauerstoff abgeben. Im Gefolge dieser Entdeckung zeigte Ingenhousz, dass Pflanzen im Licht sowohl Kohlendioxid aufnehmen als auch Sauerstoff ausscheiden. Im Dunkeln ist es umgekehrt.

Kohlenstoff-Fixierung

Die Umwandlung von Kohlendioxid in organische Verbindungen

Alle Lebewesen enthalten Kohlenstoff ■, aber nur manche können ihn »fixieren«, das heißt unmittelbar in organische Verbindungen ■ umwandeln. Di⟨e⟩ wichtigste Form der Kohlens⟨toff-⟩Fixierung ist die Photosynth⟨ese⟩ Pflanzen fixieren jedes Jahr ⟨rund⟩ 100 000 Mio. t Kohlenstoff.

Photosynthesebakterien

Bakterien, die zur Photosynt⟨hese⟩ in der Lage sind

Auch manche Bakterien stel⟨len⟩ ihre Nährstoffe durch Photo⟨synthe⟩these her. Bei der Photosynt⟨hese⟩ der Purpurbakterien und grün⟨en⟩ Bakterien entsteht kein Sau⟨erstoff.⟩ Bei den Cyanobakterien läuf⟨t sie⟩ ähnlich ab wie bei Pflanzen.

Siehe auch

Chloroplast 20 • Cyanobakterien ⟨61⟩
Glucose 26 • Grünalgen 66
ATP 33 • Cellulose 27 • Molekül ⟨24⟩
Organische Verbindung 24
Pflanzen 57 • Pflanzenzelle 2⟨0⟩
Chemische Reaktion 25 • Stärke ⟨64⟩

Glucosemolekül

Sauerstoffmoleküle

⟨Pfl⟩anzenzellen

⟨Pfla⟩nzen bestehen aus Zellen, aber die sehen ⟨ander⟩s aus als Tierzellen. Pflanzenzellen sind ⟨von einer⟩ starren Zellwand umgeben und enthalten ⟨Chl⟩oroplasten, hell-grüne Körperchen, die ⟨E⟩nergie einfangen und der Pflanze die Her⟨stellung ih⟩rer eigenen Nährstoffe ermöglichen.

⟨…⟩zelle
⟨a⟩us einer Pflanze

⟨…⟩zelle ist wie eine Tier⟨zelle von⟩ einer elastischen Plas⟨mamembran⟩ umgeben. Sie ⟨b⟩efindet sich jedoch ⟨in einer⟩ Zelle und hat eine kräftige ⟨…⟩ für eine feste Form ⟨Pflan⟩zenzellen besitzen ⟨…⟩zellen ■, die man auch in ⟨…⟩zellen, außerdem aber ⟨…⟩ meist Vakuolen und ⟨Chloro⟩plasten. Die Chloro⟨plasten⟩ Sonnenenergie und ⟨mit ihrer⟩ Hilfe kann die Pflan⟨ze durch⟩ Photosynthese ■ aus ⟨…⟩ Kohlendioxid ihre ⟨…⟩stoffe herstellen.

Zellwand
Das halbfeste Gehäuse der Pflanzenzellen

Die Zellwand der Pflanzenzellen besteht aus mehreren Schichten des widerstandsfähigen Kohlenhydrats Cellulose ■ und anderen Substanzen. Sie ist leicht und kräftig und ihr verdankt die Zelle ihre Form. Die Wände benachbarter Zellen sind fest verbunden, sodass die Pflanze aufrecht stehen kann. Auch Pilze ■ und Bakterien ■ besitzen Zellwände, die aber nicht aus Cellulose bestehen.

Vakuole
Ein großer Speicher in der Zelle

Die meisten Pflanzenzellen enthalten eine Vakuole, das heißt einen Hohlraum, der mit dem wässerigen Zellsaft gefüllt ist. Vakuolen gibt es auch in manchen Tierzellen, aber dort sind sie viel kleiner als bei Pflanzen.

Turgor
Druck, der eine Pflanze straff hält

Die Vakuole in einer Pflanzenzelle nimmt durch Osmose ■ Wasser auf. Sie drückt das Cytoplasma gegen die Zellwand wie die Luft, die einen Ballon schwellen lässt. Durch diesen Druck behält die Zelle ihre Form bei, ein Zustand, den man **Turgeszenz** nennt. Ist die Vakuole nicht ganz voll, schrumpft sie: Die Pflanze welkt ■.

Eine Pflanzenzelle aus der Nähe
Diese elektronenmikroskopische Aufnahme zeigt eine einzelne Pflanzenzelle. Der große rote Bereich ist der Zellkern, die gelben Flecken sind die Vakuolen.

Chloroplasten

Organellen zum Einfangen von Sonnenenergie

Chloroplasten enthalten das Chlorophyll ■, einen hell-grünen Farbstoff, der die Energie des Sonnenlichts einfängt. Das Chlorophyll liegt in scheibenförmigen Säcken, die man Thylakoide ■ nennt. Chloroplasten findet man in fast allen Pflanzenzellen.

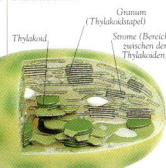

Thylakoid
Granum (Thylakoidstapel)
Stroma (Bereich zwischen den Thylakoiden)

Das Innere eines Chloroplasten
Ein Chloroplast ist von der übrigen Zelle durch eine Doppelmembran getrennt. Sie wurde hier teilweise entfernt, sodass man die Thylakoide erkennt.

Cytoskelett
Ein Geflecht aus feinen Fäden im Zellinneren

Das Cytoplasma ■ der Zellen enthält ein Gerüst aus feinen Fäden. Es hält die Organellen der Zelle in der richtigen Position und bewegt sie während der Zellteilung.

Siehe auch

Tierzellen 18 • Bakterien 60
Zellteilung 40 • Cellulose 27
Chlorophyll 84 • Cyanobakterien 61
Cytoplasma 18 • Pilze 76
Mitochondrien 18 • Zellkern 19
Organellen 18 • Osmose 22
Photosynthese 84 • Plasmamembran 18
Schwann 181 • Thylakoid 85
Welken 87

Schemata und andere Abbildungen

Schemazeichnungen zeigen denn Aufbau eines Gegenstandes oder einen natürlichen Vorgang. Hier ist die Struktur der bei der Photosynthese entstehenden Sauerstoffmoleküle dargestellt.

»Siehe auch«-Kasten

Ein »Siehe auch«-Kasten weist bei jedem Thema auf verwandte Stichworte und Unterstichworte hin, die zum besseren Verständnis beitragen. Hier wird auf einige Substanzen verwiesen, die in der Photosynthese von Bedeutung sind.

Natur – was ist das?

Ich will schlafen. Gerade bin ich eingedöst, da fliegt etwas an meinem Ohr vorbei. An dem hohen Summen erkenne ich: eine Mücke, die nach einer Blutmahlzeit sucht. Aber woher weiß sie, dass ich hier liege? Wie findet sich mich im Dunkeln? Woher kommt sie, und wo ist sie aufgewachsen? Warum gibt es in manchen Gegenden unzählige Mücken, in anderen aber nur sehr wenige? Solche Fragen wollen Wissenschaftler beantworten, wenn sie die Natur erforschen. Sie untersuchen in allen Einzelheiten, wie die einzelnen Lebewesen funktionieren und wie sie zusammen passen. An vielen Lebewesen von Moosen bis zu Säugetieren entdecken sie die gemeinsamen Eigenschaften aller lebendigen Wesen einschließlich unserer selbst.

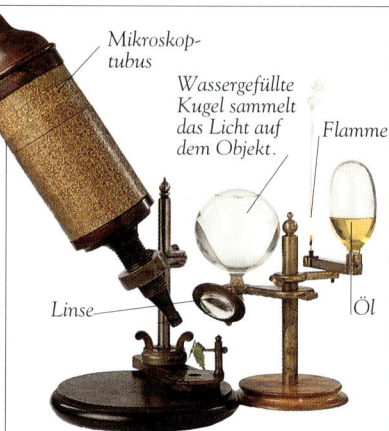

Mikroskop-
tubus

Wassergefüllte
Kugel sammelt
das Licht auf
dem Objekt.

Flamme

Linse

Öl

Die Entdeckung der Zellen
Wie in allen Wissenschaften folgt auch in der Biologie oft eine Entdeckung auf die andere. Der Engländer Robert Hooke (Seite 21) zeichnete 1665 das, was er in einem der ersten Mikroskope sah – darunter auch Zellen.

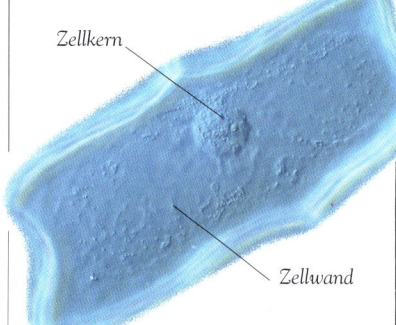

Zellkern

Zellwand

Der britische Botaniker Robert Brown untersuchte 1831 Pflanzenellen und bemerkte darin einen dunklen Klumpen. Dieses Gebilde nannte er Zellkern. Anderen fiel wenig später auf, dass alle Zellen einen Kern besitzen, aber wozu er gut ist, wusste damals niemand.

Leben

Wenn man sich die Erde als Apfelsine vorstellt, gibt es Leben nur auf der äußersten Haut. So weit wir wissen, ist die Erde im ganzen Universum die einzige Heimat von Lebewesen. Die Menschen interessieren sich schon seit alter Zeit für das Leben, und Fachleute, die es erforschen, nennt man Biologen. Die ersten Biologen beschrieben viele Pflanzen und Tiere, verwechselten aber häufig Beobachtungen mit Märchen und Legenden. Heute tragen sie sorgfältig Befunde zusammen und ziehen daraus ihre Schlüsse. Mit Mikroskop und chemischen Methoden können sie auch die kleinsten Teile der Lebewesen studieren.

Biologische Experimente
Ein Wissenschaftler wässert Pflanzen, an denen unter genau kontrollierten Bedingungen die Auswirkungen der globalen Erwärmung untersucht werden.

Vererbung
Ende des 19. Jahrhunderts experimentierte Gregor Mendel (Seite 43) mit Pflanzen. Seine Erkenntnis: Zellen müssen »Elemente« (heute sagen wir »Gene«) enthalten, die Merkmale in die nächste Generation weitertragen.

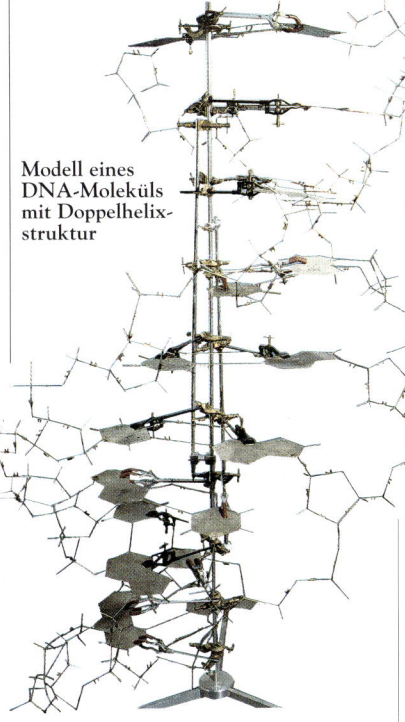

Das Lebensrezept
In der ersten Hälfte des 20. Jahrhunderts fand man die Gene in der DNA, einer Substanz im Zellkern. Ihre Struktur entdeckten James Watson und Francis Crick (Seite 35) im Jahr 1953. Sie zeigten, dass die DNA ein chemisches »Rezept« für das gesamte Lebewesen enthält.

Modell eines DNA-Moleküls mit Doppelhelixstruktur

Eine Welt im Wandel
Die Regenwälder beherbergen eine gewaltige Vielfalt von Lebewesen. Anfang des 20. Jahrhunderts waren große Teile der Tropen von Regenwald bedeckt. Heute hat man ihn vielfach abgeholzt, um Holz oder Ackerflächen zu gewinnen. Die Wildnis ist überall auf der Welt durch die Menschen bedroht.

Grenzen überschreiten

Wie in anderen Naturwissenschaften, so wird das Wissen auch in der Biologie durch neue Entdeckungen ständig größer. Hin und wieder stellt eine solche Entdeckung ein ganzes Wissensgebiet auf den Kopf. Der deutsche Chemiker Friedrich Wöhler zum Beispiel erhitzte 1826 ein paar Chemikalien, und durch Zufall bildete sich dabei eine Substanz namens Harnstoff. Damals dachten alle, Harnstoff könne nur in Tieren entstehen, und nun hatte Wöhler ihn im Labor hergestellt. Damit widerlegte er die Vorstellung, Leben und Unbelebtes seien chemisch völlig verschieden, und nun konnte man nach und nach erkennen, dass beide Formen der Chemie auf die gleiche Weise funktionieren. Diese Geschichte zeigt, wie Wissenschaft fortschreitet: Alle Erklärungen stehen ständig auf dem Prüfstand. Widerlegt ein Experiment eine Regel, muss die Regel geändert werden.

Warum erforscht man die Natur?

Heute leben viele Menschen in Städten. Echte Wildnis gibt es kaum noch, und oft scheint die Natur für unseren Alltag keine Rolle zu spielen. Ist Natur überhaupt noch wichtig? Sie zu missachten, können wir uns nicht leisten. Auch wenn wir Menschen die Erde beherrschen, teilen wir sie mit vielen anderen Lebewesen, wir gehören zum großen Geflecht des Lebendigen. Die Wissenschaftler untersuchen Lebewesen und ihre Wechselbeziehungen; so tragen sie dazu bei, dass wir die Natur, auf die wir angewiesen sind, nicht schädigen.

Wissenschaftliche Methodik

In der Naturwissenschaft stellt man genaue Beobachtungen an. Hat man genügend solche Erkenntnisse gesammelt und überprüft, kann man damit einen Vorgang begründen oder erklären.

Luftdurchlässiger schwarzer Kunststoff hält das Licht vom Blatt ab.

Blatt im Licht

Beobachtung

Auf wissenschaftliche Weise gewonnene Information

Eine Pflanze, die man auf ein Fensterbrett in die Sonne stellt, dreht ihre Blätter allmählich zum Licht. Zu dieser exakten Erkenntnis gelangt man durch unmittelbares Beobachten. Daraus schließt man dann vielleicht, dass Blätter sich *immer* zum Licht wenden. Das ist eine Hypothese, die man mit Experimenten überprüfen kann, zum Beispiel indem man die Pflanze dreht. Sprechen alle Experimente für die Hypothese, kann das bedeuten, dass sie stimmt. Wie in allen Naturwissenschaften, so sind auch in der Biologie genaue Beobachtungen von größter Bedeutung: Sie bilden die Grundlage wissenschaftlicher Theorien.

Experiment

Eine praktische wissenschaftliche Überprüfung

In Experimenten überprüft man eine Beobachtung oder eine Hypothese unter genau festgelegten Bedingungen. Die meisten Experimente finden im **Labor** statt, aber in der Biologie führt man manche Versuche auch im Freien aus. In der Regel besteht ein Experiment aus dem eigentlichen **Versuch** und einer **Kontrolle**. Will man etwa das Fressverhalten von Bienen untersuchen, kann man Zuckerwassertropfen in eine farbige Schale setzen. Das ist der Versuch. Als Kontrolle setzt man die gleichen Tropfen in die gleiche Schüssel, aber die Flüssigkeit ist diesmal reines Wasser. Sammeln sich die Bienen immer in der Versuchsschale, aber nicht bei der Kontrolle, weiß man, dass der Zucker sie anzieht.

1 Das Experiment beginnt
In diesem Experiment wird geprüft, ob Blätter bei Tageslicht Stärke produzieren. Einige Blätter werden abgedeckt, andere bleiben frei. Die unverpackten Blätter bilden die Kontrolle.

1 Gerades Wachstum
Normalerweise zeigen die Blätter der Sprösslinge nach oben. Diese Beobachtung lässt sich mit mehreren Faktoren erklären.

2 Wachstum zum Licht
Beleuchtet man die Sprösslinge von der Seite, drehen sich die Blätter zum Licht. Vermutlich beeinflusst das Licht also die Wuchsrichtung.

Iodlösung

2 Die Prüfung
Nach ein paar Stunden pflückt man die Blätter, behandelt sie mit Alkohol und setzt Iod zu. Enthält das Blatt Stärke, wird das Iod dunkel-blau.

Luftdurchlässiger schwarzer Kunststoff

Siehe auch

Zelle 18 • Charles Darwin 45
Evolution 44 • Molekül 25
Rekapitulationsprinzip 165

Variable

Ein veränderlicher Faktor

Als Variable bezeichnet man eine veränderliche Größe im Experiment oder in der Natur. Eine Variable ist die Temperatur: Sie kann steigen oder fallen. Eine andere ist die Geschwindigkeit einer chemischen Reaktion. Beide hängen zusammen, denn die Geschwindigkeit der meisten chemischen Reaktionen hängt von der Temperatur ab. Da sie sich mit der Temperatur ändert, nennt man sie **abhängige Variable**. Die Temperatur ist die **unabhängige Variable** oder die **Ursache** der Geschwindigkeitsänderung. In der Natur wirken oft viele Variablen gleichzeitig.

Konstante

Ein unveränderlicher Faktor

Eine Konstante ist eine Größe, die immer gleich bleibt. Das Gewicht eines Glucosemoleküls ■ ist z.B. eine Konstante: Es ändert sich nie.

Korrelation

Ein mathematischer Zusammenhang zwischen zwei Variablen

Eine Korrelation lässt vermuten, dass zwei Variablen zusammenhängen, aber ein Beweis für eine solche Verbindung ist sie nicht. Zwei **positiv korrelierte** Variablen nehmen gemeinsam zu oder ab. Bei einer **negativen Korrelation** wird die eine größer, wenn die andere kleiner wird.

Hypothese

Eine Erklärung, überprüfbar durch Beobachtungen oder Experimente

Eine Hypothese ist eine mögliche Erklärung für eine Beobachtung. Um sie aufzustellen, berücksichtigt man alle vorhandenen Erkenntnisse, dann kann man prüfen, ob sie immer stimmt. Oft lassen sich die gleichen Beobachtungen mit verschiedenen Hypothesen unterschiedlich erklären.

Theorie

Eine Erklärung, die offensichtlich zu wissenschaftlichen Beobachtungen passt

Eine Theorie ist eine allgemein anerkannte wissenschaftliche Erklärung. Sie passt zu allen Beobachtungen, die man an einem Gegenstand gemacht hat, und erklärt offensichtlich einen Vorgang. Charles Darwins ■ Evolutionstheorie ■ z.B. erklärt offensichtlich, warum die Lebewesen sich im Laufe der Zeit allmählich verändern.

Naturgesetz

Eine Aussage oder Erklärung, die offenbar immer stimmt

Ein Naturgesetz oder **Prinzip** ist eine Theorie, die sich bei gründlicher Überprüfung immer als richtig erwiesen hat. Es erklärt Dinge, die bereits geschehen sind, und erlaubt auch Aussagen über zukünftige Ereignisse. Nur selten muss ein Naturgesetz abgeändert oder verworfen werden, weil eine neue Beobachtung gemacht wurde.

Beweis

Wissenschaftlicher Nachweis, dass etwas immer richtig sein muss

Ein Beweis zeigt, dass etwas immer stimmt. Anders als eine Theorie oder ein Naturgesetz kann er durch weitere Beobachtungen nicht mehr verändert oder verdrängt werden. Die meisten Beweise beinhalten Mathematik. So kann man mathematisch beweisen, wie viele Zellen ■ entstehen, wenn eine einzelne Zelle eine bestimmte Zahl von Teilungen durchmacht.

Unbehandeltes Blatt

Verpacktes Blatt nach Iodbehandlung

Beleuchtetes Blatt nach Iodbehandlung

3 Das Ergebnis

Das Experiment zeigt, dass nur beleuchtete Blätter Stärke bilden. Im Dunkeln stellen sie keine Stärke her.

Die Wissenschaft vom Leben

Wie wird etwas lebendig, und wie überlebt es in einer veränderlichen Umwelt? Das sind zwei der wichtigsten Fragen, mit denen sich die Wissenschaft vom Leben – die Biologie – befasst.

Leben

Der Zustand des Lebendigseins

Wie es sich anfühlt, wenn man lebt, weiß jeder, aber Leben zu definieren, ist schwierig. Meist nennt man dazu alle Eigenschaften, die sämtlichen Lebewesen gemeinsam sind. Dazu gehören Atmung (Energieerzeugung durch chemische Vorgänge), Ernährung ■ und Ausscheidung ■. Auch Wachstum ■, Entwicklung ■ und Wahrnehmung sind allen Lebewesen gemeinsam: Sie werden im Laufe der Zeit größer und komplizierter, und sie reagieren auf ihre Umwelt. Am wichtigsten aber ist, dass Lebewesen sich fortpflanzen können.

Organismus

Jedes beliebige Lebewesen

Als Organismus bezeichnet man jedes Lebewesen, das alle Merkmale des Lebendigen trägt, vom Bakterium ■ bis zum Wal. Ein **Superorganismus** ist eine Gruppe verwandter Lebewesen, die wie ein einziger Organismus zusammenarbeiten. Ein Beispiel sind die Bienen in einem Bienenstock, die durch Arbeitsteilung am Leben bleiben.

Lebenszyklus

Vorhersehbare Veränderungen während der Lebenszeit eines Organismus

Ein Lebewesen wächst zu Beginn seines Lebens heran und entwickelt sich. Hat es ein bestimmtes Alter oder eine bestimmte Größe erreicht, pflanzt es sich fort, irgendwann danach stirbt es. Diesen Ablauf nennt man Lebenszyklus. Er dauert bei manchen Fliegen nur etwa 15 Tage, bei einem Elefanten aber auch 70 Jahre oder mehr.

Tod

Der Zustand des Totseins

Jeder Organismus bleibt durch einen chemischen Balanceakt am Leben, den man Homöostase ■ nennt. Stirbt er, ist die Homöostase zu Ende, und die Zellen ■ des Lebewesens lösen sich allmählich auf. Für ein Einzelwesen bedeutet der Tod das Ende, für das Leben als Ganzes ist er aber unbedingt notwendig. Der allmähliche Wandel, die Evolution ■, ist nur möglich, weil Lebewesen sterben und eine Generation auf die andere folgt.

Flora

Die Pflanzenwelt eines Gebietes

Die Flora eines Gebietes besteht aus allen Arten oder Spezies ■ von Pflanzen, die dort vorkommen. Ähnlich auch die Bakterienflora: Sie besteht allerdings nicht aus Pflanzen, sondern aus Bakterien. Unsere Haut hat z. B. ihre eigene Bakterienflora. Auch ein Buch, das alle Pflanzenarten einer Region beschreibt, heißt Flora.

Fauna

Die Tierwelt eines Gebietes

Die Fauna eines Gebietes besteht aus allen Tierarten, die dort vorkommen.

Biologie

Wissenschaft vom Leben

Biologen erforschen das Leben und die Funktion der Lebewesen. Die Biologie befasst sich mit vielen Themen, und ihre Teilgebiete sind einzelnen Aspekten des Lebendigen gewidmet. In der **Zellbiologie** erforscht man z. B. die Funktion der Zellen, und **Mikrobiologie** handelt von Lebewesen, die man nur mit dem Mikroskop erkennen kann. Taxonomie ■ ist die Einteilung der Lebewesen, die Ökologie ■ beschäftigt sich mit der Frage, wie die Lebewesen zu ihrer Umwelt passen. In der Genetik ■ erforscht man, wie Eigenschaften vererbt werden.

Botanik

Pflanzenkunde

Pflanzen sind äußerst wichtig: Sie erhalten das Gleichgewicht in der Atmosphäre, dienen aber auch als Nahrung und Arznei. Botaniker erforschen das Leben der Pflanzen. Sie untersuchen ihr Wachstum in der Wildnis und die Vorgänge im Inneren lebender Pflanzen.

Samenkapsel

Zoologie

Tierkunde

Zoologen erforschen das Leben der Tiere. Sie beobachten Tiere in freier Wildbahn und untersuchen ihren Körperbau. In einem Zoo werden Tiere in Gefangenschaft gehalten. Das Wort »Zoo« ist eine Abkürzung für **zoologischer Garten** – so nannte man solche Einrichtungen ursprünglich.

Blütenknospe öffnet sich.

Mohnsamen

Arzneipflanzen
Die ersten Botaniker sammelten Pflanzen, um daraus Arzneien herzustellen. Der Schlafmohn wird in der Medizin schon seit Jahrhunderten verwendet, weil sein Saft das Schmerz lindernde Morphium enthält.

Stängel mit milchigem Saft

Reines Morphium

Anatomie

Wissenschaft vom Körperbau der Lebewesen

Die Anatomie gehört zu den ältesten Teilgebieten der Biologie. Ein Anatom erforscht den Körperbau der Lebewesen, die Gestalt ihrer Körperteile und deren Zusammenwirken. So erhielt man wichtige Anhaltspunkte dafür, wie die Lebewesen in der Evolution verwandt sind.

Physiologie

Wissenschaft der Lebensvorgänge

In der Physiologie erforscht man, was in den Lebewesen im Einzelnen vorgeht und was geschieht, wenn einer dieser Abläufe nicht mehr funktioniert. Zu den Themen gehören Photosynthese ▦, Atmung, Temperaturregulation ▦ und Gasaustausch ▦.

Biochemie

Wissenschaft von den chemischen Abläufen in Lebewesen

In der Biochemie erforscht man die chemischen Bestandteile der Lebewesen und ihre Reaktionen. Heute verfolgt man den Weg der Substanzen häufig im Inneren des Organismus. Dazu markiert man sie mit Atomen, die eine schwache Strahlung abgeben. Anschließend kann man den Weg der Atome durch die Zellen oder den ganzen Organismus beobachten.

Molekularbiologie

Wissenschaft von komplizierten Substanzen in Lebewesen

Alle Lebewesen enthalten komplizierte chemische Substanzen, z. B. Proteine und Nucleinsäuren. Sie werden in der Molekularbiologie erforscht, und damit klärt man die Funktion der Lebewesen auf. Molekularbiologie ist eines der aktuellsten Teilgebiete der Biologie.

Biologische Begriffe

Viele Sachverhalte werden mit Alltagswörtern beschrieben, aber solche Bezeichnungen sind oft nicht sonderlich genau. Biologische Fachbegriffe sagen präzise, welche Teile der Lebewesen man meint.

Achse

Eine gedachte Linie zwischen zwei gleichartigen Hälften

Viele Lebewesen sind **symmetrisch** gebaut: man kann sie entlang einer Achse in zwei gleichartige Hälften zerlegen. Die inneren Organe der Tiere passen häufig nicht dazu: Sie sind **asymmetrisch**.

EINFACHE FACHBEGRIFFE

Anterior

»Anterior« heißt »vorn«. Der Kopf eines Fisches ist sein anteriorer Körperteil.

Dorsal

»Dorsal« heißt »Rücken-«. Die dorsalen Flossen eines Fisches sind seine Rückenflossen.

Ventral

»Ventral« heißt »Bauch-«. Die ventrale Seite eines Fisches ist bei den meisten Arten von der Wasseroberfläche abgewandt.

Longitudinal

»Longitudinal« heißt entlang der Körperlänge. Das Rückgrat eines Fisches verläuft longitudinal.

Transversal

»Transversal« heißt quer zum Körper. Die Rippen eines Fisches verlaufen transversal von der dorsalen zur ventralen Körperseite.

Dorsale Seite

Posteriorer Körperbereich

Anteriorer Körperbereich

Ventrale Seite

Posterior

»Posterior« heißt »hinten«. Der Schwanz eines Fisches ist sein posteriorer Körperteil.

Peripher

»Peripher« heißt »am Rand«. Die Flossen sind periphere Körperteile eines Fisches.

Apikal

»Apikal« heißt »an der Spitze«. Man spricht z. B. vom apikalen Teil eines Pflanzenstängels.

Superior

»Superior« heißt »über«. Der superiore Fruchtknoten einer Pflanze liegt über der Stelle, an der die Kronblätter ansetzen.

Inferior

»Inferior« heißt »unter«. Der inferiore Fruchtknoten einer Pflanze liegt unter der Stelle, an der die Kronblätter ansetzen.

Spitze des Stieles

Distale Blattspitze

Proximale Seite des Blattes

Lateraler Ast

Distal

»Distal« heißt »am weitesten entfernt«. Der distale Teil eines Blattes hat den größten Abstand vom Blattstiel.

Proximal

»Proximal« heißt »am nächsten«. Der proximale Teil eines Blattes hat den geringsten Abstand vom Blattstiel.

Lateral

»Lateral« heißt seitlich. Laterale Äste entspringen seitlich dem Stängel.

Die Sprache der Biologie

Viele von Biologen gebrauchte Fachausdrücke haben lateinische oder griechische Wurzeln. Wenn man nur ein paar von diesen Wurzeln kennt, werden viele Begriffe sehr viel leichter verständlich.

Begriffswurzel

Ein lateinisches oder griechisches Wort als Teil eines Fachbegriffs

Ein Fachbegriff kann mehrere Wurzeln haben. »Arthropode« kommt beispielsweise von »arthro« (»gegliedert«) und »pod« (»Fuß«). Ein Arthropode ist also ein Gliederfüßer.

LATEINISCHE UND GRIECHISCHE BEGRIFFSWURZELN

Wurzel	Bedeutung	Beispiel	Seite
anti	gegen	**Anti**körper	130
arthro	gegliedert	**Arthro**pode	100
auto	selbst	**auto**troph	33
bio	Leben	**Bio**logie	14
carn	Fleisch	**Carn**ivore	113
chloro	grün	**Chloro**plast	20
cyano	blau	**Cyano**bakterien	61
cyt	Zelle	Leuko**cyt**	128
derm	Haut	Epi**derm**is	141
di	zwei	**Di**saccharid	26
ekto	außen	**Ekto**derm	164
endo	innen	**Endo**derm	164
epi	auf	**Epi**dermis	82, 141
exo	außen	**Exo**skelett	136
gastro	Magen, Bauch	**Gastro**pode	98
gen	Ursache	Anti**gen**	130
Genese	Entstehung	Morpho**genese**	164
hämo	Blut	**Hämo**globin	129
herb	Pflanze	**Herb**ivore	116
hetero	unterschiedlich	**hetero**zygot	43
homöo	ähnlich	**Homöo**stase	132
homo	ähnlich, gleich	**homo**log	59
karyo	Zelle	**Karyo**typ	39
makro	groß	**Makro**molekül	25
meso	mittel	**Meso**derm	164
mikro	klein	**Mikro**organismus	60
mono	ein, einzel-	**Mono**saccharid	26
morpho	Form	**Morpho**genese	164
myko	Pilz	**Myko**logie	77
omni	alles	**Omni**vore	116
peri	um…herum	**peri**pher	148
photo	Licht	**Photo**synthese	84
phyll	Blatt	Meso**phyll**	82
phyto	Pflanze	**Phyto**chrom	89
plasma	lebende Materie	Cyto**plasma**	18
pod	Fuß	Arthro**pode**	100
poly	viele	**Poly**saccharid	26
troph	ernähren	auto**troph**	33
vor	fressen	Carni**vore**	113
zoo	Tier	**Zoo**logie	15

Tierzellen

Zellen sind die winzig kleinen Bausteine aller Lebewesen. Manche Organismen bestehen nur aus einer einzigen Zelle, bei anderen, so auch beim Menschen, sind es viele Billionen. Eine Zelle ist eine selbstständige, lebendige Einheit. Sie nimmt Energie auf, wächst und pflanzt sich fort.

Zelle

Winzige Einheit aus lebender Materie

Zellen sind die Grundbausteine aller Lebewesen. Eine Zelle besteht zum größten Teil aus dem geleeartigen Cytoplasma. Außen ist sie von einer dünnen Membran umhüllt, die Stoffe hinein und hinaus fließen lässt. Die Steuerungszentrale ist der Zellkern: Dort liegen die notwendigen Informationen für alle Funktionen. Zellen pflanzen sich durch Teilung ■ fort. Pflanzenzellen sind anders gebaut als Tierzellen: Sie besitzen eine starre Zellwand ■ und häufig auch eine Vakuole ■.

Tierzelle

Eine Zelle aus einem Tier

Eine Tierzelle gleicht einem winzigen Beutel voller Gelee. Sie ist von einer elastischen Plasmamembran umgeben und hat deshalb keine starre Form wie eine Pflanzenzelle. Wie alle Zellen muss sie Nährstoffe aufnehmen, die ihr die Energie zum Überleben liefern. Die meisten Tierzellen sind mikroskopisch klein, manche Eizellen messen aber auch 10 cm, Nervenzellen sogar bis zu 1 m.

Eine Blutzelle
Eine weiße Blutzelle in elektronenmikroskopischer Falschfarben-Aufnahme. Das große gelbblaue Gebilde ist der Zellkern.

Plasmamembran

Eine dünne Abgrenzung zwischen einer Zelle und ihrer Umgebung

Eine **Membran** ist eine dünne Abgrenzung. Die Plasmamembran, die eine Zelle umgibt, ist eine doppelte Schicht aus Phospholipidmolekülen ■. Sie ist zwar sehr dünn, aber auch sehr widerstandsfähig, und Schäden repariert sie selbst. Die Plasmamembran ist selektiv permeabel ■, das heißt, sie hält manche Stoffe zurück, lässt andere aber in die Zelle oder heraus. Ähnliche Membranen gehören auch zu den Organellen im Zellinneren.

Cytoplasma

Der Inhalt einer Zelle mit Ausnahme von Plasmamembran und Zellkern

Das Cytoplasma ist die geleeartige Zellsubstanz, in der die Organellen liegen. Häufig kreist das Cytoplasma in der Zelle. Cytoplasma und Kern bilden gemeinsam das lebende **Protoplasma** der Zelle.

Organellen

Winzige Gebilde in der Zelle, die bestimmte Funktionen ausführen

Die Organellen werden vom Zellkern gesteuert und erfüllen jeweils eine bestimmte Aufgabe, die der Lebenserhaltung dient. Lysosomen sind beispielsweise Organellen zur Verdauung von Nahrung, und Mitochondrien erzeugen Energie.

Mitochondrien

Organellen zur Energieerzeugung

In den **Mitochondrien** läuft die aerobe Atmung ■ ab. Dabei werden Nährstoffe abgebaut, und es entsteht Energie. Mitochondrien sind längliche Gebilde mit zwei Membranen. Die äußere trennt das Organell von der übrigen Zelle, die innere ist zu so genannten **Cristae** gefaltet, an denen die Nährstoffe zerlegt werden.

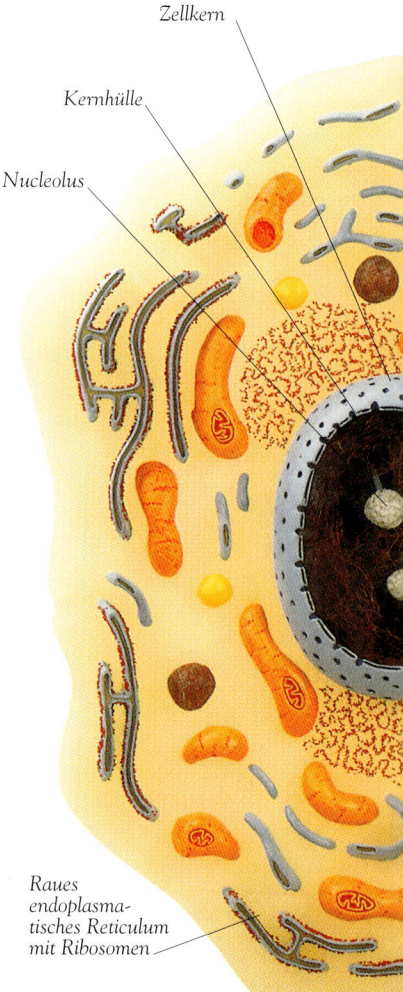

Zellkern

Kernhülle

Nucleolus

Raues endoplasmatisches Reticulum mit Ribosomen

Eine Tierzelle
Die schematische Darstellung zeigt die Organellen, die im geleeartigen Cytoplasma verteilt sind. Die meisten Tierzellen haben eine Größe von etwa 0,001 mm.

Zellkern

Die Steuerungszentrale der Zelle

Der Zellkern ist in den meisten Zellen die größte innere Struktur. Er steuert die Tätigkeiten der Zelle und enthält die in der DNA ◼ gespeicherten chemischen Anweisungen. Vom Cytoplasma ist der Zellkern durch die **Kernhülle** getrennt. Oft befindet sich im Zellkern ein kleiner, dichter Bereich, der **Nucleolus**, in dem die Ribosomen entstehen.

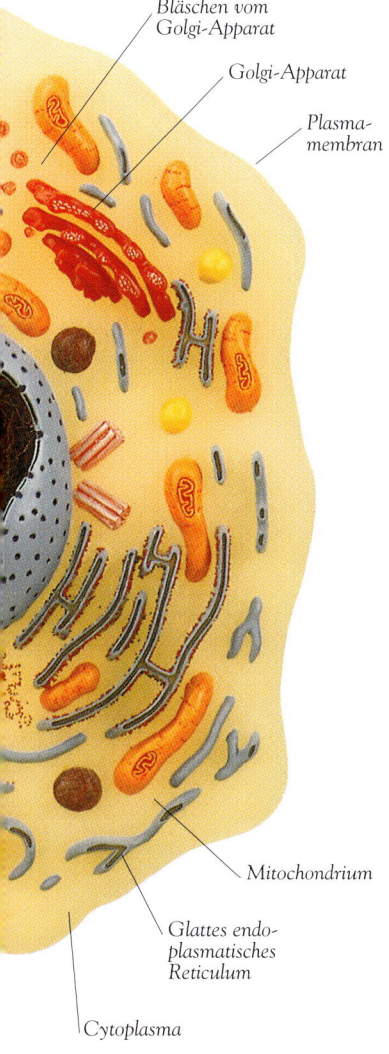

Bläschen vom Golgi-Apparat

Golgi-Apparat

Plasmamembran

Mitochondrium

Glattes endoplasmatisches Reticulum

Cytoplasma

Endoplasmatisches Reticulum

Membransystem zur Herstellung und Speicherung verschiedener Substanzen

Das endoplasmatische Reticulum oder kurz **ER** ist ein kompliziertes Geflecht aus gefalteten Membranen, die eigene, von der übrigen Zelle getrennte Hohlräume umschließen. Die Membranen des **rauen endoplasmatischen Reticulums** sind mit Ribosomen besetzt; an ihnen entstehen Proteine ◼. Am **glatten endoplasmatischen Reticulum** gibt es keine Ribosomen; dort werden Lipide ◼ und Hormone ◼ gebildet.

Golgi-Apparat

Ein Verpackungs- und Transportsystem für Produkte der Zelle

Der Golgi-Apparat ist ein Membransystem, das verschiedene Substanzen, beispielsweise Enzyme und Hormone, sammelt und verpackt. Die Membranen bilden flache Säcke, die wie ein Tellerstapel angeordnet sind. Häufig lösen sich Stücke von den Säcken und wandern zur Plasmamembran, mit der sie sich verbinden und ihren Inhalt aus der Zelle freisetzen.

Ribosomen

Komplizierte chemische Gebilde, an denen die Proteine entstehen

Ribosomen sind kugelige Gebilde, die man überall im Cytoplasma und auf der Oberfläche des endoplasmatischen Reticulums findet. Sie spielen eine wichtige Rolle bei der Proteinherstellung, denn hier werden Teile des in der DNA gespeicherten genetischen Codes ◼ »abgelesen«. Anhand dieser Information werden die Proteinmoleküle zusammengesetzt, die viele wichtige Aufgaben erfüllen. Schnell wachsende Zellen müssen viele Proteine produzieren und enthalten oft mehrere tausend Ribosomen.

Lysosomen

Speicher für Verdauungssubstanzen

Die Lysosomen enthalten wirksame Enzyme, die lebende Materie abbauen können. Normalerweise verdaut die Zelle in den Lysosomen ihre Nahrung, manchmal zerstört sie sich aber auf diese Weise auch selbst. Das geschieht bei der Metamorphose ◼, wenn ein Tier sich im Rahmen seiner Entwicklung stark verändern muss.

Cilien (Wimpern)

Kleine, haarähnliche Fortsätze; können vorwärts und rückwärts rudern

Mit den Cilien bewegt eine Zelle sich selbst oder Dinge in ihrer Umgebung. Nicht alle Zellen besitzen Cilien, aber wenn sie vorhanden sind, sind es oft hunderte.

Schlagende Cilien
Die Zellen der Luftröhrenschleimhaut im Elektronenmikroskop. Sie tragen Cilien, die Staub aus der Lunge entfernen.

Flagellen (Geißeln)

Lange, haarähnliche Fortsätze, die vor allem der Bewegung dienen

Flagellen sind länger als Cilien. Sie schlagen in seitliche Richtung und bewegen so die Zelle vorwärts. Samenzellen ◼ bewegen sich mit Flagellen fort.

Siehe auch

Aerobe Atmung 33 • Zellteilung 40
Zellwand 20 • Selektiv permeable
Membran 22 • DNA 34 • Enzym 31
Genetischer Code 36 • Hormon 134
Lipid 28 • Metamorphose 166
Phospholipid 28 • Protein 30
Samenzelle 160 • Vakuole 20

Pflanzenzellen

Auch Pflanzen bestehen aus Zellen, aber die sehen ganz anders aus als Tierzellen. Pflanzenzellen sind von einer starren Zellwand umgeben und enthalten meist Chloroplasten, hell-grüne Körperchen, die Sonnenenergie einfangen und der Pflanze die Herstellung ihrer eigenen Nährstoffe ermöglichen.

Pflanzenzelle

Eine Zelle aus einer Pflanze

Jede Pflanzenzelle ist wie eine Tierzelle ▪ von einer elastischen Plasmamembran ▪ umgeben. Außerhalb davon befindet sich jedoch bei der Pflanzenzelle eine kräftige Wand, die ihr eine feste Form verleiht. Pflanzenzellen besitzen viele Organellen ▪, die man auch in Tierzellen findet, außerdem aber enthalten sie meist Vakuolen und Chloroplasten. Tiere besitzen niemals Chloroplasten. Die Chloroplasten fangen Sonnenenergie ein, und mit ihrer Hilfe kann die Pflanze durch die Photosynthese ▪ aus Wasser und Kohlendioxid ihre eigenen Nährstoffe herstellen.

Eine Pflanzenzelle aus der Nähe
Diese elektronenmikroskopische Aufnahme zeigt eine einzelne Pflanzenzelle. Der große rote Bereich ist der Zellkern, die gelben Flecken sind die Vakuolen.

Zellwand

Das halbfeste Gehäuse der Pflanzenzellen

Die Zellwand der Pflanzenzellen besteht aus mehreren Schichten des widerstandsfähigen Kohlenhydrats Cellulose ▪ und anderen Substanzen. Sie ist leicht und kräftig, und ihr verdankt die Zelle ihre Form. Die Wände benachbarter Zellen sind fest verbunden, sodass die Pflanze aufrecht stehen kann. Auch Pilze ▪ und Bakterien ▪ besitzen Zellwände, die aber nicht aus Cellulose bestehen.

Vakuole

Ein großer Speicher in der Zelle

Die meisten Pflanzenzellen enthalten eine Vakuole, das heißt einen Hohlraum, der mit dem wässerigen **Zellsaft** gefüllt ist. Vakuolen gibt es auch in manchen Tierzellen, aber dort sind sie viel kleiner als bei Pflanzen.

Turgor

Druck, der eine Pflanze straff hält

Die Vakuole in einer Pflanzenzelle nimmt durch Osmose ▪ Wasser auf. Sie drückt das Cytoplasma gegen die Zellwand wie die Luft, die einen Ballon schwellen lässt. Durch diesen Druck behält die Zelle ihre Form bei, ein Zustand, den man **Turgeszenz** nennt. Ist die Vakuole nicht ganz voll, schrumpft sie: Die Pflanze welkt ▪.

Chloroplasten

Organellen zum Einfangen von Sonnenenergie

Chloroplasten enthalten das Chlorophyll ▪, einen hell-grünen Farbstoff, der die Energie des Sonnenlichts einfängt. Das Chlorophyll liegt in scheibenförmigen Säcken, die man Thylakoide ▪ nennt. Chloroplasten findet man in fast allen Pflanzenzellen.

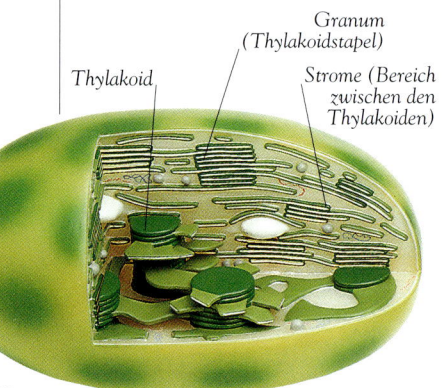

Granum
(Thylakoidstapel)

Thylakoid

Strome (Bereich zwischen den Thylakoiden)

Das Innere eines Chloroplasten
Ein Chlorolast ist von der übrigen Zelle durch eine Doppelmembran getrennt. Sie wurde hier teilweise entfernt, sodass man die Thylakoide erkennt.

Cytoskelett

Ein Geflecht aus feinen Fäden im Zellinneren

Das Cytoplasma ▪ der Zellen enthält ein Gerüst aus feinen Fäden. Es hält die Organellen der Zelle in der richtigen Position und bewegt sie während der Zellteilung.

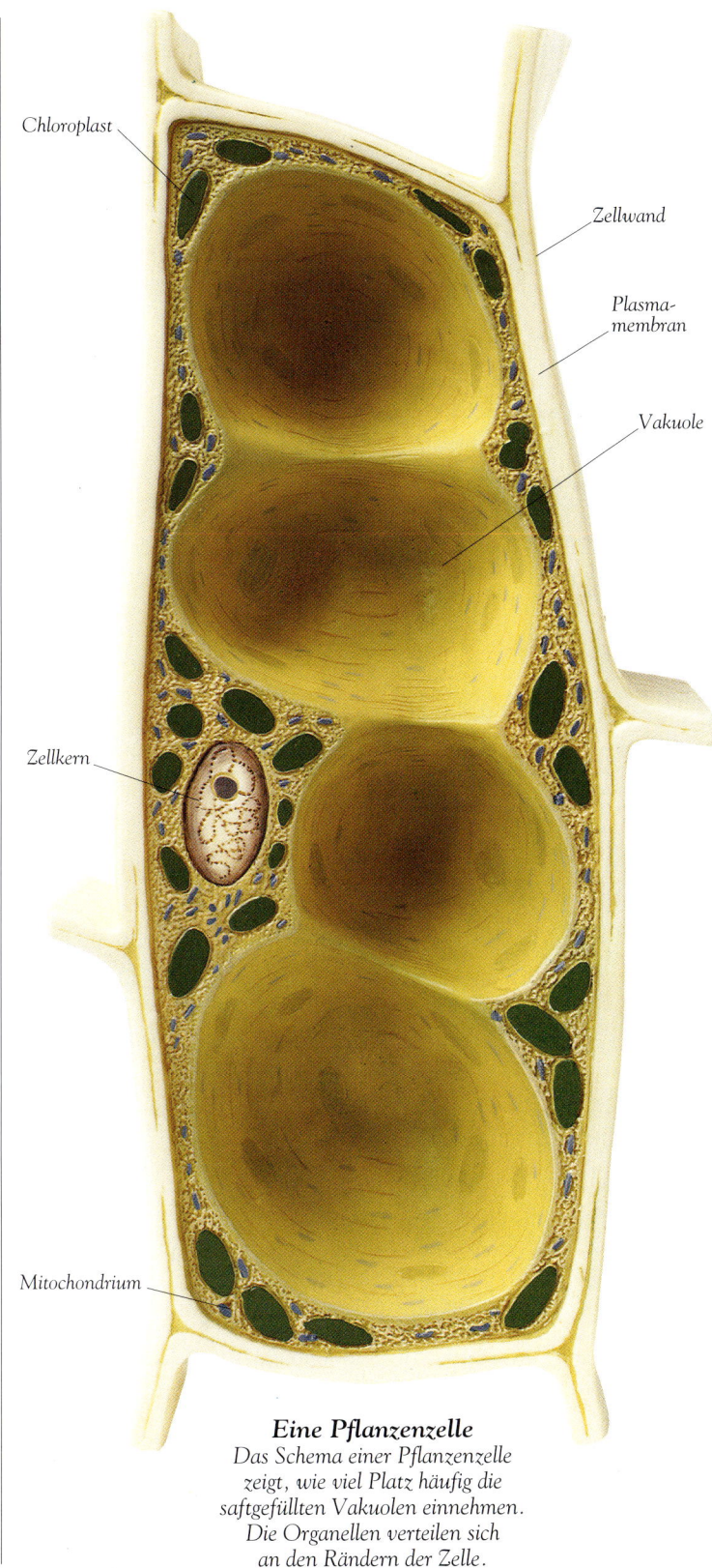

Chloroplast

Zellwand

Plasma-
membran

Vakuole

Zellkern

Mitochondrium

Eine Pflanzenzelle

*Das Schema einer Pflanzenzelle
zeigt, wie viel Platz häufig die
saftgefüllten Vakuolen einnehmen.
Die Organellen verteilen sich
an den Rändern der Zelle.*

Jakob Schleiden

Deutscher
Botaniker,
1804–1881

Pflanzenzellen wurden zum ersten Mal 1665 von dem englischen Physiker **Robert Hooke** (1635–1703) beobachtet. Aber erst im 19. Jahrhundert erkannte man, wie wichtig Zellen wirklich sind. Dieser Fortschritt gelang Jakob Schleiden. Er untersuchte Pflanzen mit dem Mikroskop und entdeckte, dass alle ihre Teile aus winzigen Bausteinen bestehen: den Zellen. Zusammen mit Theodor Schwann ◼ entwickelte er nun die **Zelltheorie**. Danach bestehen alle Lebewesen aus Zellen, und sie wachsen und pflanzen sich fort, weil ihre Zellen sich teilen können. Außerdem besagt die Theorie, dass neue Zellen nur aus vorhandenen Zellen entstehen können.

Eukaryontenzelle

Eine Zelle mit einem
membranumhüllten Zellkern

Man kann die Lebewesen nach der Art ihrer Zellen in zwei große Gruppen einteilen. Pflanzen, Tiere, Pilze und manche Einzeller sind **Eukaryonten**. Eine Eukaryontenzelle besitzt einen Zellkern und viele verschiedene Organellen.

Prokaryontenzelle

Eine Zelle ohne Zellkern

Die einfachsten Lebewesen auf der Erde sind die Prokaryonten. Zu ihnen gehören Bakterien und Cyanobakterien ◼. Ihre Zellen enthalten keinen Zellkern, und auch Organellen wie Mitochondrien ◼ und Chloroplasten fehlen ihnen.

Molekularbewegung

Lebende Zellen nehmen ständig Nährstoffe auf und geben Abfallstoffe sowie andere Substanzen ab. Die Moleküle dieser Substanzen müssen also die äußere Membran der Zelle durchdringen, die zu diesem Zwecke viele winzige Öffnungen hat.

Selektiv permeable Membran

Eine Schranke mit Löchern

Die äußere Plasmamembran ■ einer Zelle ■ ist selektiv permeabel, das heißt, sie enthält winzige Löcher, die **Poren**, die nur kleine Moleküle durchlassen.

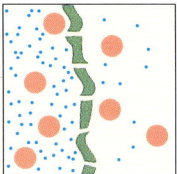 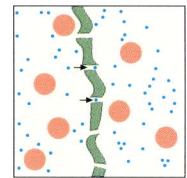

1   **2**

Osmotische Wanderung
Trennt eine selektiv permeable Membran eine starke und eine schwache Lösung (1), wandern die Wassermoleküle hindurch, bis beide Lösungen die gleiche Konzentration haben (2). Die größeren gelösten Moleküle können die Membran nicht durchdringen.

Osmose

Wanderung von Wasser durch eine selektiv permeable Membran aus einer schwächeren in eine stärkere Lösung

Eine **Lösung** ist eine Flüssigkeit, in der eine **gelöste Substanz** sich in einem **Lösungsmittel** – oft Wasser – befindet. Osmose findet statt, wenn zwei unterschiedlich stark konzentrierte Lösungen durch eine selektiv permeable Membran getrennt sind. Die Membran verhindert den Durchtritt der großen gelösten Moleküle, lässt aber die kleineren Wassermoleküle passieren, bis beide Lösungen die gleiche Konzentration erreicht haben.

Osmotischer Druck

Erforderlicher Druck, um Wanderung eines Lösungsmittels durch selektiv permeable Membran zu verhindern

Wenn die **Konzentration** der Lösungen auf den beiden Seiten einer selektiv permeablen Membran sehr unterschiedlich ist, entsteht ein hoher osmotischer Druck.

Wasserpotenzial

Das Bestreben des Wassers, durch Osmose eine selektiv permeable Membran zu passieren

Das Wasserpotenzial einer Zelle hängt von der Konzentration der Lösung in ihrem Inneren ab. Ist sie hoch, ist das Wasserpotenzial gering. Das höhere Wasserpotenzial in der Umgebung drückt Wasser in die Zelle. Pflanzen nehmen auf diese Weise Wasser auf. Ihr Zellsaft ist konzentrierter als das Wasser im Boden, und deshalb fließen Wassermoleküle in die Pflanzenzellen.

Osmoregulation

Die Konzentrationssteuerung für die Zellflüssigkeit

Viele Lebewesen halten in ihren Zellen unabhängig von der Umgebung immer die gleiche Lösungskonzentration aufrecht. Dazu pumpen sie Wasser oder Ionen ■ in die Zellen oder aus ihnen heraus.

Siehe auch
Zelle 18 • Ion 24 • Molekül 25
Plasmamembran 18

Diffusion

Ausbreitung einer Substanz aus einem Bereich hoher Konzentration

Durch Diffusion verteilen sich die Moleküle gleichmäßiger. Das geschieht sowohl in Lebewesen als auch in unbelebten Dingen. Diffusion, die wie die Osmose keine Energie erfordert, treibt Stoffe wie Sauerstoff, Kohlendioxid und Salze in die Zellen und aus ihnen heraus.

Schüssel mit Wasser   *Tinte*

Diffusion von Tinte
Ein Tintentropfen sinkt im Wasser zunächst nach unten und verteilt sich dann durch Diffusion.

Aktiver Transport

Ein Transportvorgang, der einen Stoff unter Energieverbrauch stärker anreichert

Oft müssen Zellen die Ausbreitung einer Substanz verhindern und sie stärker anreichern. Das tun sie durch aktiven Transport: Trägerproteine verbrauchen Energie und transportieren die Substanz damit von einer Seite einer Membran auf die andere.

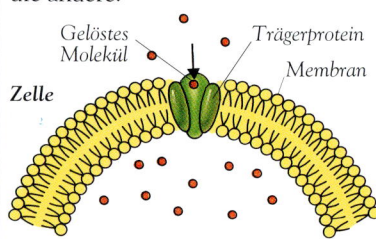

Gelöstes Molekül   *Trägerprotein*
Membran
Zelle

Gelöstes Molekül gelangt in den Durchlass des Trägerproteins.

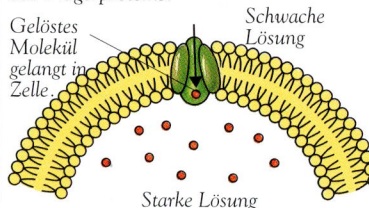

Gelöstes Molekül gelangt in Zelle   *Schwache Lösung*

Starke Lösung

Träger verändert unter Energieaufwand seine Form und schiebt das gelöste Molekül ins stärker konzentrierte Zellinnere.

Gewebe & Organe

Tiere und Pflanzen bestehen aus Zellen vieler verschiedener Typen. Die Zellen bilden große Verbände, die Gewebe, die jeweils ganz bestimmte Aufgaben erfüllen. Manche Lebewesen besitzen Organe, die sich aus mehreren Geweben zusammensetzen.

Gewebe

Ein Verband aus ähnlichen Zellen, die zusammenwirken

Die meisten Tier- und Pflanzenzellen ▪ bilden Verbände, die man Gewebe nennt. Die Zellen eines Gewebes ähneln einander und führen die gleiche Tätigkeit aus. Wirbeltiere ▪, darunter auch Menschen, enthalten vier Hauptgewebetypen: Epithel-, Binde-, Muskel- und Nervengewebe.

Zwiebelgewebe
Die lichtmikroskopische Aufnahme eines Zwiebelhäutchens zeigt große, rechteckige, in Streifen angeordnete Zellen. Die dunklen Punkte sind die Zellkerne.

Organ

Ein Gebilde aus mehreren Geweben, das ganz bestimmte Aufgaben ausführt

In einem Wirbeltierorganismus gibt es viele Organe, beispielsweise Herz ▪, Lunge ▪ und Magen ▪. Sie alle tragen dazu bei, den Organismus am Leben zu halten. Die Organe bilden mehrere **Organsysteme** – wichtige Systeme beim Menschen sind Verdauungssystem ▪ und Kreislaufsystem ▪.

Differenzierung

Spezialisierung der Zellen in der Entwicklung einer Pflanze oder eines Tieres

Am Anfang ist jeder Mensch eine einzige Zelle. Sie teilt sich immer wieder, dabei differenzieren sich die Zellgruppen: Sie entwickeln sich so, dass sie spezielle Aufgaben erfüllen.

Muskelgewebe

Ein Gewebe, das für Bewegung sorgt

Muskelgewebe enthält besondere Zellen, die sich zusammenziehen können. Durch Kontraktion und Entspannung bewegen die Muskeln ▪ alle Körperteile von den Augenlidern bis zu Armen und Beinen.

Epithelgewebe

Ein Gewebe, das äußere und innere Umhüllungen bildet

Alle inneren und äußeren Oberflächen eines Tieres sind von Epithelgewebe bedeckt. Ein solches Gewebe ist die Haut.

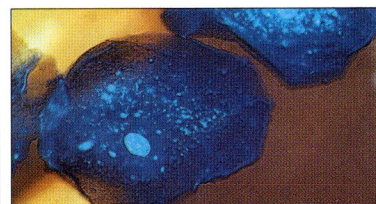

Gewebe aus dem Mund
Diese Zelle aus dem Epithelgewebe der Mundschleimhaut wurde blau angefärbt.

Marie François Bichat

Französischer Pathologe, 1771–1802

Bichat trug viel zu den Erkenntnissen über das Zusammenwirken der Zellen bei. Er wies nach, dass Organe aus verschiedenen Zellverbänden bestehen und dass manchmal gleichartige Zellen in verschiedenen Organen vorkommen. Solche Zellverbände nannte er »Gewebe«, weil sie oft dünn und flach sind wie ein Stück Stoff. Damit schuf er die Wissenschaft der **Histologie**, die sich mit Geweben und Organen beschäftigt.

Bindegewebe

Ein Gewebe, das den Körper eines Tieres stützt und zusammenhält

Bindegewebe sind bei Tieren der häufigste Gewebetyp. Zu ihnen gehören Knochen ▪ und Knorpel ▪. Auch Blut ▪ ist ein Bindegewebe, aber es ist flüssig und kreist durch den Organismus.

Nervengewebe

Ein Gewebe, das elektrische Signale transportiert

Im Nervengewebe liegen die Nervenzellen ▪, die elektrische Signale von einem Körperteil zum anderen transportieren. Nur so kann der Organismus eines Tieres koordiniert funktionieren.

Chemie des Lebendigen

Chemische Substanzen gibt es nicht nur im Labor. Sie bilden auch die vielen verschiedenen Bausteine der Lebewesen. Ohne chemische Reaktionen gäbe es nichts Lebendiges.

Wasserstoff *Kohlen- stoff*

Chemische Bindung

Eine Verknüpfung zwischen Atomen oder Ionen

Es gibt zwei Haupttypen chemischer Bindungen. In einer **kovalenten Bindung** teilen sich benachbarte Atome ihre Elektronen. Die meisten organischen Verbindungen werden auf diese Weise zusammengehalten. In einer **Ionenbindung** sind Ionen durch elektrische Kräfte verknüpft. Ionenbindungen sind charakteristisch für Salze.

Atom

Kleinster Baustein eines Elements

Atome bestehen aus Teilchen, die man **Protonen, Neutronen** und **Elektronen** nennt. Ein Atom lässt sich in diese Teilchen zerlegen, aber es ist der kleinste eigenständige Baustein eines Elements. Alle Stoffe bestehen aus Atomen. Früher glaubte man, in Lebewesen gebe es andere Atome als in unbelebter Materie. Heute wissen wir, dass es genau die Gleichen sind.

Kohlen- stoffatom
In diesem Kohlenstoffatom umgeben sechs Elektronen (blau) den Atomkern aus sechs Protonen (rot) und sechs Neutronen(grau).

Element

Reine Substanz aus Atomen eines einzigen Typs

Von den Millionen bekannten Substanzen bestehen nur wenige aus Atomen einer einzigen Art. Das sind die Elemente. Etwas mehr als 90 Elemente kommen in der Natur vor, und rund 25 von ihnen sind für das Leben unentbehrlich. Die häufigsten Elemente in Lebewesen sind Wasserstoff, Kohlenstoff, Stickstoff und Sauerstoff.

Chemische Bindungen im Methan
Kohlenstoff bildet vier chemische Bindungen. Im Methanmolekül ist ein Kohlenstoffatom mit vier Wasserstoffatomen verknüpft.

Ion

Atom oder Atomgruppe mit zu vielen oder zu wenigen Elektronen

Die Elektronen in einem Atom tragen eine negative elektrische Ladung, die durch den positiv geladenen Atomkern ausgeglichen wird. Wenn ein Atom Elektronen aufnimmt oder abgibt, wird es **ionisiert**: Es ist dann elektrisch nicht mehr neutral, sondern besitzt eine Ladung, mit der es andere Ionen anzieht oder abstößt.

Chemische Verbindung

Aus mindestens zwei Elementen zusammengesetzte Substanz

Verbindungen haben häufig andere Eigenschaften als die Elemente, aus denen sie bestehen. Ihre Atome verbinden sich in genau festgelegten Mengenverhältnissen und sind durch chemische Bindungen verknüpft.

Kohlenstoff

Ein Element in allen Lebewesen

Das Leben auf der Erde basiert auf dem Element Kohlenstoff. Seine Atome verbinden sich mit denen anderer Elemente zu einem breiten Spektrum von Verbindungen.

Organische Verbindung

Eine chemische Verbindung, die Kohlenstoff enthält

In Lebewesen gibt viele wichtige Typen organischer Verbindungen: Kohlenhydrate ■, Lipide ■, Proteine ■ und Nucleinsäuren ■. Alle basieren auf dem Element Kohlenstoff. Organische Verbindungen sind auch künstlich herstellbar.

Anorganische Verbindung

Eine Verbindung, die keinen Kohlenstoff enthält

Die meisten anorganischen Verbindungen in Lebewesen sind einfach gebaut, wie Wasser, Sauerstoff und Mineralstoffe ■. Auch Kohlendioxid gilt meist als anorganische Verbindung, obwohl es Kohlenstoff enthält. Bei der Photosynthese ■ bauen die Pflanzen aus Kohlendioxid organische Verbindungen auf.

Siehe auch

Aerobe Zellatmung 33 • Kohlenhydrate 26 • Zelle 18 • Zellwand 20 • DNA 34 Enzym 31 • Glucose 26 • Lipid 28 Mineralstoffe 29 • Nucleinsäure 34 Nucleotid 34 • Photosynthese 84 Polysaccharid 26 • Protein 30

Molekül

Chemische Einheit aus mindestens zwei verknüpften Atomen

Ein Molekül besteht aus Atomen, die durch chemische Bindungen verknüpft sind. Manche Moleküle enthalten nur wenige Atome, andere viele tausend. In einer reinen chemischen Verbindung sind alle Moleküle ähnlich.

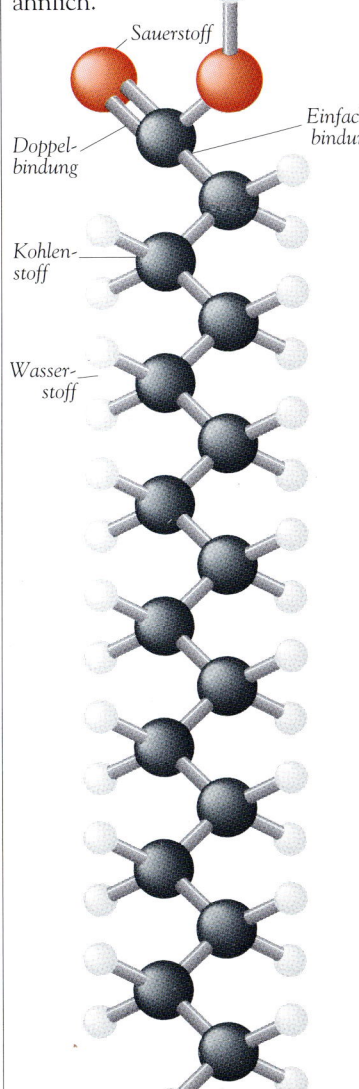

Sauerstoff

Doppelbindung

Einfachbindung

Kohlenstoff

Wasserstoff

Ein kohlenstoffhaltiges Molekül
Dieses Molekül der Palmitinsäure zeigt, wie Kohlenstoffatome sich zu langen Ketten verbinden können. Palmitinsäure kommt im Pflanzenöl vor.

Makromolekül

Eine Riesenmolekül

Viele organische Verbindungen in den Lebewesen bestehen aus sehr großen Molekülen, den Makromolekülen. Sie enthalten Ketten aus Kohlenstoffatomen. In manchen Proteinmolekülen sind es über 1 Mio. Atome, in einem Molekül der menschlichen DNA ▨ sogar mehrere hundert Millionen.

Polymer

Eine chemische Verbindung aus gleichartigen Grundbausteinen

Polymere sind Verbindungen aus vielen kleineren Einheiten, den **Monomeren**. In den Lebewesen haben Polymere viele Aufgaben: Sie können Information und Energie speichern oder Zellwände ▨ aufbauen. Polysaccharide ▨ sind natürliche Polymere aus Glucosebausteinen ▨. Die Einheiten von Nucleinsäuren wie der DNA sind die Nucleotide ▨.

Chemische Reaktion

Eine chemische Veränderung

In einer chemischen Reaktion entstehen neue Verbindungen aus vorhandenen Substanzen. In den Lebewesen werden chemische Reaktionen durch besondere Proteine, die Enzyme ▨, beschleunigt.

Oxidation

Chemische Reaktion: Eine Substanz verbindet sich mit Sauerstoff

Verbrennen von Holz ist eine Oxidationsreaktion: Mithilfe von Sauerstoff entstehen neue Verbindungen. Lebewesen bauen durch Oxidation ihre Nährstoffe ab: In der aeroben Zellatmung ▨ verknüpfen die Zellen ▨ Glucose mit Sauerstoff, um Energie zu gewinnen.

August Kekulé

Deutscher Chemiker, 1829–1896

Kekulé entdeckte, dass ein Kohlenstoffatom vier chemische Bindungen eingehen kann. Nun konnte er den Aufbau organischer Verbindungen erklären und nachweisen, dass Kohlenstoffatome lange Ketten bilden können. Zudem fand er heraus, dass Benzol ringförmige Moleküle hat. Das führte zu der Erkenntnis, dass die Moleküle vieler organischer Substanzen so aufgebaut sind.

Reduktion

Chemische Reaktion, in der einer Substanz Sauerstoff entzogen wird

Reduktionsreaktionen erfordern in Lebewesen meist Energie. Sie dient dazu, einer Substanz den Sauerstoff zu entziehen und kleinere Moleküle zu größeren zusammenzusetzen. Bei der Photosynthese stellen Pflanzen aus anorganischen Molekülen durch Reduktion die Nährstoffe her.

Wasser

Eine lebensnotwendige Flüssigkeit

Alle Lebewesen enthalten Wasser, eine chemische Verbindung aus Wasserstoff und Sauerstoff. In Wasser als Lösungsmittel lösen sich viele Stoffe. Fast alle chemischen Reaktionen in den Lebewesen laufen in wässeriger Lösung ab.

Trinken ist Ersatz abgegebenen Wassers.

Kohlenhydrate

Kohlenhydrate sind Energiespeicher. Tierzellen gewinnen Energie aus Kohlenhydraten wie Zucker und Stärke. Pflanzen stellen selbst Kohlenhydrate her, nutzen ihre Energie und bauen aus ihnen die Zellwände auf.

Kohlenhydrat

Organische Verbindung aus Kohlenstoff, Wasserstoff und Sauerstoff

Kohlenhydrate sind organische Verbindungen ▪ und für Lebewesen eine unentbehrliche Energiequelle. Ein Kohlenhydratemolekül ▪ besteht in der Regel aus der gleichen Anzahl Kohlenstoff- ▪ und Sauerstoffatomen ▪ sowie doppelt so vielen Wasserstoffatomen. Die Moleküle einfacher Kohlenhydrate wie der Zucker bestehen aus weniger als 20 Atomen. Bei komplizierten Kohlenhydraten wie der Stärke enthalten sie aber viele tausend Atome.

Monosaccharid

Einfachster Typ von Kohlenhydraten

Monosaccharide sind die Bausteine aller anderen Kohlenhydrate. Ihre Moleküle sind meist ringförmig und enthalten sechs oder weniger Kohlenstoffatome. Diese einfachen Moleküle lösen sich leicht in Wasser. Ein wichtiges Monosaccharid ist die Glucose (Traubenzucker).

Disaccharid

Kohlenhydrat aus zwei Monosacchariden

Ein Disaccharid ist Kohlenhydrat aus zwei gekoppelten Monosacchariden, die gleich oder unterschiedlich sein können. Zu den Disacchariden gehören Maltose (Malzzucker) und Saccharose (Rohrzucker).

Polysaccharid

Ein Kohlenhydrat aus vielen Monosacchariden

Einfache Kohlenhydrate können sich zu langen Ketten verbinden, den Polysacchariden. Cellulose und Glycogen sind Polysaccharide aus Glucosebausteinen. Die langen Moleküle der Polysaccharide lösen sich kaum in Wasser.

Zucker

Ein einfaches Kohlenhydrat, das süß schmeckt

Die meisten Zucker sind Mono- oder Disaccharide. Sie lösen sich ohne weiteres in Wasser und lassen sich zur Energiegewinnung leicht abbauen.

Fructose (Fruchtzucker)

Ein häufiger pflanzlicher Zucker

Fructose, ein Monosaccharid, kommt in Obst und Honig vor. Sie schmeckt viel süßer als die Saccharose, deren Baustein sie ist.

Energiespeicher
Honig, den Bienen in Waben sammeln, enthält Fructose als Energiespeicher.

Sauerstoff

Kohlenstoff

Wasserstoff

Ein Glucosemolekül
Glucose, ein einfacher Zucker, ist für Lebewesen ein wichtiger Energielieferant. Das Glucosemolekül besteht aus sechs Kohlenstoff- (schwarz), sechs Sauerstoff- (rot) und zwölf Wasserstoffatomen (weiß). Fünf Kohlenstoffatome und ein Sauerstoffatom bilden einen sechseckigen Ring.

Glucose

Der häufigste in Lebewesen vorkommende Zucker

Glucose ist ein Monosaccharid; ihre Moleküle enthalten sechs Kohlenstoffatome. Für Lebewesen ist sie eine unentbehrliche Energiequelle. Sie kommt in den meisten Zellen ▪ der Pflanzen und Tiere vor. Bei der Zellatmung ▪ wird sie zur Energiegewinnung abgebaut. Pflanzen stellen Glucose durch Photosynthese ▪ her und speichern sie häufig als Stärke. Tiere gewinnen sie aus Nährstoffen wie der Stärke, die im Verdauungssystem ▪ abgebaut werden. Glucose kreist im Blut ▪ durch den Organismus, wird verbraucht und ständig ersetzt.

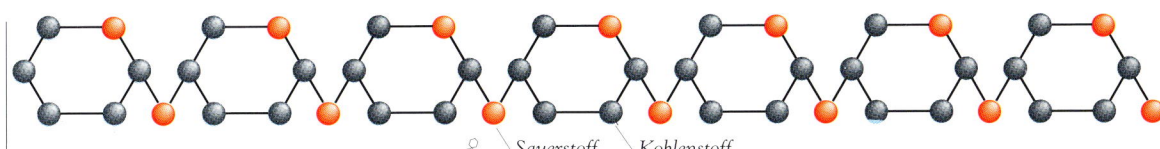

Sauerstoff *Kohlenstoff*

Ein Amylosemolekül

*Pflanzen verknüpfen Glucose-
einheiten zu langen Stärke-
molekülen. In dem Amylosemole-
kül (oben) sind nur die Kohlen-
stoff- und Sauerstoffatome der
Molekülringe dargestellt.*

Maltose (Malzzucker)

Zucker aus zwei Glucosebausteinen

Maltose, ein Disaccharid, entsteht
in Pflanzen, aber auch in Tieren,
die Stärke verdauen. Samen enthalten bei der Keimung ▪ viel Maltose. Das Malz für Bier- und Whis-
kyherstellung stammt aus Gerste,
die in der Mälzerei gekeimt ist.

Lactose (Milchzucker)

Ein Zucker aus der Milch

Lactose, ein Disaccharid, besteht
aus Glucose und einem anderen
Zucker namens **Galactose**. Säugetiere ▪ bilden Lactose als Nährstoff
für die Jungen.

Saccharose (Rohr-
zucker)

Ein Zucker aus Pflanzensaft

Saccharose, der normale Haus-
haltszucker, ist ein Disaccharid
aus einer Glucose – und einer
Fructoseeinheit. Der raffinierte
Weißzucker ist fast reine Saccharose. Um ihn herzustellen, lässt
man **Zuckerrohr-** oder **Zucker-
rüben-Saft** eindampfen und
entfernt dann Verunreinigungen.

Ein Amylopectinmolekül

*Stärkemoleküle, die zu ver-
zweigten Ketten verbunden
sind, nennt man Amylo-
pectin.*

Stärke

Ein Kohlenhydrat, das Pflanzen
als Energiespeicher dient

Weizen, Reis und Kartoffeln enthalten viel Stärke, eine Verbindung aus zwei Polysacchariden.
Zu ihrer Herstellung verknüpfen
die Pflanzen auf zweierlei Weise
viele Glucosebausteine. Ein
Teil der Stärke, die **Amylose**,
besteht aus geraden Ketten.
Der Rest, das **Amylo-
pectin**, hat ver-
zweigte Moleküle.

Sauerstoff

Kohlenstoff

Glycogen

Ein Kohlenhydrat, das Tieren als
Energiespeicher dient

Tiere nutzen das Glycogen auf die
gleiche Weise wie Pflanzen die
Stärke. Glycogen besteht aus
Glucose, die das Tier bei Energie-
bedarf schnell wieder gewinnen
kann. Der menschliche Organismus
speichert Glycogen vor allem in
der Leber ▪.

Cellulose

Ein unlösliches Kohlenhydrat, das
Pflanzen als Baumaterial dient

Das Pflanzenprodukt Cellulose ist
die häufigste organische Verbindung. Cellulosemoleküle bestehen
aus vielen tausend hintereinander
verknüpften Glucosebausteinen.
Aus diesen langen Molekülen bau-
en Pflanzen ihre Zellwände ▪ auf.

Celluloseketten

*Die Cellulosefasern in der Pflanzen-
zellwand bestehen aus Glucosebausteinen, die in der Kette gegenläufig
angeordnet sind. Viele solche Ketten
bilden eine Cellulosefaser.*

*Kette aus
Glucosebau-
steinen*

*Wechsel-
weise
angeordnete
Bausteine*

*Cellulose-
faser aus parallel
angeordneten Ketten*

Cellulosefasern

*Die kreuz und quer verlaufenden Cellu-
losefasern bilden ein Geflecht, sodass
Cellulose in alle Richtungen reißfest ist.*

Lipide (Fettsubstanzen)

Lipide erfüllen viele verschiedene Aufgaben: Fette und Öle speichern Energie und isolieren gegen Kälte, Wachse bilden Wasserschutzschichten, und Phospholipide sind unentbehrliche Bausteine der Zellmembranen.

Lipid

Eine unlösliche organische Verbindung

Die Gruppe der Lipide umfasst organische Verbindungen ■ wie Fette, Öle und Wachse. Lipide stoßen Wasser ab und können deshalb Substanzen von ihrer wässerigen Umgebung trennen. Fette und Öle bilden konzentrierte Energiereserven, die in den Zellen ■ gespeichert werden können. Ein Lipidmolekül ■ besteht aus Ketten von Kohlenstoff- und Wasserstoffatomen ■, sowie wenigen Sauerstoffatomen.

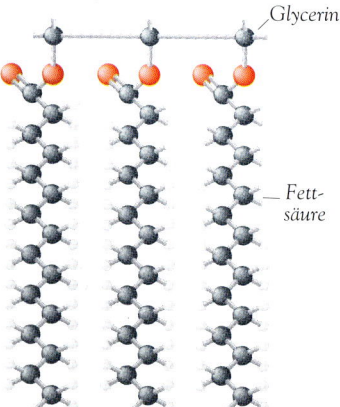

Glycerin

Fettsäure

Energiespeicher-Moleküle
Fette und Öle enthalten Triglyceride, komplizierte, Energie speichernde Moleküle. Ein Triglycerid besteht aus drei mit Glycerin verknüpften Fettsäuren.

Siehe auch

Arterie 126 • Atom 24 • Zelle 18
Chemische Bindung 24 • Hormon 134
Molekül 25 • Organische Verbindung 24
Plasmamembran 18 • Vitamin 29

Butter

Margarine mit mehrfach ungesättigten Fettsäuren

Gesättigte und ungesättigte Fette
Butter enthält gesättigte tierische Fette, Margarine besteht aus Pflanzenöl.

Fett

Ein Lipid, das bei Raumtemperatur normalerweise fest ist

Fette kommen vor allem bei Tieren vor. Sie werden in den Zellen gespeichert und dienen als Energiereserven. Manche Tiere haben unter der Haut eine Fettschicht, die sie warm hält. Tierische Fette sind reich an **gesättigten Fettsäuren**, in deren Molekülen die Kohlenstoffatome durch chemische Einfachbindungen ■ verknüpft sind. Deshalb sind Fette bei Raumtemperatur fest.

Öl

Ein Lipid, das bei Raumtemperatur normalerweise flüssig ist

Öltröpfchen stoßen Wasser ab.

Öle kommen bei Pflanzen häufiger vor als bei Tieren und dienen dort als Energiespeicher. Samen enthalten häufig viel Öl als Nährstoff für das frühe Wachstum. Öle sind reich an **ungesättigten Fettsäuren**, in deren Molekülketten mindestens eine Doppelbindung zwei benachbarte Kohlenstoffatome verknüpft. In **mehrfach ungesättigten Fettsäuren** sind mehrere solche Doppelbindungen vorhanden. Öle sind bei Raumtemperatur flüssig.

Wachs

Ein Lipid, das häufig als Schutzschicht dient

Wachse sind weiche, glatte Substanzen, die von anderen Verbindungen kaum angegriffen werden. Sie dienen den Tieren und Pflanzen als Schutz für Haut, Haare, Blätter und Früchte. Wolle ist durch ein weiches Wachs namens **Lanolin** geschützt, das häufig in Shampoo und Hautkrem enthalten ist. Bienen stellen ihre Waben aus **Bienenwachs** her.

Bienenwachskerze

Phospholipid

Ein Lipid, aus dem Membranen bestehen

Phospholipide bilden die Plasmamembran, die Außenhülle der Zellen. Ihre Moleküle haben zwei **hydrophobe** (Wasser abstoßende) »Schwänze«. Der »Kopf« des Moleküls dagegen ist **hydrophil**: Er zieht Wasser an. Im Wasser bilden die Phospholipide eine Doppelschicht, in der die Köpfe in entgegengesetzte Richtungen weisen.

Steroid

Ein komplexes Lipid mit ringförmig angeordneten Kohlenstoffatomen

Steroide sind Lipide aus dem Gewebe von Tieren. Ihre Moleküle enthalten vier gekoppelte Ringe aus Kohlenstoffatomen. Zu den Steroiden gehören einige Vitamine ■ und Hormone ■, am häufigsten aber ist das **Cholesterin**, ein unentbehrlicher Bestandteil der Zellmembranen und vieler anderer Substanzen. Zu viel Cholesterin ist ungesund. Bei sehr fetter Ernährung kann es sich in den Arterien ■ ansammeln und Herzkrankheiten verursachen.

Vitamine & Mineralstoffe

Vitamine und Mineralstoffe sind für Lebewesen
unentbehrlich. Tiere können Vitamine nicht
selbst herstellen, sondern müssen sie mit der
Nahrung aufnehmen.

Vitamin

Organische Verbindung, für Tiere in
kleinen Mengen unentbehrlich

Nur mit Vitaminen funktioniert der
Organismus eines Tieres richtig. Sie
wirken an den chemischen Reak-
tionen ▪ im Stoffwechsel ▪ mit.
Fehlt in der Nahrung ein wichtiges
Vitamin, bekommt das Tier eine
Vitaminmangelkrankheit.

Mineralstoff

Eine für Tiere unentbehrliche
anorganische Verbindung

Alle Lebewesen brauchen Mineralstoffe. Tiere beziehen sie aus der
Nahrung, Pflanzen aus dem Boden.
Der Mensch benötigt manche
Mineralstoffe in großer Menge,
andere, die **Spurenelemente**, nur in
winziger Menge.

Gesunde Ernährung

*Obst und Gemüse sind reich an Vita-
minen und Mineralstoffen. Zitrusfrüchte
und Kartoffeln enthalten viel Vitamin C.*

Siehe auch

Chemische Reaktion 25 • Anorganische
Verbindung 24 • Stoffwechsel 32
Organische Verbindung 24

VITAMINE

Vitamin	Funktion im Organismus	Lieferanten
A	Wachstum, Sehen, Immunabwehr	Gemüse, Fischtran, Eidotter, Milchprodukte
D	Calciumhaushalt (Knochenwachstum)	Sonnenlicht, Fischtran, Eidotter
E	verhindert Fettsäureabbau in den Zellen	Gemüse, pflanzliche Öle
K	Aufbau von Blutgerinnungssubstanzen	Gemüse
C	Aufbau des Proteins Kollagen	Zitrusfrüchte, Tomaten, Kartoffeln, Blattgemüse
B1 (Thiamin)	Kohlenhydratabbau	Vollkorn, Leber, Hülsenfrüchte, Hefe
B2 (Riboflavin)	Oxidation und Reduktion	Milch, Blattgemüse, Eier
Niacin	Oxidation und Reduktion	Mageres Fleisch, Fisch, Weizenkeime, Hefe
B6	Fettsäure- und Aminosäureabbau	Vollkorn, Leber, Eigelb
B12	Proteinherstellung	Lieber, Nieren, Fisch, Eier
Pantothensäure	Energieerzeugung bei der Zellatmung	Fleisch, Milch, Eier, Gemüse, Hefe
Folsäure	Herstellung von Nucleinsäuren	Grünes Blattgemüse, Leber, Weizenkeime, Obst
Biotin	Auf- und Abbau von Fetten und Kohlenhydraten	Vollkorn, Leber, Eier, Milch

WICHTIGE MINERALSTOFFE

Mineralstoff	Funktion im Organismusy	Lieferanten
Calcium	Knochen- und Zahnbildung, Nervenfunktion	Milch, Eier, Getreide
Chlor	Ionenhaushalt, Magensäureproduktion	Kochsalz
Eisen	entscheidender Baustein des Hämoglobins im Blut	Fleisch, Eier, Nüsse, Gemüse
Magnesium	Knochen- und Zahnbildung	Gemüse, Fleisch, Milch
Phosphor	Knochenbildung, Bildung von Phospholipiden	Milchprodukte, Fleisch, Getreide
Kalium	Ionenhaushalt, Nervenfunktion	Fleisch, Obst, Gemüse
Natrium	Ionenhaushalt, Nervenfunktion	Kochsalz, Fleisch, Gemüse
Schwefel	unentbehrlicher Baustein vieler Proteine	Fleisch, Eier, Milchprodukte
Kupfer	Knochenbildung, Bildung von Hämoglobin	Leber, Fisch, Nüsse
Iod	unentbehrlicher Baustein des Schilddrüsenhormons	Fisch
Mangan	aktiviert viele Enzyme	Fleisch, Getreide
Zink	unentbehrlicher Baustein mancher Proteine	Fisch, Leber, andere Lebensmittel

Proteine

Proteine gehören zu den kompliziertesten Bestandteilen der Lebewesen. Jedes von ihnen ist eine auf seine eigene Weise gefaltete Molekülkette. Die genaue Form der Kette bestimmt darüber, was das Protein bewirkt.

Protein

Eine organische Verbindung aus Aminosäurebausteinen

Proteine sind organische Verbindungen ■. Sie erfüllen in den Lebewesen viele Aufgaben, von der Steuerung chemischer Reaktionen ■ bis zum Aufbau der Haare. Manche Proteine wirken auch als Hormone ■. Ihre Moleküle ■ bestehen aus Aminosäuren, die in genau festgelegter Reihenfolge verknüpft sind. Diese Reihenfolge (Sequenz) bestimmt über Form und Funktion des Proteins.

Aminosäure

Eine stickstoffhaltige organische Säure

Aminosäuren sind die Bausteine der Proteine. Aus 20 verschiedenen Aminosäuren bauen die Lebewesen tausende von Proteinen auf. Sie lassen sich in beliebiger Reihenfolge verknüpfen, wie die Buchstaben des Alphabets, die tausende von Wörtern bilden können. In jedem Aminosäuremolekül ist ein Kohlenstoffatom ■ mit einer **Aminogruppe** verknüpft. Diese Gruppe besteht aus einem Stickstoff- und zwei Wasserstoffatomen.

Seidenprotein
Ein Spinnennetz besteht aus einem Protein, das in der Spinne flüssig ist und beim Netzbau fest wird.

Essenzielle Aminosäure

Eine Aminosäure, die der Organismus selbst nicht herstellen kann

Zehn der 20 Aminosäuren zum Proteinaufbau kann der Organismus selbst herstellen. Die anderen, essenzielle Aminosäuren genannt, müssen wir mit der Nahrung aufnehmen.

Peptidbindung

Eine chemische Bindung zwischen Aminosäuren

Dies ist eine chemische Bindung ■, die Aminosäuren in einer Molekülkette zusammenhält. Sie bildet sich, wenn zwei Aminosäuren reagieren und dabei ein Wassermolekül abgeben.

Oligopeptid

Eine kurze Kette aus Aminosäuren

Ein Oligopeptid enthält weniger als 40 oder 50 Aminosäurebausteine. Kommen immer mehr Aminosäuren hinzu, wird es zu einem Polypeptid und schließlich zum fertigen Protein.

Proteinstruktur

Der chemische und physikalische Aufbau eines Proteins

Proteinstrukturen sind kompliziert und vielgestaltig. Die **Primärstruktur** ist die Reihenfolge der Aminosäurebausteine. Benachbarte Aminosäuren ziehen einander vielfach an, sodass die Kette sich faltet und eine charakteristische **Sekundärstruktur** einnimmt. Die **Tertiärstruktur** ist die Form des gesamten Moleküls.

Kiel

Federleichtes Protein
Vogelfedern bestehen aus Keratin, einem vielseitigen Strukturprotein: es ist leicht, kräftig und biegsam.

Strukturprotein

Ein Protein, das als Baumaterial dient

Strukturproteine stützen und schützen Körperteile der Lebewesen. Haare, Nägel und Federn sind Schutzstrukturen aus dem Strukturprotein **Keratin**, das kräftige, biegsame Fasern bildet. Die Sehnen, welche Muskeln und Knochen der Tiere verbinden, bestehen aus einem anderen Strukturprotein, dem **Kollagen**, dessen Fasern ebenfalls kräftig und elastisch sind.

Transportprotein

Ein Protein, das andere
Substanzen transportiert

Transportproteine nehmen Substanzen an einer Stelle auf und geben sie an einer anderen ab. Eines der wichtigsten Transportproteine ist das Hämoglobin ■. Es befördert Sauerstoff und Kohlendioxid im Blut.

Flugfeder eines Aras

Die parallelen Federstrahlen verhaken sich und bilden eine glatte Fläche.

Enzym

Ein Katalysatorprotein, das chemische Reaktionen in den Lebewesen beschleunigt

Viele chemische Reaktionen in den Lebewesen, beispielsweise die Verdauung, würden ohne Enzyme nur sehr langsam ablaufen. Enzyme sind Proteine, die als **Katalysatoren** wirken: Sie beschleunigen chemische Reaktionen. Das Enzym zieht die beteiligten Moleküle (Substrate) an; diese passen zum **aktiven Zentrum** des Enzymmoleküls und reagieren dort zu den **Produkten**, die das Enzym dann wieder verlassen. Das Enzym selbst verändert sich dabei nicht und kann anschließend sofort weitere Substratmoleküle anziehen.

Anselme Payen

Französischer Chemiker, 1795–1871

Payen entdeckte als Erster ein Enzym. Er arbeitete in einer Fabrik, die Zucker aus Zuckerrüben herstellte. Dabei wurde er neugierig, welche chemischen Reaktionen sich in Pflanzen abspielen. Im Jahre 1833 entdeckte er, dass keimendes Getreide eine Substanz herstellt, die Stärke ■ in Glucose ■ umwandelt. Diese Substanz nannte er Diastase, und er konnte zeigen, dass sie auch außerhalb der Pflanze wirksam ist.

Immunprotein

Ein Protein, das körperfremde Substanzen unschädlich macht

Dringen Mikroorganismen ■ in ein Tier ein, heften sich besondere Proteine an die Oberfläche der Angreifer und machen sie unschädlich. Solche Proteine nennt man Antikörper ■. Der menschliche Organismus stellt eine Riesenzahl verschiedener Antikörper her.

Speicherprotein

Protein zur Nährstoffspeicherung

Pflanzen und Tiere speichern Nährstoffe als Proteine. Ein Speicherprotein im Weizen ist das **Gluten**.

Denaturiertes Protein

Ein Protein mit veränderter Struktur

Bei der Denaturierung verändert sich die Lage der Aminosäurebausteine eines Proteins durch Wärme oder Chemikalien. Kocht man beispielsweise ein Ei, wird das Protein im Eiklar von einer Flüssigkeit zu einer weißen, festen Masse. Dies ist nicht mehr rückgängig zu machen.

Enzymgesteuerte Reaktion

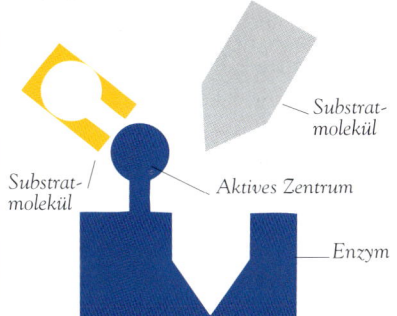

Substratmolekül

Substratmolekül

Aktives Zentrum

Enzym

Ein Enzym zieht zwei Substrate an; diese passen zum aktiven Zentrum wie ein Schlüssel zum Schloss.

Substratmoleküle heften sich an das aktive Zentrum.

Das Enzym bringt die Substrate dicht zusammen; sie reagieren und bilden die Produkte.

Produkte verlassen das Enzym.

Jetzt zieht das Enzym neue Substratmoleküle an. Es verändert sich bei der Reaktion nicht.

Energie & Zellatmung

Alle Lebewesen brauchen Energie, um zu wachsen, sich zu bewegen und auf ihre Umwelt zu reagieren. Die meisten Lebewesen beziehen sie aus der Reaktion von Nährstoffen und Sauerstoff (Zellatmung).

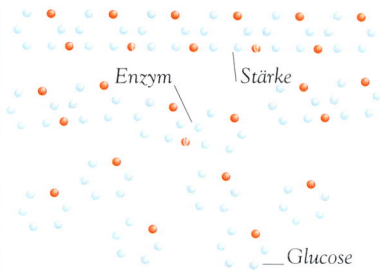

Enzym *Stärke*

Glucose

Energie

Die Fähigkeit, Arbeit zu leisten

Energie kommt in Lebewesen in mehreren Formen vor. **Chemische Energie** wird in chemischen Verbindungen ▪ gespeichert; werden diese abgebaut, entstehen **Bewegungsenergie** und **Wärmeenergie**.

Stoffwechsel

Die Gesamtheit aller chemischen Abläufe in einem Lebewesen

Lebewesen müssen ständig Substanzen auf- und abbauen. Diese gegensätzlichen Vorgänge bezeichnet man als Stoffwechsel oder Metabolismus. Die beteiligten Verbindungen heißen auch **Metabolite**; sie stammen vielfach aus der Verdauung der Nährstoffe. **Katabolismus** ist der Teil des Stoffwechsels, in dem organische Verbindungen ▪ zu einfachen Molekülen ▪ abgebaut werden und Energie freisetzen. Im **Anabolismus** verbinden sich einfache Moleküle zu komplizierteren, was Energie verbraucht.

Stoffwechselrate

Die Geschwindigkeit der Energiefreisetzung in einem Lebewesen

Die Stoffwechselrate eines Tieres hängt von seiner Aktivität ab. Sie steigt an, wenn das Tier viel Energie verbraucht, und lässt nach, wenn es ruht und weniger Energie benötigt. Manche Tiere halten Winterschlaf: In dieser Zeit sinkt die Stoffwechselrate sehr weit ab, sodass die gespeicherte Energie nur sehr langsam verbraucht wird.

Kohlenhydrate, Lipide, Proteine, Nucleinsäuren

Anabolismus (Aufbau)

Katabolismus (Abbau)

Meist Energieverbrauch

Meist Energiefreisetzung

Stoffwechsel
Der Stoffwechsel hat zwei Zweige: Anabolismus (Aufbau von Substanzen) und Katabolismus (Abbau von Substanzen).

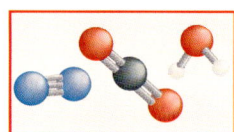

Einfache Moleküle

Stärkeabbau
Komplizierte Moleküle wie die Stärke sind wichtige Energielieferanten. Enzyme zerlegen sie in Glucosemoleküle, die dann in der Zellatmung abgebaut werden und Energie abgeben.

Zellatmung

Der chemische Abbau der Nahrung zur Energiegewinnung

Die Zellatmung ist eine Abfolge chemischer Reaktionen ▪ in den Zellen ▪. Dabei werden organische Verbindungen wie die Glucose ▪ abgebaut, und es wird Energie frei. Als »Atmung« ▪ bezeichnet man allgemein auch den Vorgang, durch den Sauerstoff in den Organismus gelangt – beim Menschen und vielen anderen Wirbeltieren ▪ über Lunge und Blut.

Energiegewinnung
Bei der aeroben Zellatmung werden Glucosemoleküle unter Sauerstoffverbrauch gespalten. Dabei entstehen Kohlendioxid und Wasser, und es wird viel Energie frei.

Aerobe Zellatmung

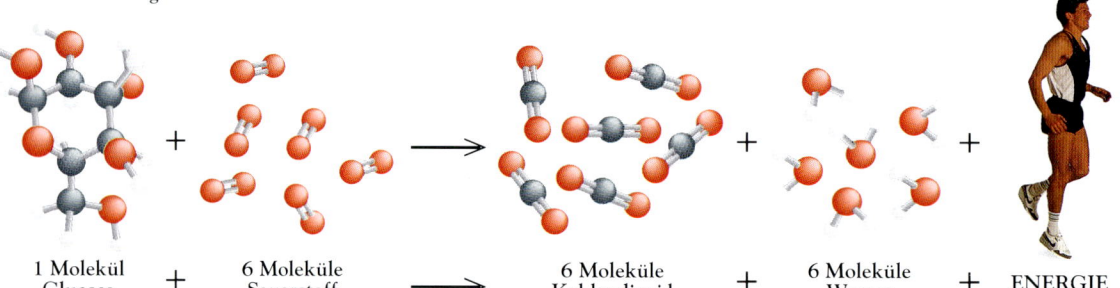

| 1 Molekül Glucose | + | 6 Moleküle Sauerstoff | → | 6 Moleküle Kohlendioxid | + | 6 Moleküle Wasser | + | ENERGIE |

Aerobe Zellatmung

Eine Form der Zellatmung, die Sauerstoff verbraucht

Bei der aeroben Zellatmung wird Glucose, eine organische Verbindung, in den Zellen durch Reaktion mit Sauerstoff (Oxidation ■) abgebaut. Dabei entstehen die anorganischen Verbindungen ■ Kohlendioxid und Wasser. Die aerobe Zellatmung setzt viel Energie frei, ist aber auf Sauerstoff angewiesen.

Anaerobe Zellatmung

Eine Form der Zellatmung, die keinen Sauerstoff benötigt

Nicht alle Lebewesen brauchen Sauerstoff zur Energiegewinnung. Viele können Glucose auch anaerob (wörtlich »ohne Luft«) verwerten; dabei wird die Glucose nur teilweise abgebaut, und es entstehen neue organische Verbindungen. Dieser Vorgang setzt nicht sonderlich viel Energie frei.

Alkoholische Gärung

Eine Form der anaeroben Zellatmung bei Pilzen und Pflanzen

Die alkoholische Gärung wird von Pilzen wie der Hefe ■ und auch von manchen Pflanzen ausgeführt. Die Zellen bauen Glucose anaerob ab und setzen sie zu Alkohol und Kohlendioxid um. Die alkoholische Gärung dient zur Herstellung von Getränken wie Bier und Wein, und ein ähnlicher Vorgang lässt auch beim Backen das Brot aufgehen.

Milchsäuregärung

Eine Form der anaeroben Zellatmung bei Tieren

Bei körperlicher Anstrengung verbrauchen die Muskeln den Sauerstoff schneller als er vom Blut nachgeliefert wird. Ohne Sauerstoff ist keine aerobe Zellatmung möglich, und die Muskelzellen gewinnen die benötigte Energie dann durch anaeroben Abbau von Glucose. Dabei entsteht die giftige **Milchsäure**. Sie sammelt sich in den Muskeln an, bis diese nicht mehr richtig funktionieren und schmerzen.

Bei Anstrengung sammelt sich Milchsäure in den Muskeln.

Tiefes Atmen bringt mehr Sauerstoff.

Beim muskeln schmerzen.

Sauerstoffschuld

Zum Abbau der Milchsäure erforderliche Sauerstoffmenge

Nach starker Anstrengung muss die in den Muskeln angehäufte Milchsäure durch aerobe Zellatmung abgebaut werden. Die dazu notwendige Sauerstoffmenge heißt »Sauerstoffschuld«.

ATP

Ein Energieträger aller Lebewesen

Bei der Zellatmung entstehen Wärme und chemische Energie, die zur Herstellung von **Adenosintriphosphat** (ATP) dient. Dieses transportiert die Energie im Organismus dahin, wo sie gebraucht wird.

Hans Krebs

Deutsch-britischer Biochemiker, 1900–1981

Krebs erforschte, wie Zellen durch aerobe Zellatmung Energie gewinnen. Er entdeckte bei seinen Untersuchungen, dass Glucose in einer Reaktionsfolge abgebaut wird, die man heute als **Citratzyklus** oder **Krebs-Zyklus** bezeichnet. In jedem Schritt des Zyklus wird ein kleiner Energiebetrag frei.

Autotroph

Eigenschaft von Lebewesen, die ihre Nährstoffe selbst herstellen

Autotrophe Lebewesen sind Selbstversorger; dazu gehören alle Pflanzen und manche Bakterien ■. Sie bauen aus Wasser und Kohlendioxid durch Photosynthese ■ organische Verbindungen auf. Für das Leben als Ganzes sind autotrophe Lebewesen unentbehrlich, denn auf ihre Nährstoffe sind alle anderen Organismen angewiesen.

Heterotroph

Eigenschaft von Lebewesen, die von anderen Lebewesen erzeugte Nahrung fressen

Alle Tiere einschließlich des Menschen sind **heterotroph**: Sie können selbst keine Nährstoffe herstellen, sondern nehmen die benötigten organischen Verbindungen mit der Nahrung auf.

Siehe auch

Nucleinsäuren

Nucleinsäuren sind die Baupläne aller Lebewesen. Sie enthalten die Informationen zum Aufbau der Proteine, der Bausteine und Funktionsträger der Zellen. Eine Nucleinsäure, die DNA, kann ihre Anweisungen mithilfe von Enzymen verdoppeln und an jede neue Zelle eines Lebewesens weitergeben.

Nucleinsäure

Eine kompliziert gebaute, Information tragende organische Verbindung

Nucleinsäuren sind organische Verbindungen ▪; sie bestehen aus kleineren Molekülen ▪, den Nucleotiden. Es gibt zwei Arten von Nucleinsäuren: DNA und RNA. Die DNA enthält die genetische ▪ Information und liegt meist im Zellkern ▪. Die RNA ist der »Transporter«: Sie trägt eine Kopie der DNA-Information an die Stellen, wo sie umgesetzt wird.

DNA

Die Informations-Speichersubstanz aller Lebewesen

Ein Molekül der DNA (Desoxyribonucleinsäure) enthält unter Umständen mehrere Millionen Atome ▪. Es besteht aus zwei Strängen, die umeinander gewunden sind und eine Doppelhelix bilden. Zusammengehalten werden sie von chemischen Gruppen, den Basen. Die Reihenfolge der Basen ist bei jedem Lebewesen anders und enthält die genetische Information.

Nucleotid

Molekülbaustein der Nucleinsäuren

Nucleinsäuren sind Polymere ▪ aus Nucleotiden. Jedes Nucleotid besteht aus einem Zucker, einer Base und einer Phosphatgruppe. Die Zuckergruppen verbinden sich zum »Rückgrat« der Nucleinsäure, die Basen bilden seine genetische Information.

Base

Ein Informationsbaustein der Nucleinsäuren

Die Basen funktionieren wie die Buchstaben des Alphabets. Hintereinander aufgereiht, enthalten sie die Informationen, mit denen die Zelle ihre Proteine ▪ aufbaut. Jede Nucleinsäure enthält nur vier Typen solcher »Buchstaben«. In der DNA heißen sie Cytosin, Guanin, Adenin und Thymin. RNA enthält die gleichen Basen, nur steht hier Uracil an Stelle des Thymins.

Basenpaar

Zwei chemisch verknüpfte Basen

Jede Base eines DNA-Moleküls ist chemisch mit ihrem Partner auf dem anderen Strang der Doppelhelix verbunden. Diese Paarung ist kein Zufall: Adenin paart sich immer mit Thymin und Cytosin mit Guanin. Das Ganze gleicht einem Foto mit Negativ und Positiv: Beide DNA-Stränge tragen die gleiche Information, aber in unterschiedlicher Form. Ein Strang ist eine komplementäre Kopie des anderen. Auch manche RNA-Moleküle enthalten Basenpaare.

Replikation

Selbstverdoppelung eines Nucleinsäuremoleküls

In einer Zelle, die sich teilt ▪, verdoppeln sich auch die DNA-Moleküle, damit jede neue Zelle wieder die gesamten Anweisungen erhält. Dabei trennen sich die beiden DNA-Stränge wie ein Reißverschluss. Anschließend bildet das Enzym ▪ DNA-Polymerase an jedem Strang eine komplementäre Kopie. Es entstehen zwei neue DNA-Moleküle, jedes mit einem alten und einem neuen Strang.

DNA-Replikation
Die DNA verdoppelt sich mithilfe eines Enzyms, das die Bausteine der beiden neuen Moleküle zusammensetzt, nachdem ihre Stränge sich getrennt haben. Die neuen Moleküle sind normalerweise genau gleich.

Doppelhelix trennt sich.

Neues DNA-Molekül

Neuer Strang (komplementäre Kopie)

RNA

Nucleinsäuren für die Informationsverarbeitung bei der Proteinherstellung

Ein Molekül der **Ribonucleinsäure** (RNA) besteht im Gegensatz zur DNA nur aus einem Strang. Die RNA erfüllt bei der Synthese ▪ der Proteine mehrere wichtige Aufgaben. Messenger-RNA kopiert Teile der DNA-Information, und RNA fügt auf Grund dieser Information die Aminosäuren zum Protein zusammen.

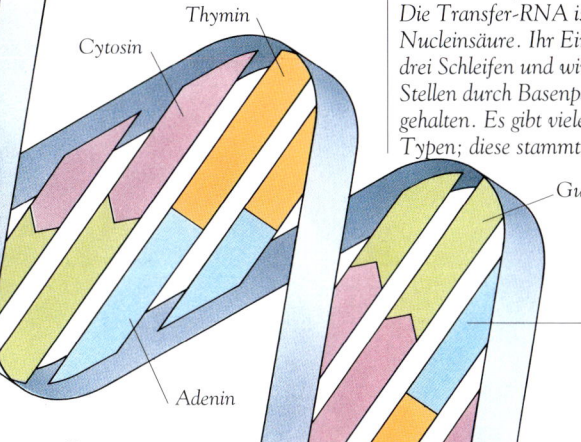

Ankopplungsstelle für die Aminosäure

Basenpaar

Ein Transfer-RNA-Molekül

Die Transfer-RNA ist die kleinste Nucleinsäure. Ihr Einzelstrang bildet drei Schleifen und wird an manchen Stellen durch Basenpaare zusammengehalten. Es gibt viele Transfer-RNA-Typen; diese stammt aus einer Hefezelle.

Thymin

Cytosin

Guanin

Adenin

Adenin

Guanin

Cytosin

Thymin

»Rückgrat« aus abwechselnd angeordneten Desoxyribose- und Phosphatgruppen

Alle Basen sind an Desoxyribose (einen Zucker) gebunden.

Rosalind Franklin

Brit. Biochemikerin, 1920–1958

James Watson

Amerik. Biochemiker, geboren 1928

Francis Crick

Brit. Biochemiker, geboren 1916

Rosalind Franklin gehörte zu den Ersten, die DNA untersuchten. Mit Röntgenstrahlen klärte sie die Form ihrer Moleküle auf; diese Aufnahmen lieferten wichtige Indizien für die komplizierte Spiralstruktur der DNA. Auf Franklins Befunde stützten sich Watson und Crick: Sie bauten 1953 im Labor ein Modell, das zum ersten Mal die Struktur der DNA zeigte. Das war eine der wichtigsten Entdeckungen der modernen Wissenschaft.

Mitochondrien-DNA

Eine DNA, die aus Mitochondrien besteht

Auch in den Mitochondrien ▪ vieler Zellen befinden sich kleine, ringförmige DNA-Moleküle. Sie ähneln den DNA-Molekülen der Bakterien ▪.

Messenger-RNA (Boten-DNA)

Eine RNA-Kopie der Information aus der DNA

Die Messenger-RNA oder **mRNA** (auch Boten-DNA genannt) entsteht durch Transkription ▪: Ein Enzym kopiert einen Strang der DNA. Die so entstandene RNA-Kopie wandert an die Stelle, wo die Transfer-RNA und andere Substanzen ihre Information zur Proteinherstellung nutzen.

Transfer-RNA

Eine RNA, die Aminosäuren aufnimmt und zu Proteinen zusammenfügt

Zur Proteinherstellung müssen Aminosäuren ▪ in der richtigen Reihenfolge zusammengesetzt werden. Das ist Aufgabe der Transfer-RNA oder **tRNA**. Bei der Translation ▪ erhält die tRNA von der mRNA die Anweisung, wie die Aminosäuren zusammenzufügen sind. Für jede der 20 Aminosäuren in den Proteinen gibt es eine eigene Transfer-RNA.

Der genetische Code

Anhand des genetischen Codes interpretieren die Zellen den Informationsgehalt der DNA. Sie gibt Anweisungen zur Herstellung der Proteine, die über Struktur und Funktion der Zellen bestimmen. Ohne den Code wäre die von den Eltern ererbte Information sinnlos.

Genetischer Code

Der chemische Code in DNA und RNA

Jedes DNA-Molekül ■ enthält eine lange Reihe chemischer Gruppen, die Basen ■, in einer ganz bestimmten Reihenfolge. Der genetische Code besagt, wie die Zelle diese Basensequenz der DNA in eine Aminosäuresequenz ■ umsetzen soll. Die Aminosäuren bilden die Proteinmoleküle ■, die eine Zelle aufbauen und funktionieren lassen.

Codon

Eine Gruppe von drei Basen im genetischen Code

Die »Wörter« des genetischen Codes nennt man Codons. Jedes Codon ist drei Basen lang und hat eine genau festgelegte Bedeutung. Die vier verschiedenen Basen lassen sich in 64 unterschiedlichen Dreiergruppen anordnen. Jedes Codon legt eine Aminosäure fest oder besagt, wo die Aminosäurekette anfangen oder aufhören soll.

Die Elemente der Codons
Das Schema zeigt die vier möglichen Basenpaare in einem DNA-Molekül. Ein Codon besteht aus drei Basenpaaren in beliebiger Reihenfolge.

Gen

Die Grundeinheit der Vererbung mit den Anweisungen zur Herstellung eines bestimmten Proteins

Die DNA einer menschlichen Zelle enthält zwischen 50 000 und 100 000 Gene. Die Codons in jedem Gen sagen der Zelle, wie sie ein bestimmtes Protein herstellen soll. Wenn die Gene zu unterschiedlichen Zeitpunkten verschiedene Proteine bilden, können sie die Funktion der Zelle verändern. Gene sind auch die Grundeinheiten der Vererbung ■ und werden als Ganzes an die nächste Generation weitergegeben. Ein Gen kann aber in verschiedenen Formen vorliegen, den Allelen. Jedes durch sexuelle Fortpflanzung ■ entstandene Lebewesen hat eine einzigartige Allelausstattung.

Proteinsynthese

Die Herstellung eines Proteins

Zellen können Proteine nur nach den Anweisungen eines Gens herstellen. Diesen Vorgang nennt man Proteinsynthese. Er läuft ab, wenn ein Gen tätig wird: Das Gen wird dann **exprimiert**.

Regulationsgen

Ein Gen, das die Expression anderer Gene beeinflusst

Manche Gene werden fast ständig exprimiert, andere nur ein Mal im ganzen Leben. Regulationsgene produzieren Proteine, die andere Gene ein- oder ausschalten.

Transkription

Das Kopieren des genetischen Codes in der DNA

Der erste Schritt der Proteinherstellung ist die Transkription. Dabei trennen sich die beiden Stränge des DNA-Moleküls. Ein Enzym ■ namens **RNA-Polymerase** setzt dann einen Strang der Messenger-RNA ■ zusammen, wobei ein Strang der DNA als Matrize dient. Wenn der RNA-Strang fertig ist, schließt sich die DNA wieder, und die Messenger-RNA wandert weiter.

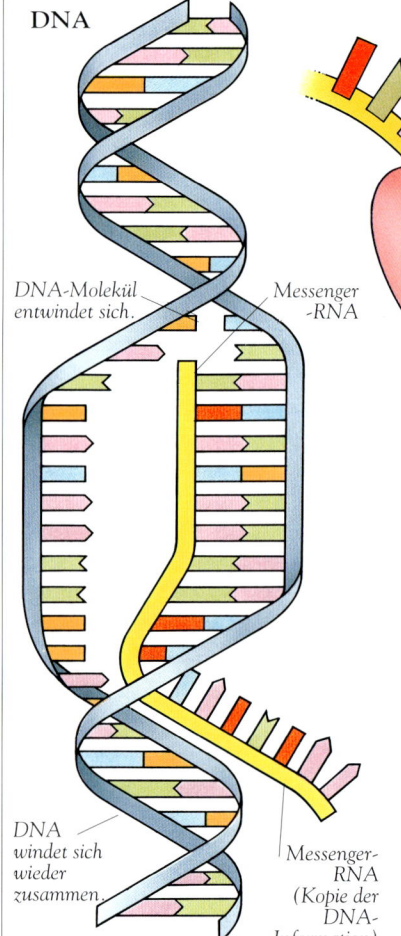

DNA

DNA-Molekül entwindet sich

Messenger -RNA

DNA windet sich wieder zusammen

Messenger-RNA (Kopie der DNA-Information)

Transkription
Die Transkription beginnt mit dem Auseinanderwinden der DNA. Anschließend wird Stück für Stück die einzelsträngige Messenger-RNA aufgebaut.

Translation

Das »Ablesen« der Messenger-RNA

Die Translation ist der zweite Schritt der Proteinherstellung. Die Ribosomen, große Molekülkomplexe, wandern an der Messenger-RNA entlang. Dabei »lesen« sie die Anweisungen Codon für Codon ab und setzen sie um. Mithilfe der Transfer-RNA ■ machen die Ribosomen aus der Codonsequenz eine Aminosäuresequenz: Ein Proteinmolekül entsteht.

Genotyp

Die genetische Ausstattung einer Zelle oder eines Lebewesens

Der Genotyp ist die genetische Information, die ein Lebewesen geerbt hat. Dazu gehören Gene oder Allele, die Form, Größe, Farbe und Funktion des Lebewesens bestimmen. Außerdem umfasst der Genotyp auch Allele, die nicht aktiviert (exprimiert) werden. Sie werden vielleicht erst in der nächsten Generation gebraucht. Durch das Wechselspiel von Genotyp und Umwelt entsteht der Phänotyp.

Har Gobind Khorana

Indisch-amerikanischer Biochemiker, geboren 1922

Khorana war einer der Biochemiker, die den genetischen Code aufklärten. Zu Beginn seiner Untersuchungen wusste man nur, dass der Code mit Gruppen aus drei Basen, den Codons, funktioniert. Da es nur vier Basen gibt, waren 64 Dreierkombinationen möglich. Khorana stellte Moleküle mit allen 64 möglichen Codons her und konnte feststellen, welche Aminosäure jeweils festgelegt wird. So entstand ein vollständiges Bild des genetischen Codes.

Phänotyp

Die vom Genotyp erzeugten äußeren Eigenschaften

Der Phänotyp ist die vom Genotyp erzeugte körperliche Gestalt. Zwei Lebewesen mit gleichem Genotyp können unterschiedliche Phänotypen besitzen, weil auch die Umwelt die Wirkung von Genen oder Allelen beeinflusst. Zwei Pflanzen können z. B. trotz gleichen Genotyps unter unterschiedlichen Bedingungen verschiedene Formen annehmen.

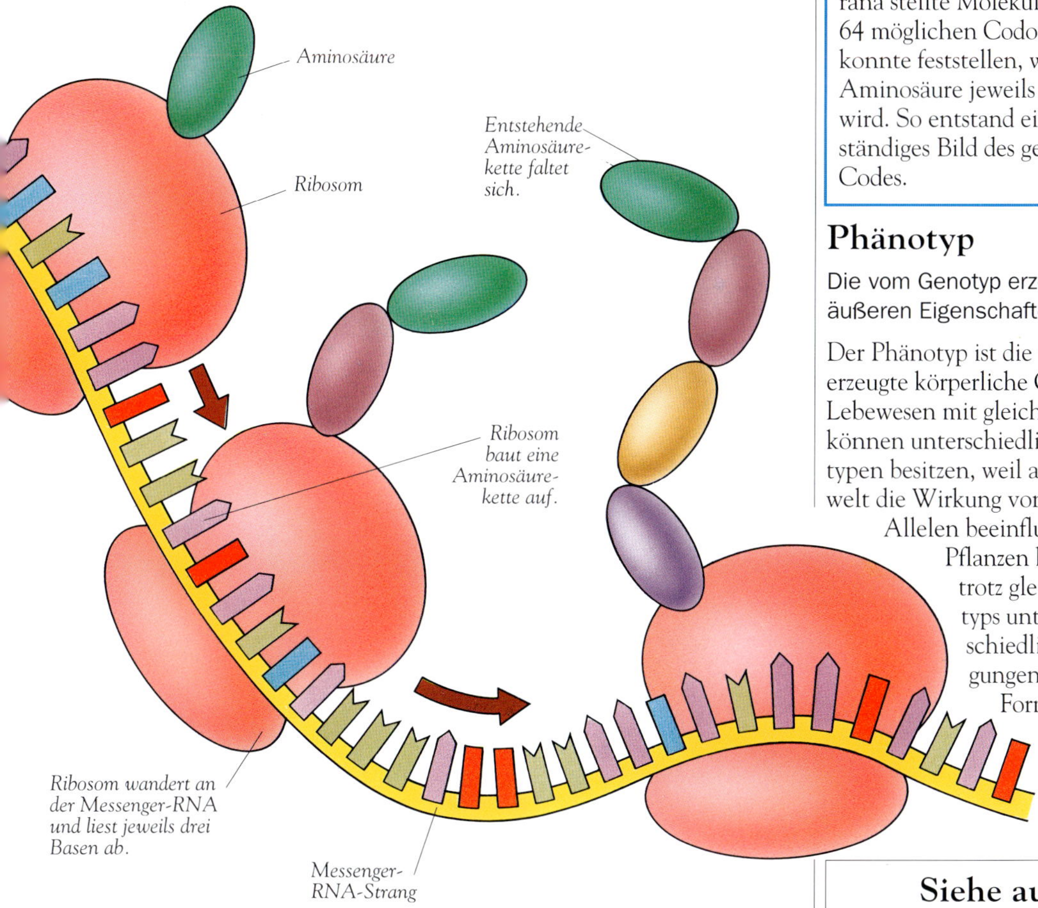

Aminosäure

Ribosom

Entstehende Aminosäurekette faltet sich.

Ribosom baut eine Aminosäurekette auf.

Ribosom wandert an der Messenger-RNA und liest jeweils drei Basen ab.

Messenger-RNA-Strang

Translation

Bei der Translation heftet sich ein Ribosom an die Messenger-RNA und liest die Basen ab. Mithilfe der Transfer-RNA (hier nicht eingezeichnet) setzt es die von den Basen codierten Aminosäuren zusammen. Schließlich erreicht das Ribosom ein Stoppsignal im Code, und das fertige Protein wird freigesetzt.

Chromosomen

Fast jede Körperzelle enthält einen Satz Chromosomen. Diese Gebilde enthalten die DNA mit den
Anweisungen für die Funktion der Zelle. Chromosomen geben das genetische Material von einer
Generation zur Nächsten weiter.

Chromosom

Ein Gebilde, das die gesamte DNA
der Zelle oder einen Teil davon
enthält

Die DNA-Moleküle ■ sind zu
fadenförmigen Chromosomen
verpackt, die bei den
meisten Zellen ■ im
Zellkern ■ liegen. Nur in
Bakterien ■ verteilt sich
die DNA locker über die
ganze Zelle. Chromosomen
enthalten alle Informationen,
die eine Zelle für ihre Tätigkeit
braucht. Deshalb sind sie
lebenswichtig, und bei der
Zellteilung werden sie an die
Nachkommen weitergegeben.

Chromatiden

Centromer

Menschliches Chromosom
*Dieses Chromosom besteht
aus zwei Strängen, den
Chromatiden. Sie sind am
Centromer verbunden.*

Chromosomen
*Die Elektronenmikroskop-Aufnahme
zeigt Chromosomen (rosa), die sich im
Zellkern vor dessen Teilung anordnen.*

Chromatid

Einer der beiden Stränge in einem
verdoppelten Chromosom

Bevor eine Zelle sich teilt, verdoppelt sich das Chromosom (Replikation ■). Anschließend besteht
das Chromosom aus zwei Strängen,
den Chromatiden. Sie bilden eine
x-förmige Struktur und werden am
Centromer zusammengehalten.
Bei der Zellteilung oder
Mitose ■ werden
die Chromati-
den ausein-
ander gezogen.

Chromatin

Die Substanz, aus der die
Chromosomen bestehen

Jedes Chromosom enthält ein
langes DNA-Molekül ■, das um
besondere Proteinmoleküle ■
gewickelt ist, die **Histone**. DNA
und Proteine bilden zusammen
das Chromatin – der Name
kommt von dem griechischen
Wort für »Farbe«, denn Chromatin nimmt Farbstoffe,
mit denen man Teile der
Zellen sichtbar macht,
leicht auf.

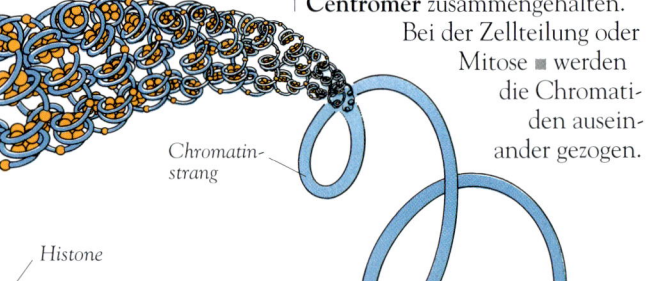

*Chromatin-
strang*

Histone

Chromosom

Chromosomenstruktur
*Die DNA bildet im Chromosom komplizierte
Schleifen. Sie ist um Histongruppen gewickelt, sodass
eine »Perlenkette« entsteht, die sich ihrerseits zum
Chromatinstrang aufrollt. Das Chromatin bildet dann
wiederum Schleifen, die das Chromosom ergeben.*

DNA-Molekül

Kondensiertes Chromosom

Ein eng aufgerolltes Chromosom

Betrachtet man Zellen im Mikroskop, wird man meist keine Chromosomen erkennen: Sie sind normalerweise auseinander gewunden und so dünn, dass man sie nicht sehen kann. Sichtbar werden die Chromosomen nur unmittelbar vor der Zellteilung: Dann winden sie sich eng zusammen – sie kondensieren.

Haploide Zelle

Eine Zelle mit einfachem Chromosomensatz

Zellen, die der sexuellen Fortpflanzung ■ dienen, enthalten normalerweise nur einen Chromosomensatz. Solche haploiden Zellen entstehen durch Meiose ■, eine besondere Form der Zellteilung ■. Vereinigen sich bei der Befruchtung ■ eine männliche und eine weibliche haploide Zelle, entsteht wieder eine diploide Zelle.

Diploide Zelle

Eine Zelle mit doppeltem Chromosomensatz

Fast alle menschlichen Zellen enthalten einen doppelten Chromosomensatz. Ursprünglich stammt je ein Satz von Vater und Mutter. Solche Zellen nennt man diploid.

Homologe Chromosomen

Paarweise zusammengehörige Chromosomen in einer diploiden Zelle

Eine diploide Zelle enthält zwei Chromosomensätze. Die paarweise zusammengehörigen Chromosomen nennt man **homolog**. Bei der Meiose, einer besonderen Form der Zellteilung, paaren sich die homologen Chromosomen und tauschen Stücke aus.

Karyotyp

Der vollständige Chromosomensatz in einer Zelle

Die Chromosomen liegen normalerweise durcheinander in der Zelle und sind deshalb schwer zu untersuchen. Dieses Problem löst man mit einer einfachen Methode. Man färbt die Chromosomen mit einem Farbstoff, sodass man sie fotografieren kann. Dann schneidet man sie aus dem Foto aus und ordnet die Bilder der einzelnen Chromosomen zu homologen Paaren, die man nach der Größe aufreiht. Menschen besitzen 23 Chromosomenpaare. Einen so geordneten Chromosomensatz nennt man Karyotyp.

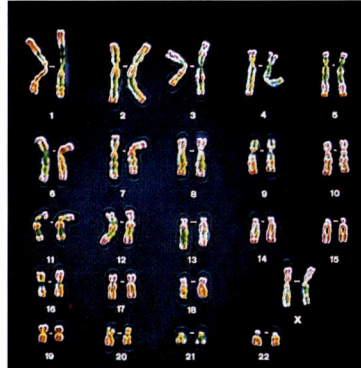

Weiblicher Karyotyp
Dieser Karyotyp zeigt den vollständigen Chromosomensatz einer Frau. Die Chromosomen sind zu homologen Paaren mit gleicher Größe und Musterung geordnet. In der vierten Reihe ganz rechts: die weiblichen Geschlechtschromosomen (X).

Chromosomenzahl

Die Zahl der Chromosomen in einer Zelle

Jede Spezies ■ besitzt in ihren Zellen eine genau festgelegte Zahl von Chromosomen. In einer diploiden menschlichen Zelle sind es 46, ein Hund hat 78 und eine Erbsenpflanze 14 Chromosomen. Taufliegen, an denen man häufig die Vererbung ■ untersucht, besitzen acht Chromosomen.

Geschlechtschromosom

Ein Chromosom, das über das Geschlecht bestimmt

An den menschlichen Chromosomen erkennt man einen wichtigen Unterschied zwischen Frauen und Männern. Frauen besitzen zwei gleichartige X-Chromosomen, bei Männern ist es ein X- und ein kleineres Y-Chromosom. Die Kombination von X- und Y-Chromosomen bestimmt das Geschlecht.

Männliche Geschlechts-chromosomen
Das Bild zeigt die Geschlechtschromosomen eines Mannes. Sie sind unterschiedlich groß.

Autosom

Jedes Chromosom, das sich nicht auf das Geschlecht auswirkt

44 der 46 menschlichen Chromosomen sind Autosomen. Sie legen alle möglichen körperlichen Merkmale fest, aber nicht das Geschlecht.

Genom

Die vollständige Genausstattung

Das Genom ist die Gesamtheit aller Gene ■ in einem einzelnen Chromosomensatz. Bisher kennt man Lage und Funktion von etwa 2000 der 100 000 Gene in den menschlichen Chromosomen. Im Rahmen des **Human-Genomprojekts** hat man mittlerweile das gesamte Genom kartiert.

Zellteilung

Durch Zellteilung entstehen in unserem Körper täglich Milliarden neue Zellen. Bei der Teilung trennen sich die Chromosomen der Zelle in einer komplizierten Wanderungsbewegung. So erhält jede neue Zelle das vollständige genetische Material.

Zellteilung

Der Fortpflanzungsprozess der Zellen

Auch wenn Lebewesen im Laufe der Zeit heranwachsen, bleibt die Größe ihrer Zellen ■ fast genau gleich. Nur die Zahl der Zellen nimmt durch Zellteilung zu. Es gibt zwei Formen der Zellteilung: Mitose und Meiose.

Zellzyklus

Der Lebenszyklus einer Zelle

Jede Körperzelle hat ihren eigenen Lebenszyklus. In einer Phase dieses Zyklus verdoppelt sich die DNA ■ im Zellkern ■. Außerdem gibt es Ruhe- und Teilungsphasen. Manche Zellen, beispielsweise die der Haut, durchlaufen den Zyklus in 24 Stunden. Andere, so die Gehirnzellen, machen den Zyklus vor der Geburt mehrmals durch, dann aber überhaupt nicht mehr.

Mitose

Teilung des Zellkerns bei der Entstehung zweier gleichartiger Zellen

Hierbei entstehen zwei neue Zellen mit der unveränderten genetischen Information der Ausgangszelle. Kurz vor der Mitose verdoppeln sich die Chromosomen ■ und bilden je zwei Chromatiden ■. Anschließend trennen sich die Chromatiden und bilden zwei neue Zellkerne. Dann teilt sich das Cytoplasma, und zwei gleichartige neue Zellen entstehen.

Somatische Zelle

Eine Zelle, die nicht an der sexuellen Fortpflanzung mitwirkt

Fast alle Zellen des Körpers sind somatisch. Sie teilen sich nur durch Mitose und sind diploid ■, besitzen also den gleichen doppelten Chromosomensatz wie die Zelle, aus der sie hervorgegangen sind. Sie wirken nicht bei der Fortpflanzung mit und geben ihre Gene ■ nicht an die nächste Generation weiter.

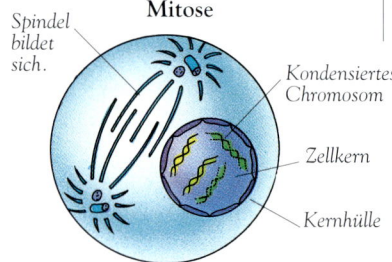

Mitose

Spindel bildet sich.

Kondensiertes Chromosom

Zellkern

Kernhülle

Frühe Prophase der Mitose
Zu Beginn der Mitose verdichten (kondensieren) sich die Chromosomen. Die Spindel, ein System winziger Röhren, bildet sich.

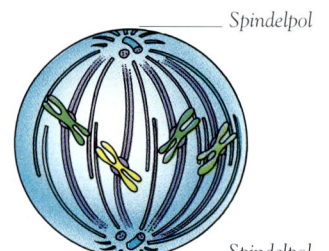

Spindelpol

Spindelpol

Späte Prophase
Die Kernhülle zerfällt. Die Spindel bewegt die Chromosomen.

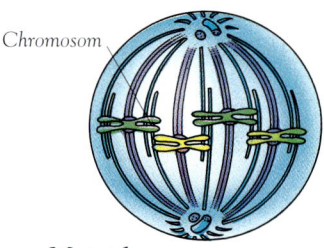

Chromosom

Metaphase
Die Chromsomen ordnen sich in der Mitte der Spindel an.

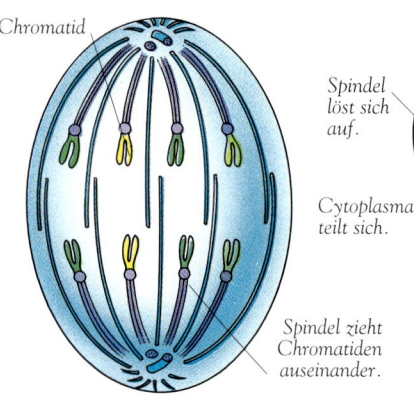

Chromatid

Spindel zieht Chromatiden auseinander.

Anaphase
Die Chromatiden der Chromosomen trennen sich und wandern zu den Spindelpolen.

Spindel löst sich auf.

Cytoplasma teilt sich.

Kernhülle bildet sich.

Telophase
Um die Chromosomensätze bildet sich eine neue Hülle; die neuen Zellkerne entstehen. Das Cytoplasma teilt sich.

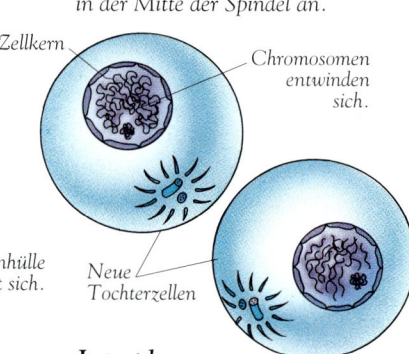

Zellkern

Chromosomen entwinden sich.

Neue Tochterzellen

Interphase
Nach der Zellteilung entwinden sich die Chromatiden. Beide Zellen enthalten das gleiche genetische Material.

Meiose

Eine Form der Zellteilung, bei der unterschiedliche Zellen entstehen

Bei der der Meiose entstehen die Geschlechtszellen, die sich genetisch alle voneinander unterscheiden. Die Meiose besteht aus zwei Teilungsvorgängen. Dabei werden die Gene oder Allele ■ neu gemischt. Es entstehen vier neue Zellen mit unterschiedlicher Allelmischung. Jede neue Zelle besitzt halb so viel genetisches Material wie die Ausgangszelle.

Erste Prophase der Meiose
Zu Beginn der Meiose besitzt die Zelle zwei Chromosomensätze (1), und jedes Chromosom besteht aus zwei Chromatiden. Homologe Chromosomen bilden Tetraden und tauschen Stücke aus (2).

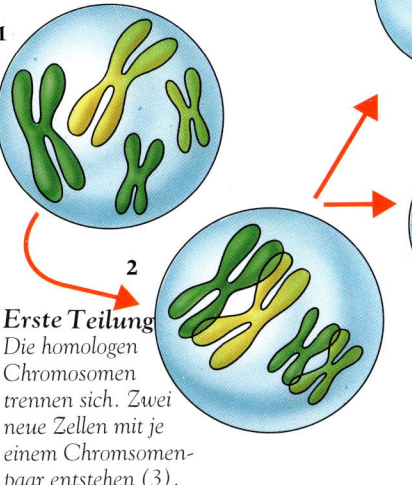

Erste Teilung
Die homologen Chromosomen trennen sich. Zwei neue Zellen mit je einem Chromsomenpaar entstehen (3).

Spindelapparat

Ein System winziger Röhren, die bei der Zellteilung für die Trennung der Chromatiden sorgen

Bei der Zellteilung trennen sich die Chromatiden und wandern in unterschiedliche Zellen. Dabei werden sie vom Spindelapparat auseinander gezogen. Die beiden Pole des Spindelapparats ordnen sich beiderseits des alten Zellkerns an. Winzige Röhren zwischen den Polen ziehen dann die Chromatiden an sich.

Meiose

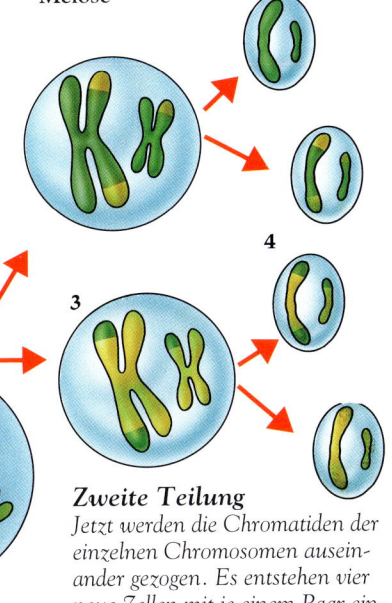

Zweite Teilung
Jetzt werden die Chromatiden der einzelnen Chromosomen auseinander gezogen. Es entstehen vier neue Zellen mit je einem Paar einzelsträngiger Chromosomen (4).

Paarung
Vor der Meioseteilung enthält die Zelle einen Chromosomensatz von jedem Elternteil. Gleichartige Chromosomen lagern sich zu Tetraden zusammen.

Crossing over
Die Chromatiden der zusammengehörigen Chromosomen überkreuzen sich und tauschen Stücke aus.

Rekombination
Anschließend trennen sich die Chromosomen. Sie tragen nun die Gene oder Allele beider Eltern in neuer Kombination.

Rekombination

Die Vermischung und Neukombination von Genen

In der Meiose mischen sich die Gene auf zweierlei Weise: durch Crossing over und durch **zufällige Verteilung**. Die Ausgangszelle besitzt zwei Chromosomensätze, einen von jedem Elternteil; diese bleiben aber in der Meiose nicht zusammen, sondern sie verteilen sich nach dem Zufallsprinzip, sodass meist jede neue Zelle Chromosomen aus beiden Sätzen erhält.

Geschlechtszelle

Eine Zelle, die an der sexuellen Fortpflanzung mitwirkt

Geschlechtszellen, auch Keimzellen oder **Gameten** genannt, entstehen durch Meiose und dienen zur sexuellen Fortpflanzung ■. Beim Menschen sind das die Samenzellen ■ des Mannes und die Eizellen ■ der Frau. Im Gegensatz zu anderen Körperzellen sind sie haploid ■: Sie haben nur einen Chromosomensatz. Bei der Fortpflanzung geben sie ihre Gene an die nächste Generation weiter.

Crossing over

Austausch von Genen zwischen homologen Chromosomen

Zu Beginn der Meiose ordnen sich die Paare homologer Chromosomen ■ nebeneinander zu **Tetraden** an. Da jedes Chromosom zwei Chromatiden enthält, ist eine Tetrade eine Viererreinheit. Ihre Chromatiden bilden nun Brücken, die **Chiasmata**, und tauschen Abschnitte aus. Wenn die Chromosomen sich anschließend trennen, enthalten sie eine neue Genkombination.

Siehe auch

Allel 42 • Zelle 18 • Chromatid 38
Chromosom 38 • Cytoplasma 18
Diploide Zelle 39 • Haploide Zelle 39
Homologe Chromosomen 39
Zellkern 19 • Eizelle 160 • DNA 34
Sexuelle Fortpflanzung 160
Samenzelle 160 • Gen 36

Vererbung

Jedes durch sexuelle Fortpflanzung entstandene Lebewesen erbt eine einzigartige Genkombination und hat deshalb seine eigenen, charakteristischen Merkmale. Farbe, Form und Größe hängen davon ab, welche Gene von einer Generation zur Nächsten weitergegeben werden.

Vererbung

Der Zusammenhang zwischen den Generationen der Lebewesen

Alle Lebewesen erzeugen Nachkommen, die ihnen selbst ähneln, weil sie ihre Gene ■ weitergeben. Ein Merkmal, das auf diese Weise wiederkehrt, nennt man **Erbeigenschaft**.

Variation

Die natürlichen Unterschiede zwischen den Lebewesen

Viele Lebewesen gleichen sich stark: Ein Spatz sieht beispielsweise aus wie der andere. Aber Tiere und Pflanzen, die durch sexuelle Fortpflanzung ■ entstehen, unterscheiden sich immer von ihren Verwandten, weil sie jeweils eine einzigartige Genkombination besitzen. Variation ist wichtig, weil eine Spezies ■ sich mit ihrer Hilfe während der Evolution ■ allmählich wandeln kann.

Allel

Eine von mehreren Formen desselben Gens

Die meisten Zellen ■ eines Menschen enthalten zwei Sätze gleichartiger (homologer) Chromosomen ■. Auch die Gene darin bilden Paare so genannter Allele. Allele sind verschiedene Formen des gleichen Gens. Sie liegen immer in der gleichen Position, einem **Locus**, auf homologen Chromosomen.

Dominantes Allel

Ein Allel, das gewöhnlich im Phänotyp eines Lebewesens sichtbar wird

Ein Gen kann mehrere Formen (Allele) haben, und jede davon kann sich auf die äußeren Merkmale (den Phänotyp ■) des Lebewesens unterschiedlich auswirken. An dem Locus für die Augenfarbe kann beispielsweise ein Allel für blaue, das andere für braune Augen sorgen. Meist ist nur eines der beiden Allele aktiv; dieses Allel nennt man dominant.

Rezessives Allel

Ein Allel, das von einem dominanten Allel überdeckt wird

Ein rezessives Allel, dem ein dominanter Partner gegenübersteht, wird nicht ausgeprägt. Dennoch gehört es zur genetischen Information, dem Genotyp ■. Es kann also an die nächste Generation weitergegeben werden. Ausgeprägt wird es auch später nur, wenn ein weiteres rezessives Allel sein Partner ist.

Mendelsches Verhältnis

Das Verhältnis unterschiedlicher Phänotypen, die bei einer Kreuzung entstehen

Die genetische Forschung zeigt, dass Merkmale nicht zufällig vererbt werden, sondern nach genauen mathematischen Prinzipien, die man nach ihrem Entdecker Gregor Johann Mendel als Mendelsche Gesetze bezeichnet. Mit ihnen kann man voraussagen, wie Eigenschaften an die nächste Generation vererbt werden.

Mendels Erbsen

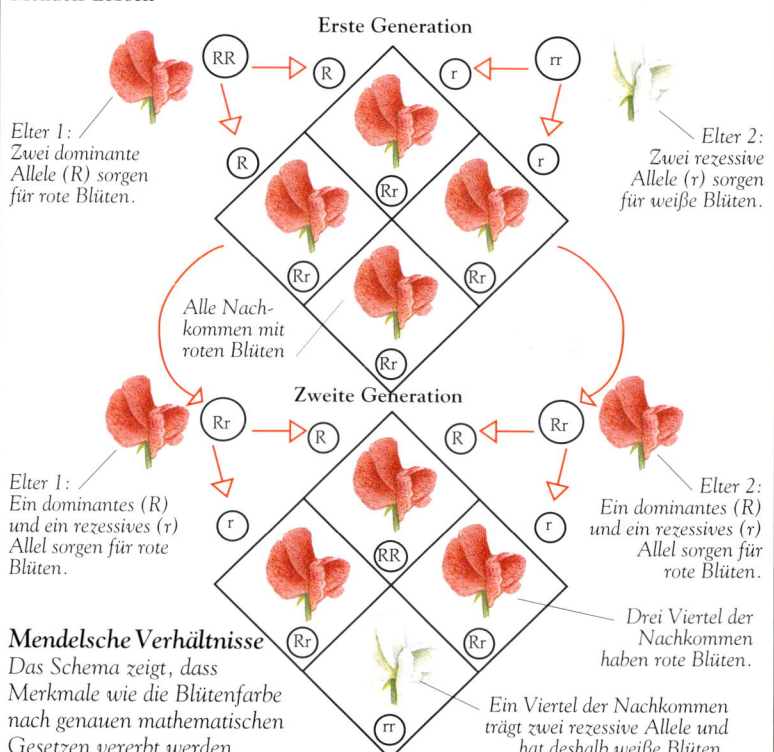

Erste Generation

Elter 1:
Zwei dominante Allele (R) sorgen für rote Blüten.

Elter 2:
Zwei rezessive Allele (r) sorgen für weiße Blüten.

Alle Nachkommen mit roten Blüten

Zweite Generation

Elter 1:
Ein dominantes (R) und ein rezessives (r) Allel sorgen für rote Blüten.

Elter 2:
Ein dominantes (R) und ein rezessives (r) Allel sorgen für rote Blüten.

Drei Viertel der Nachkommen haben rote Blüten.

Ein Viertel der Nachkommen trägt zwei rezessive Allele und hat deshalb weiße Blüten.

Mendelsche Verhältnisse
Das Schema zeigt, dass Merkmale wie die Blütenfarbe nach genauen mathematischen Gesetzen vererbt werden.

Homozygote Zelle

Zelle mit gleichartigen Allelen

In einer homozygoten Zelle werden bestimmte Merkmale von genau gleichen Allelen bestimmt, die dominant oder rezessiv sein können. Sie befinden sich an dem gleichen Ort (Locus) auf homologen Chromosomen.

Heterozygote Zelle

Zelle mit unterschiedlichen Allelen

In einer heterozygoten Zelle liegen an demselben Locus auf homologen Chromosomen unterschiedliche Allele: ein dominantes und ein rezessives.

Natürliche Variation
Welpen aus einem Wurf sehen oft unterschiedlich aus, weil jeder von den Eltern eine einzigartige Genkombination geerbt hat.

Gekoppelte Allele

Allele, die meist gemeinsam vererbt werden

Bei der sexuellen Fortpflanzung werden Allele gemischt wie Spielkarten. Aber die Mischung ist nicht immer gründlich. Allele, die auf einem Chromosom eng benachbart sind, bleiben häufig zusammen und werden gemeinsam vererbt: Sie sind gekoppelt.

Geschlechtsgekoppeltes Allel

Ein Allel auf einem Geschlechtschromosom

Geschlechtschromosomen ■ enthalten viele Allele, darunter diejenigen, die das Geschlecht bestimmen. Deshalb kommen manche Merkmale bei einem Geschlecht häufig vor, beim anderen selten oder nie. Die Rotgrünblindheit ist beispielsweise bei Männern häufiger als bei Frauen.

Mutation

Eine Veränderung im genetischen Material einer Zelle

Gene und Allele werden in der Meiose ■ ■ neu gemischt, sie können sich aber auch verändern. Das geschieht durch eine zufällige Umordnung in der DNA ■ oder durch eine Veränderung in Zahl oder Form der Chromosomen. Eine solche Abweichung nennt man Mutation. Ereignete sie sich in einer Geschlechtszelle ■, kann sie in die nächste Generation gelangen. Mutationen bewirken Variationen und ermöglichen so die Evolution.

Genetik

Wissenschaft von der Vererbung

Die Genetik befasst sich mit der Frage, wie Merkmale vererbt werden. Dazu kreuzt man in Experimenten häufig viele Generationen von Bakterien ■, Pflanzen oder Tieren. Besonders nützlich für Experimente sind Bakterien und Taufliegen, weil sie sich schnell fortpflanzen und einfach zu halten sind.

Gregor Johann Mendel

Österr. Mönch, 1822–1884

Mendel, ein österreichischer Mönch, begründete die Wissenschaft der Genetik. In Experimenten untersuchte er, wie Erbsenpflanzen ihre Eigenschaften vererben. Er kreuzte sorgfältig ausgewählte Pflanzen und entdeckte, dass die Merkmale paarweise weitergegeben werden. Außerdem stellte Mendel fest, dass sich im Phänotyp meist nur ein Merkmal jedes Paares zeigt. Mendels Arbeiten waren ein großer Durchbruch, blieben aber viele Jahre lang unbemerkt.

Gentechnik

Die künstliche Veränderung des Genotyps eines Lebewesens

In der Gentechnik verändert man gezielt den Genotyp, indem man Gene von einem Lebewesen in ein anderes bringt. Damit kann man einem Organismus neue Eigenschaften verleihen, die er normalerweise nicht besitzt. Gentechnisch veränderte Bakterien erzeugen beispielsweise menschliche Hormone ■. Mit Insulin ■, das auf diese Weise hergestellt wird, behandelt man die Zuckerkrankheit.

Evolutionstheorie

Die Erde ist von Millionen verschiedener Pflanzen- und Tierarten bevölkert. Woher kommen sie? Antwort auf diese Frage suchen die Menschen seit Jahrtausenden. Heute können wir an den Fossilien erkennen, dass die Lebewesen allmählich aus wenigen einfachen Vorläufern entstanden sind.

Lebendes Fossil
Dieser Fisch ist ein Quastenflosser. Früher glaubte man, er sei ausgestorben, aber 1938 wurde vor Afrika ein lebendes Exemplar gefangen.

Evolution

Ein allmählicher genetischer Wandel in einer Gruppe von Lebewesen

Evolution ist der Vorgang, durch den Lebewesen sich im Laufe der Generationen verändern. Sie spielt sich äußerst langsam ab: Viele Generationen müssen vergehen, bevor man den Wandel bemerkt.

Kreationismus

Der Glaube, jedes Lebewesen sei einzeln erschaffen worden

Manche glauben auch heute noch, Lebewesen würden keine Evolution durchmachen, sondern sie seien so, wie wir sie kennen, erschaffen worden. Diese Vorstellung nennt man Kreationismus.

Lamarckismus

Eine Evolutionstheorie von Jean Baptiste de Lamarck

Nach Lamarcks ■ Vorstellung entwickeln sich Lebewesen, indem sie während ihres Lebens bestimmte Merkmale annehmen und diese dann an ihre Nachkommen weitergeben. Heute weiß man, dass solche **erworbenen Merkmale** nicht vererbt werden.

Darwinismus

Eine Evolutionstheorie von Charles Darwin

Darwins Evolutionstheorie gründet sich auf drei Beobachtungen: Alle Lebewesen sind unterschiedlich, sie können ihre Merkmale an die Nachkommen weitergeben, und sie müssen ums Überleben kämpfen. In diesem Kampf schneiden manche Lebewesen besser ab als andere und bringen deshalb mehr Nachkommen hervor. Die Folge: Ihre Merkmale sind in späteren Generationen weiter verbreitet. Diesen Vorgang nennt man natürliche Selektion. Sie sorgt im Laufe vieler Generationen für Wandel und damit für Evolution.

Neodarwinismus

Darwins Evolutionstheorie in ihrer modernen Form

Als Darwin seine Evolutionstheorie entwickelte, wusste man noch nichts über Genetik ■. Seither haben die Genetiker viele Entdeckungen gemacht, die Darwins Vorstellungen stützen. Man konnte zeigen, wie Mutationen ■ der Gene ■ zu Variationen ■ bei den Lebewesen führen und wie diese Variationen auf spätere Generationen weitergegeben werden. Biochemiker entdeckten, dass Evolution sich in den Molekülen ■ der Lebewesen abspielt. Solche Erkenntnisse sind die Grundlage des Neodarwinismus.

Fossil

Die versteinerten Überreste eines Lebewesens

Fossilien sind Reste von Lebewesen, die zu Stein geworden oder **versteinert** sind. Meist sind nur die harten Teile des Organismus enthalten – Gehäuse, Knochen, Zähne und Holz. Fossilien liefern wichtige Aufschlüsse über die Evolution.

Eine Fliege aus der Vorzeit
Diese Fliege ist seit Jahrmillionen in Kopal (fossilem Baumharz) eingeschlossen.

Ammonit im Querschnitt

Fossilien
Fossilien bilden sich in Gesteinsschichten. Alle derartigen Schichten zusammen spiegeln die Erdgeschichte wider. Dieser Ammonit sank vor langer Zeit auf den Meeresboden und wurde im Sediment zu Stein. Durch Vergleich der Ammoniten aus unterschiedlich alten Gesteinsschichten kann man ihre Evolution verfolgen.

Siehe auch

Allel 42 • Gen 36 • Genetik 43
Lamarck 180 • Molekül 25
Mutation 43 • Spezies 48
Variation 42

Dodo
Der Dodo wurde im 18. Jahrhundert ausgerottet.

Aussterben

Das endgültige Verschwinden einer Spezies

Im Laufe der Evolution werden manche Arten zahlreicher, andere gehen zurück. Schließlich kann eine Spezies ■ endgültig aussterben. Der **Dodo** (*Raphus cucullatus*) zum Beispiel ist erst während der Menschheitsgeschichte ausgestorben. Wie man an den Fossilien erkennt, sind viele andere Arten, beispielsweise die Ammoniten, schon viel früher verschwunden.

Natürliche Selektion

Ein Ausleseprozess, der die am besten geeigneten Formen der Lebewesen begünstigt

Nach Darwin ist natürliche Selektion die wichtigste Triebkraft der Evolution. Lebewesen, die schlecht an ihre Umwelt angepasst sind, werden allmählich »ausgelesen«, das heißt, sie überleben nicht. Gut angepasste Organismen überleben besser, bringen mehr Nachkommen hervor und geben ihre Gene an zukünftige Generationen weiter.

Künstliche Selektion

Absichtliche Auslese bei der Kreuzung von Pflanzen und Tieren

Nutzpflanzen, Vieh und Haustiere haben nicht die gleiche Art der Evolution hinter sich wie die Lebewesen in freier Wildbahn, sondern sie wurden durch künstliche Selektion erzeugt. Dabei wählt der Mensch bestimmte Pflanzen oder Tiere mit erwünschten Eigenschaften aus. Diese Individuen werden dann gekreuzt, damit sich ihre nützlichen Merkmale verstärken.

Genpool

Alle Gene einer Gruppe oder Spezies

Evolution ist schwer zu erkennen, weil sichtbare Veränderungen nur sehr langsam eintreten. Aber sie spielt sich die ganze Zeit ab. Durch natürliche Selektion verändert sich allmählich die Gesamtheit aller Gene – der Genpool – einer Spezies. Manche Allele ■ werden häufiger, andere werden ausgedünnt und verschwinden schließlich ganz.

Kampf ums Überleben

Der Wettbewerb der Lebewesen um die Ressourcen

Theoretisch könnten sich alle Lebewesen gewaltig vermehren. Eine einzige Mohnblume erzeugt tausende von Samen, und manche Fische legen Millionen Eier. Dennoch bleibt ihre Zahl meist gleich, denn die Nachkommen sind auf begrenzte Ressourcen angewiesen und müssen ums Überleben kämpfen. Viele sterben an Nahrungs- und Platzmangel oder werden gefressen, bevor sie sich fortpflanzen können. Dieser Kampf oder **Wettbewerb** ermöglicht die natürliche Selektion.

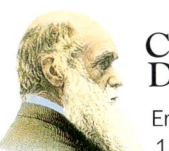

Charles Darwin

Engl. Naturforscher, 1809–1882

Alfred Russel Wallace

Engl. Naturforscher, 1823–1913

Charles Darwin segelte von 1831 bis 1836 mit dem Forschungsschiff »Beagle« um die Welt. Dabei beschrieb er in vielen Notizbüchern hunderte von Pflanzen und Tieren. Nach England zurückgekehrt, war er überzeugt, dass die Lebewesen eine Evolution durchmachen, und nun bemühte er sich jahrelang um eine Erklärung. Im Jahr 1858 erfuhr Darwin zu seiner Verblüffung, dass Alfred Russel Wallace auf die gleiche Idee mit der natürlichen Selektion gekommen war. Die beiden taten sich zusammen und veröffentlichten ihre Gedanken gleichzeitig. Im Jahr 1859 machte Darwin seine Evolutionstheorie in dem berühmten Buch *Die Entstehung der Arten* bekannt.

Kampf ums Überleben
Dieser fossile Seestern ist über 65 Mio. Jahre alt, ähnelt aber heutigen Seesternen. Die Seesterne haben sich im Überlebenskampf nur sehr langsam gewandelt.

Evolutionspraxis

Durch Evolution passen sich die Lebewesen immer besser an ihre Umwelt an. Um sich auf äußere Bedingungen einzustellen, entwickeln sie besondere Eigenschaften, z. B. duftende Blüten, einen stromlinienförmigen Körper oder leuchtende Warnfarben.

Anpassung

Die immer bessere Eignung für die jeweiligen Lebensumstände

Lebewesen passen sich durch natürliche Selektion ▪ allmählich immer besser an ihre Umwelt an. Die Anpassung betrifft nicht nur Form, Größe und Farbe, sondern oft auch Verhalten ▪ oder innere Abläufe. Als »Anpassung« bezeichnet man auch jedes Merkmal, das dem besseren Überleben dient.

Adaptive Radiation

Die Evolution vieler verschiedener Arten aus einer einzigen Spezies

Durch adaptive Radiation gehen aus einer einzigen Spezies ▪ viele andere mit unterschiedlicher Lebensweise hervor. Häufig beginnt dieser Vorgang, wenn eine Spezies in ein neues Gebiet wandert oder wenn die Zahl ihrer Konkurrenten abnimmt. Die Darwin-Finken ▪ entstanden durch einen Schub der adaptiven Radiation.

Partner in der Evolution
Blüten und Insekten entwickeln sich oft gemeinsam. Die speziell geformten Blüten des Leinkrauts werden von Nektar suchenden Bienen beim Hineinkriechen bestäubt.

Honigbiene

Leinkraut

Coevolution

Evolution, bei der Lebewesen gegenseitig ihre Anpassung beeinflussen

Viele Pflanzen sind für die Bestäubung ▪ auf eine ganz bestimmte Tierart angewiesen. Ihre Blüten sind so geformt, dass nicht jedes Tier sie bestäuben kann. Umgekehrt beziehen die Tiere von den Pflanzen ihre Nahrung, die sie oft mit speziell gestalteten Mundwerkzeugen aufnehmen. Hier handelt es sich um Coevolution: Pflanzen und Tieren haben sich im Einklang entwickelt.

Konvergente Evolution

Die Evolution ähnlicher Merkmale bei nicht verwandten Lebewesen

Ein **Buckelwal** (*Megaptera novae-anglia*) und ein **Walhai** (*Rhincodon typus*) sehen fast gleich aus, sind aber innerlich sehr verschieden – der Wal ist ein Säugetier, der Hai ein Fisch. Sie ähneln sich, weil die natürliche Selektion ähnliche, zur Lebensweise passende Merkmale hervorgebracht hat.

Präadaptation

Eine Anpassung, die auch für eine andere Lebensweise nützlich ist

Evolutionsbedingte Anpassung bringt oft überraschenden Nutzen. **Mehlschwalben** (*Delichon urbica*) zum Beispiel nisteten früher auf Felsklippen, aber nachdem die Menschen Häuser bauten, nutzten sie ihre Fähigkeiten zum Nestbau unter Dachvorsprüngen – eine Folge der Präadaptation.

Gorillababy

Polymorphismus

Mehrere Formen einer Art

Viele Arten kommen in mehreren Formen nebeneinander vor. Die Hainbänderschnecke (*Cepaea nemoralis*) zum Beispiel hat mehrere Gehäusemuster, und Menschen haben mehrere Blutgruppen ■. Beides sind Polymorphismen (»viele Formen«). Bei polymorphen Arten hält die natürliche Selektion das Gleichgewicht zwischen den Formen aufrecht.

Eine polymorphe Pflanze
Das Windröschen ist eine polymorphe Spezies. Seine Blüten können rot, lila oder weiß sein.

Mimikry

Nachahmung eines anderen Lebewesens

Viele ungefährliche Tiere haben sich in der Evolution so entwickelt, dass sie wie gefährliche Arten aussehen. Das nennt man **Mimikry**. Natürliche Feinde können die Formen nicht unterscheiden und halten sich von beiden fern.

Parallele Evolution

Ähnliche Wandlungen in der Evolution verwandter Lebewesen

Durch parallele Evolution entwickeln sich verwandte Arten ähnlich, weil ihre Lebensweise ähnlich ist. Ein Beispiel sind Bienen und Wespen ■: Beide haben eine soziale ■ Lebensweise entwickelt und bilden Staaten.

Molekulare Evolution

Evolution durch Veränderung einzelner Moleküle

Die Evolution der Lebewesen beruht auf der langsamen Veränderung ihrer DNA ■. Diese steuert die Produktion der Proteine ■, und deshalb wandeln sich die Proteine ebenfalls im Laufe der Generationen. Wie nahe verschiedene Arten verwandt sind, kann man also durch Vergleich ihrer DNA-Struktur oder ihrer gemeinsamen Proteinmoleküle ■ feststellen.

Nymphalide

Monarchfalter

Natürliche Mimikry
Der harmlose Nymphalide ahmt den giftigen Monarchfalter nach.

Warnfarben

Farben, die vor Gefahren warnen

Wespen tragen gelb-schwarze Streifen als Signal an andere Tiere: Verfolger sollen wissen, dass die Wespe einen gefährlichen Stachel besitzt. Ähnliche Warnfarben gibt es auch bei vielen anderen Tieren. Etwaige Feinde erfahren auf diese Weise, dass eine Art gefährlich ist oder nicht gut schmeckt.

Industriemelanismus

Eine durch Luftverschmutzung verursachte Evolutionsanpassung

Industriemelanismus ist ein praktisches Beispiel von Evolution. In Gebieten mit verschmutzter Luft sind dunkle Birkenspanner (*Biston betularia*) häufiger als helle, weil sie sich vor dem rußigen Hintergrund besser tarnen können. Vögel können die dunklen Schmetterlinge weniger leicht ausmachen und fressen, sodass sie sich in größerer Zahl fortpflanzen.

Menschenbaby

Molekulare Indizien
Biochemische Befunde zeigen, dass die Menschenaffen von allen Tieren am nächsten mit den Menschen verwandt sind.

Die Entstehung der Arten

Die Biologie kennt über zwei Millionen Arten von Lebewesen, und viele Weitere sind noch nicht entdeckt. Diese gewaltige Vielfalt ist eine Folge der Evolution. Sie sorgt dafür, dass manche Arten im Laufe der Zeit verschwinden und neue entstehen.

Hybridpflanzen
Weizen ist eine natürlich entstandene Hybridpflanze, die dann von Menschen im Ertrag verbessert wurde.

Spezies (Art)

Eine Gruppe von Lebewesen, die sich untereinander kreuzen können

Eine biologische Art oder Spezies ist eine natürliche Gruppe von Lebewesen. Ihre Angehörigen können sich in freier Wildbahn untereinander kreuzen. In der biologischen Systematik ■ hat jede Spezies einen wissenschaftlichen Namen ■, beispielsweise die **Giraffe** (*Giraffa camelopardalis*), die **Grannen-Kiefer** (*Pinus aristata*) oder die **Rauchschwalbe** (*Hirundo rustica*). Das Wort »Spezies« kann Ein- oder Mehrzahl sein.

Artbildung

Die Evolution neuer Arten

Arten erleben durch die Evolution ■ einen allmählichen Wandel. Eine Art bildet sich, wenn eine Gruppe innerhalb einer Spezies reproduktiv isoliert wird, das heißt, wenn ihre Angehörigen sich nicht mehr ungehindert mit allen Artgenossen kreuzen können. Im Laufe der Zeit unterscheiden sich die Mitglieder dieser Gruppe immer stärker von der Ausgangsart. Schließlich ist eine Kreuzung nicht mehr möglich: Eine neue Art ist entstanden.

Siehe auch

Reproduktive Isolation

Ein geografisches oder biologisches Kreuzungshindernis

Arten oder Gruppen innerhalb einer Art können auf unterschiedliche Weise getrennt sein. Häufig sind sie **geografisch isoliert**: Sie leben in verschiedenen Gebieten und treffen nicht zusammen. Aber selbst wenn sie sich begegnen, sind sie vielfach biologisch isoliert, das heißt, sie haben unterschiedlich viele Chromosomen ■ oder paaren sich auf unterschiedliche Weise.

Isolierte Schildkröten
Die Riesenschildkröten auf den einzelnen Inseln des Galápagos-Archipels haben sehr unterschiedlich geformte Panzer entwickelt.

Unterart

Eine Gruppe innerhalb einer Art mit erkennbaren Merkmalen

Innerhalb jeder Art gibt es Variation ■ zwischen den Individuen. Manchmal zeigt eine ganze Population – Artgenossen, die das gleiche Gebiet besiedeln – ähnliche Variationen. Lassen diese sich abgrenzen, spricht man von einer Unterart. Sie ist häufig der erste Schritt in der Evolution neuer Arten.

Hybride

Die Nachkommen von Angehörigen verschiedener Arten

Manchmal können Eltern aus verschiedenen Arten durch Kreuzung Nachkommen hervorbringen, die man dann als Hybride bezeichnet. Hybride kommen auch in der Natur vor, können sich dann aber meist nicht fortpflanzen. Der Mensch kreuzt häufig verschiedene Pflanzen- oder Tierarten, um eine erwünschte Merkmalskombination zu erzeugen. So hat man Hybridweizen hergestellt, der bestimmten Krankheiten widersteht.

Mikroevolution

Evolution durch kleine Veränderungen

Dies ist die Grundlage der Evolution. In den aufeinander folgenden Generationen einer Spezies spielen sich kleine Veränderungen ab.

Makroevolution

Evolution durch große Veränderungen, die neue Arten entstehen lassen

Makroevolution läuft sehr langsam ab. Ihre Veränderungen sind so tief greifend, dass sich neue Arten entwickeln.

Darwin-Finken

Mehrere Finkenarten auf den Galápagos-Inseln

Die 13 auf den Galápagos-Inseln heimischen Finkenarten spielten für die Entstehung von Darwins ■ Evolutionstheorie eine große Rolle. Als Darwin 1832 die Inseln besuchte, beobachtete er die Vögel. Später erkannte er, dass sie alle aus einem gemeinsamen Vorfahren entstanden sein müssen, der aus Südamerika auf die Inseln kam. Dieser erste Fink fraß vermutlich Samen, aber seine Nachkommen entwickelten unterschiedliche Lebensweisen. Manche ernähren sich von Insekten, andere von Samen. Die Evolution der Finken ist ein Beispiel für adaptive Radiation ■.

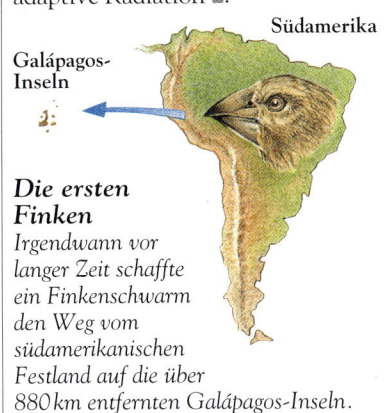

Südamerika

Galápagos-Inseln

Die ersten Finken

Irgendwann vor langer Zeit schaffte ein Finkenschwarm den Weg vom südamerikanischen Festland auf die über 880 km entfernten Galápagos-Inseln.

Kleiner Insekten fressender Baumfink

Großer Insekten fressender Baumfink

Insekten fressender Spechtfink

Laubsängerfink

Galápagos-Inseln

Mittlerer Grundfink

Großer Kaktusgrundfink

Großer Grundfink

Galápagos-Finken

Heute gibt es 13 Arten von Galápagos-Finken. Jede hat eine charakteristische Schnabelform und eine andere Lebensweise. Auf dem südamerikanischen Festland findet man keine davon.

Fehlendes Bindeglied

Eine Art, die zwei Gruppen von Lebewesen verbindet

Fossilien ■ bilden eine Art Geschichtsbuch der Evolution, in dem aber viele Seiten fehlen. Hin und wieder findet man ein wichtiges Fossil, das die Entstehung einer neuen Gruppe von Lebewesen aus einer vorhandenen Art deutlich macht: Es wird zum »fehlenden Bindeglied« in unseren Kenntnissen über die Evolution. Ein Beispiel ist der *Archaeopteryx*, ein Fossil, das die Reptilien mit den Vögeln verbindet.

Beleg für die Verbindung

Archaeopteryx ist das fossile Skelett eines reptilähnlichen Vogels, der vermutlich ein Verwandter oder Vorfahre der heutigen Vögel war. Er belegt, dass die Vögel aus Reptilien entstanden sind.

Stephen Jay Gould

Amerikanischer Paläontologe, geboren 1942

Stephen Jay Gould untersucht seit vielen Jahren Fossilien und zieht daraus Schlüsse über die Evolution. Er ist ein führender Vertreter der Theorie des unterbrochenen Gleichgewichts. Danach entstehen in plötzlichen Schüben viele neue Arten. Diese Möglichkeit erwähnte schon Darwin, und seit seiner Zeit entdeckte man viele Fossilien, die dafür sprechen. Gould hat viele Bücher über die Evolution geschrieben. Darin erklärt er, wie der Wandel die ganze Natur und auch uns selbst beeinflusst.

Gradualismus

Die Theorie, dass Evolution langsam und bruchlos abläuft

Seit der Darwinismus ■ allgemein anerkannt ist, fragt man sich, wie schnell die Evolution abläuft. Manche glauben, ihre Geschwindigkeit sei immer gleich, wobei allmählich neue Arten auftauchen (Theorie vom Gradualismus).

Unterbrochenes Gleichgewicht

Die Theorie, dass es plötzliche Evolutionsschübe gibt

Einige Fossilfunde zeigen vermutlich, dass Arten sich nicht allmählich, sondern recht plötzlich verändern. Manche Biologen halten das für den normalen Verlauf der Evolution (Vorstellung vom »unterbrochenen Gleichgewicht«): Eine Art hat Phasen der Stabilität, unterbrochen von plötzlichem Wandel.

Geschichte des Lebendigen

Die Erde existiert seit etwa 4,5 Mia. Jahren. Die ersten Lebewesen tauchten vermutlich vor rund 3,8 Mia. Jahren auf. Seit jener Zeit sind viele Lebensformen aufgeblüht und wieder verschwunden; ihre Spuren sind die Fossilien.

Geologische Zeittafel

Eine Zeittafel der Erdgeschichte

Geologen teilen die Erdgeschichte mit vier Arten von Zeiträumen ein: **Äone, Ära, Periode** und **Epoche**. Äonen sind am längsten, Epochen am kürzesten. Jeder Zeitraum entspricht einem Stadium der Erdgeschichte.

Stratum

Eine Gesteinsschicht

Ein Stratum (Mehrzahl **Strata**) gleicht einer Schicht im Sandwich. Strata entstehen durch **Sedimentation**: Sand- und Schlammteilchen sinken auf den Boden eines Flusses, Sees oder Meeres. Wenn das Sediment sich anhäuft, werden die untersten Schichten zu Gestein zusammengepresst. Die Strata sind wie ein Kalender der Erdgeschichte; ihr Alter erkennt man an den darin eingebetteten Fossilien ∎.

Fossilfunde

An den Fossilien erkennt man, dass die Artenvielfalt vor rund 500 Mio. Jahren explosionsartig zunahm. Lebewesen gab es schon viel früher, aber sie hatten einen weichen Körper und hinterließen kaum Spuren.

Mio. J. = *vor …Mio. Jahren*
Mia. J. = *vor… Mia. Jahren*

Fossil einer Moostierchenkolonie aus dem Ordovizium

Fossil der Seelilie Sagenocrinites *aus dem Silur*

Fossile Rinde des Riesenbärlapps Lepidodendron *aus dem Karbon*

Fossil des säugetierähnlichen Reptils Procynosuchus *aus dem späten Perm*

Fossiles Ammonitengehäuse. Ammoniten tauchten vor 500 Mio. J. auf und verschwanden am Ende der Kreidezeit.

Fossil des ältesten bekannten Vogels Archaeopteryx *aus der Jurazeit*

Kiefer des elefantenähnlichen Säugetiers Phiomia *aus dem Tertiär*

Schädel des Riesengürteltiers Glyptodon *aus dem Quartär*

Fossil des
Trilobiten
Xystridura
aus dem
Kambrium

Fossile Kolonie
der Alge Colle-
nia aus dem
Präkambrium

PRÄKAMBRIUM

Archaikum 4,5–2,5 Mia. J.
*Die ersten Lebensformen tauchten vor rund
3,8 Mia. Jahren auf. Es waren Einzeller.*

Protozoikum 2,5 Mia. J.–570 Mio. J.
Einfache Pflanzen und Tiere entstehen.

PALÄOZOIKUM

Kambrium 570–505 Mio. J.
*Viele Wirbellose im Meer. Trilobiten
entstehen.*

Ordovizium 505–438 Mio. J.
*Weich- und Krebstiere sowie erste fischähnliche,
kieferlose Säugetiere entstehen.*

Silur 438–408 Mio. J.
*Landpflanzen entstehen. Fische mit Kiefern entste-
hen. Im Meer gedeihen die Korallenriffe.*

Devon 408–360 Mio. J.
*An Land tauchen erste Insekten und Amphibien auf.
Wälder aus Gefäßpflanzen.*

Fossil des Fisches
Pteraspis aus
dem Devon

Karbon 360–286 Mio. J.
*Riesige Wälder, die später zu Kohle werden.
Erste Reptilien entwickeln sich aus
Amphibien.*

Perm 286–245 Mio. J.
*Vielfältige Reptilien. Farne und Nadel-
bäume allgemein verbreitet. Am Ende
der Periode größtes Massenaussterben
aller Zeiten.*

Schädel und Wirbel-
säule des Lurches
Diplocaulus aus
dem Perm

MESOZOIKUM Das Reptilienzeitalter

Trias 245–208 Mio. J.
*Dinosaurier und Säugetiere entstehen. Nadel-
und Farnwälder.*

Jura 208–144 Mio. J.
*Blütezeit der Dinosaurier. Archaeopteryx, der
erste Vogel, entsteht aus Dinosauriern.*

Kreide 144–65 Mio. J.
*Blütenpflanzen entstehen. Dinosaurier gedei-
hen weiterhin. Am Ende der Periode katas-
trophales Massenaussterben.*

Schädel des
Dinosauriers
Triceratops aus
der Kreidezeit

KÄNOZOIKUM Das Säugetierzeitalter

Tertiär 65–1,8 Mio. J.
Säugetiere. Primaten entstehen. Erste Hominiden.

Quartär 1,8 Mio. J. bis heute
*Viele Säugetiere, z. B. Mammut und Säbelzahntiger, sterben während mehrerer
Eiszeiten aus. Homo sapiens entsteht, menschliche Bevölkerung vermehrt sich.*

Schädel von
Homo erectus
aus dem
Quartär

Eiszeit

Eine Phase starker Vereisung rund
um die Pole

Das Klima auf der Erde war mehrfach so kalt, dass das Eis der Pole
und Gebirge sich über große
Gebiete ausbreitete. Solche Eiszeiten dauerten manchmal über
eine Million Jahre. In ihrem Verlauf breitete sich das Eis mehrfach
aus und zog sich dann wieder
zurück. Die letzte derartige **Vereisung** erreichte vor 18000 Jahren
ihren Höhepunkt.

Massenaussterben

Das plötzliche Verschwinden
zahlreicher Arten

In der Erdgeschichte starben
mehrfach viele Spezies ■ in
relativ kurzer Zeit aus. Das größte
derartige Massenaussterben ereignete sich zwischen **Perm** und
Trias vor rund 245 Mio. Jahren.
Vor 65 Mio. Jahren, am Ende der
Kreidezeit, verschwanden die
Dinosaurier. Die Ursache kennt
niemand, aber nach Ansicht
mancher Fachleute ging das
Aussterben in der Kreidezeit
auf einen Meteoriteneinschlag
und den damit verbundenen
Klimawechsel zurück.

Siehe auch

Dinosaurier 109 • Aussterben 45
Fossil 44 • Spezies 48

Ursprung des Lebens

Wie begann das Leben auf der Erde?
Nach Ansicht vieler Fachleute entstand es ursprünglich aus unbelebten
Substanzen. Zufällige chemische Reaktionen ließen nach Jahrmillionen Verbindungen entstehen, die sich selbst
verdoppeln konnten. Danach begann die
Evolution, die schließlich zu den ersten
echten Lebensformen führte.

*Erste
Spuren
von
Leben?*
*Das Gas-
gemisch in
diesem Gefäß
entspricht der
Atmosphäre der
Erdfrühzeit. Elektrische
Funken ahmen Blitze nach
und sorgen dafür, dass die Gase
sich zu den komplexen Molekülen
der Lebewesen verbinden.*

Spontanzeugung

Theorie, dass Lebewesen aus
unbelebter Materie entstehen
können

Früher glaubte man, vollständige
Lebewesen gingen aus unbelebten
Stoffen hervor. Man dachte zum
Beispiel, Fleisch erzeuge irgendwie
die Maden, die darin nach einiger
Zeit zu finden sind. Diese Vorstellung erhielt 1668 einen schweren Schlag. Francesco Redi ■ wies
nach, dass im Fleisch keine Maden
entstehen, wenn Fliegen darauf
keine Eier legen können. Später
lieferten Lazzaro Spallanzani und
Louis Pasteur mit Experimenten
weitere Belege, die gegen die
Theorie der Spontanzeugung
sprachen.

Biogenese

Theorie, dass alles Leben heute aus
vorhandenem Leben hervorgeht

Heute ist jedes Lebewesen auf der
Erde der Nachkomme eines
anderen Lebewesens. Aber woher
kamen die ersten Lebensformen?
Könnte man die Uhr zurückdrehen,
würde man feststellen, dass die
Lebewesen allmählich immer
einfacher werden. Nach Ansicht
vieler Wissenschaftler waren die
ersten Lebewesen so einfach, dass
sie sich aus unbelebten Substanzen
entwickeln konnten.

Abiotische Synthese

Entstehung organischer Verbindungen ohne Mitwirkung von Lebewesen

Alle Lebewesen bestehen aus
organischen Verbindungen ■, die
Kohlenstoff ■ enthalten. Experimente belegen, dass solche Verbindungen ursprünglich durch abio-
tische Synthese entstanden sein
können, das heißt durch zufällige
chemische Reaktionen ■. Die abio-
tische Synthese kann nur unter
ganz bestimmten Bedingungen ablaufen. Sie braucht viel Energie –
beispielsweise durch Blitze – und
eine reduzierende Atmosphäre.
Diese Voraussetzungen waren auf
der Erde vor Jahrmilliarden vermutlich gegeben.

Reduzierende Atmosphäre

Eine Atmosphäre, die Wasserstoff,
aber keinen Sauerstoff enthält

Während der ersten Milliarde Jahre
enthielt die Erdatmosphäre keinen
Sauerstoff; chemisch war sie ein
»reduzierendes« Gemisch, konnte
mit Substanzen reagieren und
Wasserstoffatome ■ an sie anlagern.
Dadurch dürften aus einfachen
Substanzen wie Kohlenstoff die
ersten organischen Verbindungen
entstanden sein. Da die Luft heute
Sauerstoff enthält, können diese
Reaktionen nicht mehr ablaufen.

Harold Urey

Amerik. Chemiker,
1893–1981

Stanley Miller

Amerik. Chemiker, geb. 1930

Harold Urey interessierte sich für
die Entstehung der Erde und für
die Gase in der Uratmosphäre. Er
äußerte 1952 die Vermutung,
Substanzen in der Atmosphäre
könnten durch Zufallsreaktionen
die chemischen Bausteine des
Lebens gebildet haben. Sein
Schüler Stanley Miller überprüfte
die Idee: In einem luftdichten
Apparat mischte er Gase wie in
der Uratmosphäre, Wasser ent-
sprach dem ersten Meer, und mit
elektrischen Entladungen ahmte
er Blitze nach. Nach einer

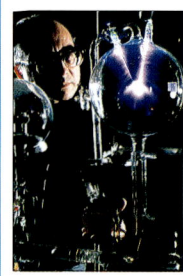

Woche ent-
deckte er Ami-
nosäuren ■.
Millers Arbeit
ist ein Fall
von abio-
tischer
Synthese.

Stanley Miller

Ursuppe

Das wässerige Substanzgemisch in den Meeren der Erdfrühzeit

In der Frühzeit der Erde setzten Vulkane viele Substanzen frei. Manche davon blieben in der Luft, andere wurden ins Meer gespült. Das chemikalienreiche Meerwasser nennt man oft »Ursuppe«. An manchen Stellen, so in küstennahen Felsvertiefungen, reicherte es sich an. Auch aus Vulkanschloten am Meeresboden kamen chemische Substanzen. An solchen Stellen dürfte das Leben entstanden sein.

Chemische Evolution

Allmählicher Wandel chemischer Verbindungen

Ein entscheidender Schritt auf dem Weg zum Leben war die zufällige Entstehung chemischer Verbindungen, die sich selbst verdoppeln konnten (Replikation ■). Nachdem es diese Verbindungen gab, machten sie nach Ansicht der Fachleute eine Evolution durch, ganz ähnlich wie heute die Lebewesen. Sie verbrauchten die Rohstoffe, und dann gab es einen Kampf ums Überleben ■. Die erfolgreichsten Verbindungen verbreiteten sich und ebneten den Weg hin zu den Lebewesen.

Mikrofossilien

Mikroskopisch kleine Fossilien

Die ersten Lebensformen waren winzig kleine Prokaryontenzellen ■. Sie hatten noch keine harten Teile, hinterließen aber dennoch Spuren. Mikroskopisch kleine Fossilien ■ fand man in über 3 Mia. Jahre altem Gestein.

Erste Fossilien
Solche versteinerten Stromatolithen sind Reste der ältesten Lebensformen: Mikroorganismen.

Heutige Stromatolithen
Stromatolithen gibt es auch heute noch, so wie hier in Australien. Sie bestehen aus Millionen Mikroorganismen.

Stromatolith

Durch Mikroorganismen entstandenes, gesteinsähnliches Gebilde

Stromatolithen sind pilzförmige Sedimentschichten, die sehr langsam von Cyanobakterien ■ abgelagert wurden. Die harten Ablagerungen konnten leicht versteinern. Fossilien von Stromatolithen sind die ältesten Spuren des Lebens. Exemplare im Westen Australiens sind 3,5 Mia. Jahre alt.

Abbé Lazzaro Spallanzani

Ital. Biologe, 1729–1799

Spallanzani wies nach, dass Lebewesen immer aus anderen Lebewesen hervorgehen. Er wusste, dass es Mikroorganismen ■ gibt, und zeigte mit vielen Experimenten, wie sie sich in Fleischbrühe entwickeln. Er erhitzte die Brühe in einem luftdichten Gefäß, sodass alle Mikroorganismen getötet wurden, und konnte dann feststellen, dass solche Organismen erst wieder wuchsen, wenn er Luft in das Gefäß ließ. Damit war bewiesen, dass die Theorie der Spontanzeugung nicht stimmte.

Exobiologie

Die Wissenschaft von möglichen Lebensformen außerhalb der Erde

Wenn das Leben zufällig entstanden ist, kann das Gleiche auch anderswo im Universum geschehen sein. Die Wissenschaft, die das erforscht, nennt man **Exobiologie**.

Außerirdisches Leben?
Mit Radioteleskopen suchen die Exobiologen nach Anzeichen von Leben in unserer Galaxis und darüber hinaus.

Evolution des Menschen

Menschen gibt es seit über einer Million Jahre, aber in der Geschichte des Lebens kam unsere Spezies erst recht spät. Bevor wir uns entwickelten, existierten mehrere menschenähnliche Arten. Wo und wie sie lebten und welche davon unsere Vorfahren waren, wird immer noch erforscht.

Fliehende Stirn

Australopithecinen
Die Australopithecinen gingen wie moderne Menschen aufrecht, aber ihr Gehirn hatte nur ein Viertel der Größe unseres eigenen.

Evolution des Menschen

Die Entwicklung der Spezies Mensch

Wie alle Lebewesen, so sind auch die Menschen durch Evolution ■ entstanden. Die wissenschaftliche Erforschung der Fossilien ■ unserer ausgestorbenen ■ Vorfahren nennt man **Paläoanthropologie**, die Forscher heißen **Paläoanthropologen**.

Hominiden

Eine Gruppe von Primaten, zu der die Menschen und ihre unmittelbaren Vorfahren gehören

Der Mensch gehört zu einer Familie ■ von Primaten ■, die man Hominiden nennt. Im Gegensatz zu anderen Primaten wie den höheren Affen ■ haben die Hominiden ein großes Gehirn, und sie gehen auf zwei Beinen. Innerhalb der Hominidenfamilie gehören die Menschen zu einer kleineren Gruppe, der Gattung ■ Homo. Diese Gattung umfasst den Menschen selbst und unsere ausgestorbenen Vorfahren. Die ersten Hominiden tauchten auf der Erde vor etwa 3 bis 4 Mio. Jahren auf.

Schimpanse
Schimpansen und andere Menschenaffen haben eine fliehende Stirn und vorstehende Kiefer.

Aufrechter Gang

Das Gehen auf zwei Beinen

Einen wichtigen Schritt in der Evolution taten die ersten Hominiden, die aufrecht standen und auf zwei Beinen gingen. Die Hände waren frei und konnten sich nun auf das Greifen spezialisieren, was schließlich zur Herstellung der ersten einfachen Werkzeuge führte.

Die ersten Schritte
Diese fossilierten Fußabdrücke stammen von drei Hominiden und sind fast 4 Mio. Jahre alt. Mary Leakeys Forscherteam fand sie 1977 in Afrika in gehärteter Vulkanasche.

Hominoiden

Primaten-Überfamilie, zu der Hominiden und Menschenaffen gehören

Die Hominoiden bilden eine große Überfamilie der Primaten. Zu dieser systematischen Gruppe ■ gehören neben den Hominiden auch Tiere, die ihnen ähneln, aber nicht unmittelbar mit ihnen verwandt sind, wie die Menschenaffen ■. Anders als sonstige Primaten haben die Hominoiden einen großen Kopf und keinen Schwanz. Typisch ist auch der **opponierbare Daumen**, der zusammen mit den anderen Fingern nach Werkzeugen und Gegenständen greifen kann. Den Fossilfunden zufolge gibt es die Hominoiden seit über 15 Mio. Jahren.

Großer, vorstehender Kiefer

Australopithecinen

Eine Gattung früher Hominiden, die man von Fossilfunden aus Afrika kennt

Die Australopithecinen gehören zur Gattung *Australopithecus* und sind die ältesten bekannten Hominiden. Der Name bedeutet »südlicher Menschenaffe«, denn das erste derartige Fossil wurde 1924 in Südafrika gefunden. Die Australopithecinen lebten in der Zeit vor 4 Mio. bis einer Million Jahren. Sie gingen aufrecht, hatten aber ein kleines Gehirn. Man hat mittlerweile mehrere Arten von ihnen gefunden, aber die Fachleute wissen nicht genau, ob eine davon ein unmittelbarer Vorläufer des Menschen ist, und wenn ja, welche.

Lucy

Ein fossiler Australopithecine, gefunden 1974 in Afrika

»Lucy« ist das fossile Skelett eines weiblichen Australopithecinen. Sie starb vor über 3 Mio. Jahren im heutigen Äthiopien. Bei den Paläoanthropologen rief die Entdeckung ihrer Skelettteile große Aufregung hervor. Das Skelett war zu etwa 40 % erhalten, was für ein so altes Fossil sehr ungewöhnlich ist. Es zeigte, dass Lucy trotz ihres kleinen Gehirns auf zwei Beinen ging. Früher hatte man geglaubt, bei den Hominiden hätte sich zuerst das große Gehirn und danach der aufrechte Gang entwickelt.

Homo

Die Gattung, die den Menschen und seine unmittelbaren Vorfahren umfasst

Die ersten Vertreter der Gattung *Homo* tauchten vermutlich vor etwa 2 Mio. Jahren auf. Im Gegensatz zu den Australopithecinen hatten sie ein großes Gehirn. Zu der Gattung gehören mehrere Spezies ■, die aber mit Ausnahme des Menschen alle ausgestorben sind. Die älteste Arten war nach Ansicht mancher Fachleute der **Homo habilis**, der »geschickte Mensch«. Fossilien und Steinwerkzeuge, die man ihm zuordnet, wurden in Ostafrika gefunden. Später, nämlich vor 1,5 bis 0,5 Mio. Jahren, lebte **Homo erectus**, der »aufrechte Mensch«. Seine Fossilien entdeckte man sowohl in Südostasien als auch in Afrika.

Homo sapiens

Die heutige Form der Spezies Mensch

Alle heutigen Menschen gehören zur Spezies *Homo sapiens*, das bedeutet »kluger Mensch«. Diese Art entwickelte sich vor etwa 300 000 Jahren und verdrängte schließlich den *Homo erectus*. Ursprünglich gab es zwei Formen des *Homo sapiens*, aber eine davon, der Neandertaler, starb aus.

Hoher Gehirnschädel

Homo sapiens
Dieser Schädel eines modernen Menschen hat im Vergleich zu anderen Hominiden ein recht flaches Gesicht und einen hohen Gehirnschädel.

Faustkeil aus Feuerstein

Werkzeuge
Die Frühmenschen lernten, wie man durch Steinbearbeitung Werkzeuge herstellt. In manchen Teilen Ostafrikas ist der Boden voll von solchen Faustkeilen. Dieser ist rund 200 000 Jahre alt.

Neandertaler

Eine Form des *Homo sapiens*, die vor rund 30 000 Jahren ausstarb

Die Neandertaler tauchten vor etwa 200 000 Jahren auf. Ihr Gehirn war ebenso groß wie unseres oder sogar etwas größer, aber der Kopf hatte eine andere Form mit Wülsten über den Augen. Möglicherweise vermischten sich die Neandertaler mit unseren Vorfahren, oder sie starben einfach aus.

Fliehende Stirn

Knochenwulst über den Augen

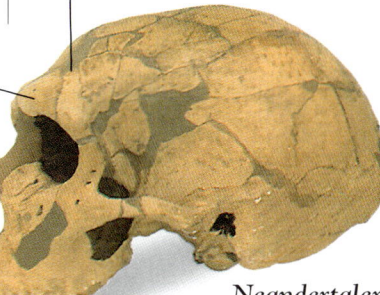

Neandertaler
Reste von Neandertalern fand man in Afrika, Europa und Asien. Diese ausgestorbene Form des Homo sapiens *ähnelte den heutigen Menschen. Die Neandertaler bestatteten teilweise auch ihre Toten.*

Louis Leakey
Britischer Paläoanthropologe, 1903–1972

Mary Leakey
Britische Paläoanthropologin, 1913–1996

Richard Leakey
Kenianischer Paläoanthropologe, geboren 1944

Louis Leakey entdeckte in den 1920er und 30er-Jahren in Ostafrika zahlreiche Hominidenfossilien und Steinwerkzeuge. Weitere wichtige Funde, so die Fossilien mehrerer Australopithecinen und Arten von *Homo*, gelangen ihm mit seiner Frau Mary. Sie machte 1977 auch eine sensationelle Entdeckung: gut erhaltene, fast 4 Mio. Jahre alte Hominiden-Fußspuren. Ihr Sohn Richard fand ebenfalls wichtige Fossilien.

Eva-Hypothese

Die Vorstellung, dass alle heutigen Menschen von einer einzigen Frau abstammen

Untersuchungen an der Mitochondrien-DNA ■ heutiger Menschen lassen vermuten, dass die Hominiden in Afrika entstanden und sich dann über die Erde verbreiteten. Nach der Eva-Hypothese sind alle heutigen Menschen Nachkommen einer einzigen Frau, die vor rund 200 000 Jahren in Afrika lebte.

Siehe auch

Systematik

In der Natur gibt es eine gewaltige Vielfalt von Lebewesen, von den riesigen Walen bis zu mikroskopisch kleinen Bakterien. Die biologische Systematik teilt diese Fülle in Gruppen ein. Man benennt die einzelnen Arten und weist nach, wie sie in der Evolution miteinander verwandt sind.

Systematik

Die Benennung und Einteilung der Lebewesen

Lebewesen werden genau untersucht und dann nach ihren Ähnlichkeiten und Unterschieden in Gruppen eingeteilt. Jede Lebensform, die man auf diese Weise klassifiziert hat, erhält einen zweiteiligen Namen. Er dient als Kennzeichnung und zeigt, zu welcher Gruppe das Lebewesen gehört.

Einteilungsschema für den Serval

Organismenreich *Tiere (Animalia)*
Stamm *Chordatiere (Chordata)*
Klasse *Säugetiere (Mammalia)*
Ordnung *Fleischfresser (Carnivora)*
Familie *Felidae (Katzen)*
Gattung *Felis (Katze)*
Spezies *Serval (Serval)*

Einordnung einer Wildkatze
Der Serval Felis serval gehört zu den gezeigten Gruppen.

Systematische Gruppe

Eine Kategorie der Klassifikation

In der biologischen Systematik teilt man die Lebewesen in unterschiedlich große Gruppen oder **Taxa** ein. Das kleinste Taxon ist die Spezies (Art). Zu einer **Gattung** gehören eine oder mehrere Arten, und eine **Familie** umfasst eine oder mehrere Gattungen. Familien fasst man zu **Ordnungen** und Ordnungen zu **Klassen** zusammen. Zu einem **Stamm** gehören eine oder mehrere Klassen, und die größte Gruppe, das **Organismenreich**, besteht aus mehreren Stämmen. Im Pflanzenreich bezeichnet man die Stämme als **Abteilungen**. Weitere Gruppen sind **Überfamilie** und **Unterstamm**. Die einzige »natürliche« Gruppe ist die Art. Alle anderen dienen nur der Verdeutlichung der Verwandtschaftsbeziehungen.

Wissenschaftlicher Name

Ein Name für die Spezies

Jeder wissenschaftliche Name bezeichnet eine einzige der vielen Millionen Arten. Er besteht aus zwei Teilen (»**Binominalnomenklatur**«). Der Haussperling heißt wissenschaftlich zum Beispiel *Passer domesticus*. Der erste Teil ist der **Gattungsname**: Er besagt, zu welcher Artengruppe das Tier gehört. Der zweite Teil, der **Artname**, kennzeichnet die betreffende Sperlingsspezies. Die aus dem Lateinischen oder Griechischen stammenden wissenschaftlichen Namen werden in allen Ländern der Erde benutzt.

Trivialname

Der alltägliche Name einer Spezies

Viele Arten haben auch einen Alltags- oder Trivialnamen wie »Haussperling« oder »Sonnenblume«; er ist je nach Sprache unterschiedlich.

Verwandte Seevögel

Diese vier Seevögel gehören alle zur Gattung Sula, aber zu verschiedenen Arten. Alle ernähren sich von Fischen, aber Größe, Zeichnung und Verbreitungsgebiet sind unterschiedlich.

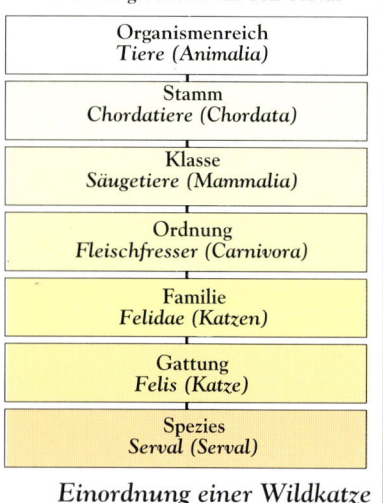

Blaufußtölpel, *Sula nebouxii*

Der Blaufußtölpel lebt am tropischen Ostpazifik.

Rotfußtölpel, *Sula sula*

Der Rotfußtölpel lebt weltweit an tropischen Meeren.

Maskentölpel, *Sula dactylatra*

Der Maskentölpel lebt weltweit an tropischen Meeren.

Basstölpel, *Sula bassana*

Der Basstölpel lebt am Nordatlantik.

System der fünf Reiche

Ein allgemein anerkanntes Klassifikationssystem

In den Anfängen der biologischen Systematik sprach man nur von zwei Organismenreichen: Tiere und Pflanzen. Weitere kamen später für Lebensformen hinzu, die weder Tier noch Pflanze sind. Heute unterscheidet man meist fünf Reiche. Es sind dies Monera, Protisten, Pilze, Pflanzen und Tiere.

Pflanzen

Eine Gruppe vielzelliger Lebewesen, die durch Photosynthese ihre eigenen Nährstoffe produzieren

Pflanzen (**Organismenreich Plantae**) leben durch Photosynthese ◼: Sie fangen Sonnenenergie ein und wandeln mit seiner Hilfe einfache Substanzen in Nährstoffe um. Manche Arten bilden Blüten und Samen, andere sind einfacher gebaut und tun das nicht. Zum Pflanzenreich gehören über 400 000 Arten.

Tiere

Eine Gruppe vielzelliger Lebewesen, die Nährstoffe aufnehmen müssen

Tiere (**Organismenreich Animalia**) beziehen ihre Nährstoffe von außen. Alle Tiere können mindestens einen Körperteil bewegen, manche bleiben aber immer an einem Ort. Am größten sind die Wirbeltiere ◼, die ein Rückgrat besitzen. 97 % aller Tiere sind aber Wirbellose ◼: Ihnen fehlt das Rückgrat. Zum Tierreich gehören über zwei Millionen Arten.

PILZE

PFLANZEN

TIERE

Einteilung der Reiche
Die Organismenreiche kann man in zwei Gruppen einteilen: zum einen die Monera mit ihren einfachen Zellen, zum anderen die vier übrigen Reiche, deren Angehörige komplizierter gebaute Zellen besitzen.

PROTISTEN

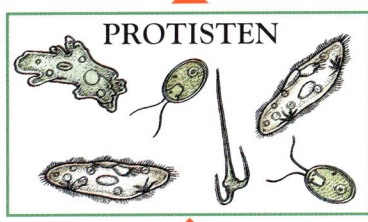

Die Evolution der Reiche
Die einzelligen Monera sind die ältesten Lebensformen. Die komplizierteren Lebewesen der anderen Reiche sind vermutlich aus Monera entstanden, aber wie sich das abgespielt hat, ist nicht ganz geklärt.

Pilze

Eine Gruppe meist vielzelliger Lebewesen, die ihre Nahrung aufnehmen

Pilze bilden das **Organismenreich Fungi**. Sie ähneln zwar den Pflanzen, leben aber ganz anders. Pilze haben keine Blätter und nutzen kein Sonnenlicht, sondern nehmen einfache Nährstoffe aus lebendem oder totem Material auf. Zum dem Reich gehören etwa 100 000 Arten.

MONERA

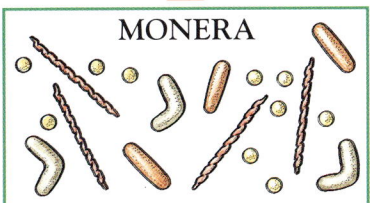

Monera

Eine Gruppe einzelliger Lebewesen ohne Zellkern

Die Angehörigen des **Organismenreiches Monera** sind mikroskopisch kleine Prokaryontenzellen ◼, die keinen Zellkern besitzen. Zu diesem Reich gehören die Bakterien ◼ und Cyanobakterien ◼. Monera waren in der Evolution die ersten Lebewesen. Das Reich umfasst etwa 4000 Arten.

Protisten

Eine Gruppe einzelliger, tier- oder pflanzenähnlicher Lebewesen

Die Protisten (**Organismenreich Protista**) sind kompliziert gebaute Eukaryontenzellen ◼. Manche Formen sind tierähnlich und werden oft Protozoen ◼ genannt, andere ähneln Pflanzen. Protisten bestehen meist nur aus einer Zelle ◼, aber eine klare Abgrenzung zwischen Ein- und Vielzellern gibt es nicht. Viele Algen ◼ leben zum Beispiel als Einzelzellen, während ihre engen Verwandten sich zusammentun und wie Pflanzen aussehen. Viele Biologen ordnen alle Algen in diese Gruppe ein, andere nur die einzelligen Formen. Zu dem Reich gehören mindestens 50 000 Arten.

Taxonomie

Die Einteilung der Lebewesen ist eine exakte Wissenschaft. Bevor die Biologen entscheiden, zu welcher Spezies eine Pflanze oder ein Tier gehört, müssen sie bestimmte Merkmale nachweisen. Danach können sie feststellen, wo das Lebewesen in der Natur steht und wie seine Evolution verlaufen ist.

Schnelle Klassifikation
Anhand wichtiger Merkmale kann man diese Insekten schnell klassifizieren.

Taxonomie

Die Wissenschaft von der Einteilung der Lebewesen

Die Taxonomie befasst sich mit der Klassifikation der Lebewesen. Man untersucht die Eigenschaften der Lebewesen, um sie dann zu benennen und in die gewaltige Vielfalt des Lebendigen einzuordnen. Zudem erforscht man die Verwandtschaft der Arten in der Evolution ■.

Systematik

Die Wissenschaft von der Verwandtschaft zwischen den Arten

Die Systematik versucht, den Evolutionsweg und damit die Entstehung der verschiedenen Lebewesen nachzuzeichnen. Dazu untersucht man sowohl lebende Organismen als auch Fossilien ■ früherer Lebewesen.

Phylogenie

Die Stammesgeschichte einer Gruppe von Lebewesen

Die Phylogenie zeigt, wie die einzelnen Arten einer Gruppe, z. B. der Reptilien ■, in der Evolution vermutlich verwandt sind. Dies kann man mit einem **Evolutionsstammbaum** verdeutlichen. Die Zweige verbinden alle Arten mit ihren Vorfahren und – wenn vorhanden – auch mit ihren Nachkommen.

Stammesgeschichte der Dinosaurier
Das Schema zeigt den mutmaßlichen Evolutionsstammbaum der Dinosaurier. Die beiden Hauptäste (Klades) unterscheiden sich durch die Form der Hüftknochen, ein wichtiges ursprüngliches Merkmal der Dinosaurier. Die Vögel stammen seltsamerweise von den Echsenbecken-Dinosauriern ab.

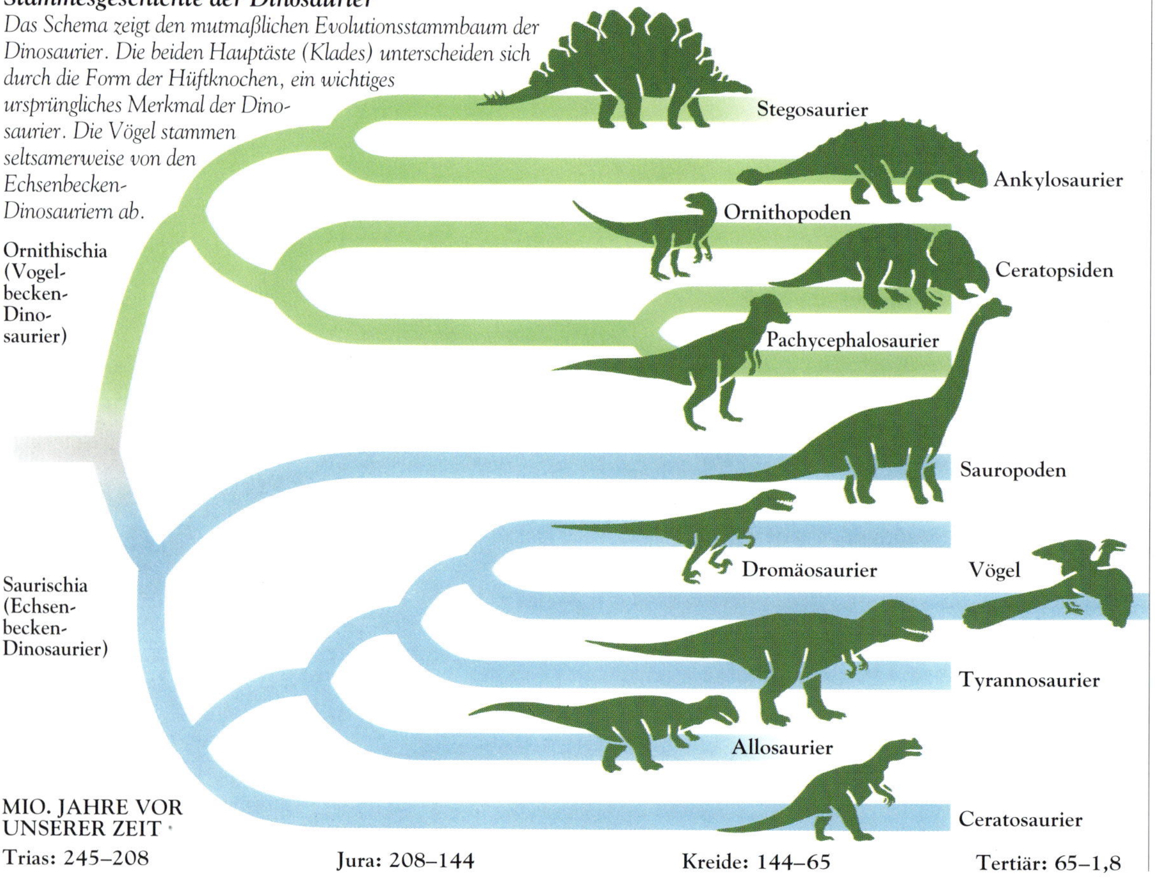

Ornithischia (Vogel-becken-Dino-saurier)

Stegosaurier

Ankylosaurier

Ornithopoden

Ceratopsiden

Pachycephalosaurier

Sauropoden

Saurischia (Echsen-becken-Dinosaurier)

Dromäosaurier

Vögel

Tyrannosaurier

Allosaurier

Ceratosaurier

MIO. JAHRE VOR UNSERER ZEIT ·

Trias: 245–208   Jura: 208–144   Kreide: 144–65   Tertiär: 65–1,8

Klades

Eine Gruppe von Lebewesen mit einem gemeinsamen Vorfahren

In der Evolution kann aus einer einzigen Spezies ein ganzes Spektrum neuer Arten hervorgehen. Eine solche Ursprungsart und ihre Nachkommen bezeichnet man als Klades. Ein typisches Beispiel sind die Darwin-Finken ■ und ihr gemeinsamer Vorfahre.

Stufe

Eine Entwicklungsebene der Evolution

In vielen Gruppen von Lebewesen gibt es verwandte Arten, die aber keinen gemeinsamen Vorfahren haben. Dann spricht man von Entwicklungsstufen. Die Arten auf einer solchen Stufe sind auf unterschiedlichen Wegen zu einem ähnlichen Entwicklungsstand gelangt. Ein Beispiel sind die Reptilien: Sie ähneln sich, haben aber mehrere Vorfahren.

Ursprüngliches Merkmal

Ein Merkmal, das von einer Vorläuferart stammt

Ein ursprüngliches Merkmal hat eine Artengruppe von ihrem gemeinsamen Vorfahren übernommen. Federn ■ sind beispielsweise ein ursprüngliches Merkmal der Vögel ■. Solche Eigenschaften sind wichtige Kennzeichen: Da sie allen Angehörigen der Gruppe gemeinsam sind, helfen sie bei der Einteilung der Arten.

Abgeleitetes Merkmal

Ein später entstandenes Merkmal

Jedes Lebewesen besitzt eine Mischung aus ursprünglichen und daraus abgeleiteten, später entstandenen Merkmalen. Ein Fliegender Fisch hat beispielsweise wie alle Fische ■ ein Rückgrat ■, Kiemen ■ und Flossen – die ursprünglichen Merkmale. Ein wichtiges abgeleitetes Merkmal dagegen sind einige vergrößerte Flossen, die als Tragflächen dienen und den Gleitflug über dem Wasser ermöglichen.

Homologe Struktur

Eine Struktur mit gleichem Ursprung in der Evolution, die bei verschiedenen Arten vorkommt

Homologe Strukturen gehen in ihrer Entwicklung auf den gleichen Ursprung zurück. Sie mögen unterschiedlich aussehen, haben aber den gleichen Grundbauplan. Homologe Strukturen sind ein Indiz, dass zwei Arten einen gemeinsamen Vorfahren haben. Die Flügel der Fledermaus und die Arme des Menschen sind beispielsweise aus den Gliedmaßen eines gemeinsamen Vorfahren hervorgegangen.

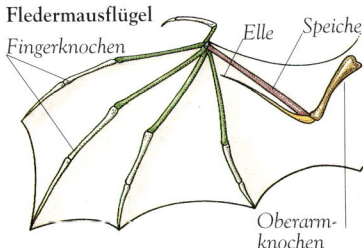

Fledermausflügel
Fingerknochen
Elle
Speiche
Oberarmknochen

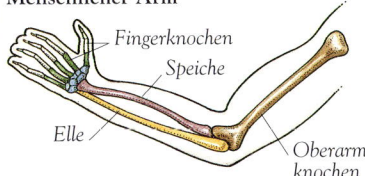

Menschlicher Arm
Fingerknochen
Speiche
Elle
Oberarmknochen

Entsprechende Knochen
Fledermausflügel und menschlicher Arm sind homologe Strukturen. Sie unterscheiden sich zwar äußerlich, sind aber aus den gleichen Knochen aufgebaut.

Carl von Linné war studierter Arzt, untersuchte aber vor allem Pflanzen. Er bereiste ganz Europa und führte in mehreren Büchern alle Pflanzen und Tiere auf, die er antraf. Zu ihrer Einteilung entwickelte er das System der zweiteiligen wissenschaftlichen Namen ■. Damit wollte er Zeit sparen, denn in seiner Epoche bestand ein Name aus bis zu zehn Wörtern. Linnés Klassifikationssystem ist bis heute in Gebrauch.

Analoge Struktur

Eine Struktur mit gleicher Funktion, aber unterschiedlichem Evolutionsursprung bei verschiedenen Arten

Sowohl Schildkröten als auch Schnecken schützen sich mit einem harten Panzer. Das Gehäuse erfüllt bei beiden den gleichen Zweck, ist aber ganz unterschiedlich gebaut. Damit ist es ein Beispiel für analoge Strukturen: Sie wirken ähnlich, sind aber auf unterschiedlichen Wegen entstanden.

Bestimmungsschlüssel

Ein Schema zur Identifizierung von Arten anhand ihrer Merkmale

Im Bestimmungsschlüssel wird eine Pflanze oder ein Tier mit einer Reihe von Fragen identifiziert. Jede Frage betrifft ein wichtiges Merkmal, und jede Antwort engt das Spektrum der möglichen Arten weiter ein. Sind alle Fragen richtig beantwortet, weiß man, zu welcher Art das Lebewesen gehört.

Bakterien & Viren

Bakterien gibt es überall, aber sie sind so klein, dass man sie nur mit dem Mikroskop sehen kann. In unserem Körper leben über 100 000 Milliarden von ihnen. Außerdem beherbergt er Viren, seltsame Molekülpakete, die sich nur mithilfe lebender Zellen vermehren können.

Bakterien

Mikroskopisch kleine, einzellige Lebewesen

Bakterien (Einzahl **Bakterium**) sind die zahlreichsten Lebewesen auf der Erde. Sie gehören zum Reich der Monera ▪. Jedes Bakterium ist eine Zelle ▪ mit einer kräftigen Zellwand ▪. Es ist eine Prokaryontenzelle ▪ ohne Zellkern ▪ und ohne komplizierte Organellen ▪. Ihre Lebensweise ist sehr unterschiedlich. Manche Bakterien ernähren sich von abgestorbenem Material und wirken an der Nährstoff-Wiederverwertung mit. Andere, oft **Keime** genannt, leben in anderen Lebewesen und verursachen vielfach Krankheiten ▪. Viele Bakterienarten bilden Gruppen, auch **Kolonien** ▪ genannt, die oft an ihrer Form und Farbe zu erkennen sind.

Mikroorganismus

Ein Lebewesen, das man nur mit dem Mikroskop sehen kann

Bakterien sind nicht die einzigen Lebewesen, die man nur im Mikroskop erkennt. Auch Protozoen ▪, einzellige Algen ▪ und manche Pilze ▪ sind so klein. Solche winzigen Lebewesen nennt man Mikroorganismen oder **Mikroben**. Auch die Viren rechnet man oft dazu, aber sie sind eigentlich nicht lebendig.

Infektion

Die Vermehrung von Mikroorganismen in lebender oder toter Materie

Bei Wärme und gutem Nährstoffangebot vermehren Mikroorganismen sich sehr schnell. Die Folge ist eine Infektion. Im menschlichen Organismus können dann Krankheiten wie Tuberkulose, Cholera oder Typhus entstehen. Aber nicht alle Infektionen sind schädlich. Käse entsteht, weil die Milch mit Bakterien infiziert ist.

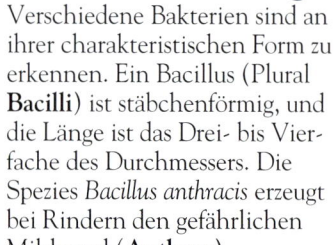

Ansteckendes Niesen

Viele Krankheiten werden durch Niesen übertragen. Der Speichel enthält Mikroorganismen und gelangt beim Niesen in winzigen Tröpfchen in die Luft, sodass ein anderer ihn aufnehmen kann.

Bacillus

Ein stäbchenförmiges Bakterium

Verschiedene Bakterien sind an ihrer charakteristischen Form zu erkennen. Ein Bacillus (Plural **Bacilli**) ist stäbchenförmig, und die Länge ist das Drei- bis Vierfache des Durchmessers. Die Spezies *Bacillus anthracis* erzeugt bei Rindern den gefährlichen Milzbrand (**Anthrax**).

Bacilli

Coccus

Ein rundes Bakterium

Bakterien mit rundlicher Form nennt man Kokken oder **Cocci** (Einzahl **Coccus**). Bei manchen Kokkenarten sind die Zellen getrennt, bei anderen wie **Diplococcus** bilden sie Paare. Die Zellen der Spezies **Streptococcus** verbinden sich zu Ketten. Unser Körper beherbergt viele Kokkenarten, zum Beispiel *Streptococcus mutans*, der im Mund zur Karies beiträgt.

Cocci

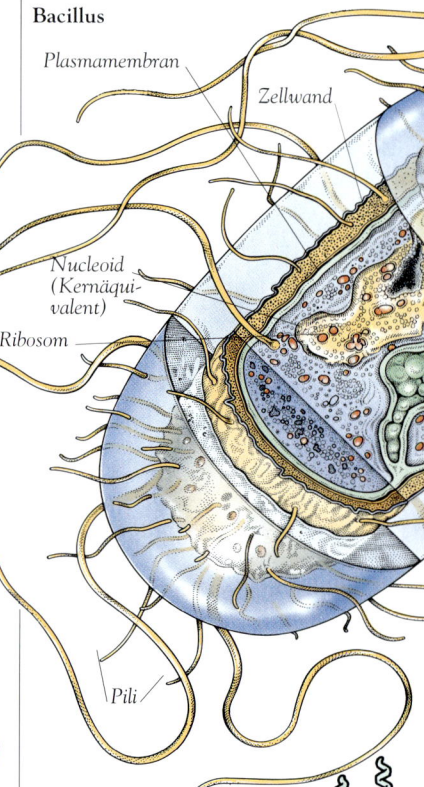

Bacillus

Plasmamembran

Zellwand

Nucleoid (Kernäquivalent)

Ribosom

Pili

Spiralbakterium

Ein schraubenförmiges Bakterium

Es gibt mehrere Arten spiralförmiger Bakterien. Die Zellen der **Spirochäten** sehen wie Korkenzieher aus und »schrauben« sich durch Flüssigkeiten. Andere, die Vibrioiden, sind wie ein Komma geformt.

Spiralbakterium

Cyanobakterien

Gruppe von Bakterien, die von Photosythese lebt

Cyanobakterien, früher auch **blaugrüne Algen** genannt, leben von Photosynthese ◼. Mit Sonnenenergie wandeln sie einfache Verbindungen in Nährstoffe um. Die meisten leben im Wasser, manche Arten halten sich mit »Schwimmern« an der Oberfläche. Wichtig sind sie auch für die Stickstoff-Fixierung ◼. Sie nehmen Luftstickstoff auf und verwandeln ihn in eine für Pflanzen nutzbare Form.

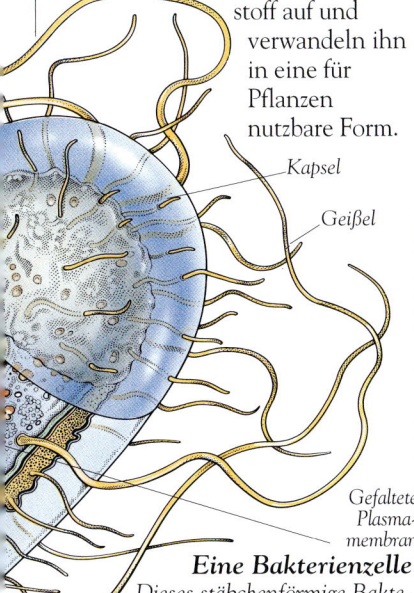

Kapsel

Geißel

Gefaltete Plasmamembran

Eine Bakterienzelle
Dieses stäbchenförmige Bakterium (ein Bacillus) ist von einer Zellwand und einer widerstandsfähigen äußeren Kapsel umgeben. Mit winzigen Fäden, den Pili, heftet es sich an seine Nahrung oder andere Zellen.

Zweiteilung

Fortpflanzung durch Zellteilung

Bakterien pflanzen sich in der Regel durch Zweiteilung fort: Aus einer Zelle entstehen zwei identische Nachkommen. Unter geeigneten Bedingungen geschieht das alle 20 Minuten. Theoretisch kann eine einzige Bakterienzelle in 24 Stunden 5000 Milliarden Milliarden Nachkommen hervorbringen. In der Praxis geschieht das meist aus Nahrungsmangel nicht.

Endospore

Eine Ruheform mancher Bakterien bei widrigen Bedingungen

Eine Endospore ist eine widerstandsfähige Zelle, die widrigen Bedingungen trotzt. Manche Sporen überleben mehrere Stunden in kochendem Wasser. Sie können Jahrtausende im Ruhezustand überdauern; herrschen wieder günstige Bedingungen, keimen ◼ sie und vermehren sich wieder.

Virus

Ein Molekülpaket, das lebende Zellen infiziert

Ein Virus besteht aus einem Stück Nucleinsäure ◼, das von einem **Capsid** aus Protein umhüllt ist. Bei manchen Viren ist das Capsid von einer weiteren **Virushülle** umgeben. Viren sind kleiner als Zellen und gelten meist nicht als Lebewesen, weil sie sich nicht allein vermehren können. Nur mit einer lebenden Zelle als Wirt ◼ stellen sie Kopien von sich selbst her.

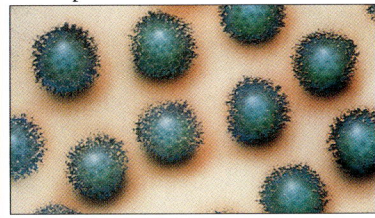

Erkältungsviren
Viren erzeugen bei Pflanzen und Tieren viele Krankheiten. Die Viren oben rufen beim Menschen die Erkältung hervor.

Virusverdoppelung

Fortpflanzung bei Viren

Wenn ein Virus eine Zelle infiziert hat, bringt es ihren Stoffwechsel ◼ unter seine Kontrolle. Die Gene ◼ des Virus befehlen der Zelle, die Bausteine neuer Viren zu produzieren. Sind die neu vermehrten Viren fertig, befreien sie sich meist aus der Zelle.

HIV

Das Virus, das AIDS erzeugt

Das Virus HIV (human immunodeficiency virus, **menschliches Immunschwächevirus**) infiziert Zellen des Immunsystems ◼. Es schwächt die körpereigene Abwehr, sodass andere Mikroorganismen angreifen können. Die Folge ist AIDS (acquired immunodeficiency syndrome, **erworbene Immunschwäche**). Wie viele Viren kann HIV lange **latent** im Körper versteckt sein, ohne Krankheitssymptome zu erzeugen.

Protozoen

Jeder Esslöffel Teichwasser, jede Hand voll Erde enthält tausende von Protozoen. Viele Arten dieser winzigen Einzeller haben keine feste Form; andere besitzen komplizierte Gehäuse, die hundert Mal kleiner sind als ein Stecknadelkopf.

Protozoen

Eine Gruppe von Einzellern, die Nahrung von außen aufnehmen

Die Protozoen (Einzahl **Protozoon**) gehören zum Reich der Protisten ■. Jedes Protozoon ist eine einzige Zelle ■. Protozoen sind heterotroph ■: Sie erzeugen Nährstoffe nicht durch Photosynthese ■, sondern nehmen sie von außen auf.

Zellkern

Cytoplasma

Nahrungsvakuole

Kontraktile Vakuole

Ein Gebilde, das Wasser aus der Zelle pumpt

Protozoen, die in Süßwasser leben, enthalten in ihrem Inneren eine höhere Konzentration gelöster Substanzen als das umgebende Wasser. Deshalb strömt Wasser durch Osmose ■ in sie ein. Viele Protozoen, darunter die Amöben, sammeln das Wasser in einer Vakuole ■, die sich alle paar Minuten zusammenzieht und die Flüssigkeit wieder nach außen presst.

Pseudopodium streckt sich um die Nahrung aus.

Nahrung

Kontraktile Vakuole

Amöbe

Ein Einzeller ohne feste Körperform

Eine Amöbe sieht aus wie ein winziger Beutel voller Gelee. Die Zelle ist von einer Plasmamembran ■ umgeben und bewegt sich durch Veränderung ihrer Form fort. Um zu fressen, umschließt sie ihre Nahrung und nimmt sie in sich auf. Es gibt viele Amöbenarten. Manche leben in Wasser und Erdboden, andere als Parasiten ■ in Pflanzen oder Tieren. Die Spezies ■ *Entamoeba histolytica* ernährt sich von lebenden Zellen und verursacht die **Amöbenruhr**.

Amöboide Bewegung

Bewegung durch Formveränderung

Eine Amöbe bewegt sich fort, indem sich der Zustand des Cytoplasmas ■ ändert. Teile dieser geleeartigen Flüssigkeit werden fest und bilden vorübergehende Ausstülpungen, so genannte **Pseudopodien** (»Scheinfüße«). Dann füllt der Rest der Amöbe die Scheinfüße aus, und es bilden sich neue Pseudopodien. Auf diese Weise fließt die Zelle langsam vorwärts.

Die Amöbe

Eine Amöbe wechselt ständig ihre Form. Mit Pseudopodien bewegt sie sich und umschließt ihre Nahrung. Die Nahrung wird in Vakuolen verdaut, und eine kontraktile Vakuole pumpt Wasser nach außen.

Gepanzerte Amöbe

Eine Amöbe, die teilweise von einem Gehäuse umschlossen ist

Manche Amöbenarten sind durch ein Gehäuse geschützt; es besteht aus Mineralien, welche die Amöbe ausscheidet, oder aus winzigen, von ihr gesammelten Teilchen.

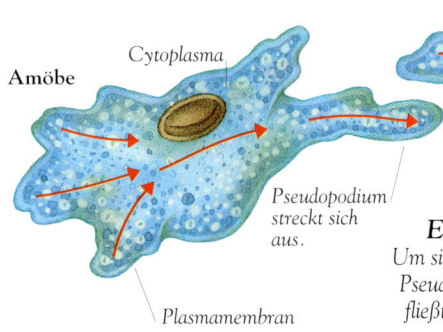

Amöbe

Cytoplasma

Pseudopodium streckt sich aus.

Plasmamembran

Cytoplasma fließt in das Pseudopodium.

Eine Amöbe in Bewegung

Um sich fortzubewegen, streckt die Amöbe Pseudopodien aus, in die sie dann hineinfließt. Sie erreicht eine Höchstgeschwindigkeit von 2 cm in der Stunde.

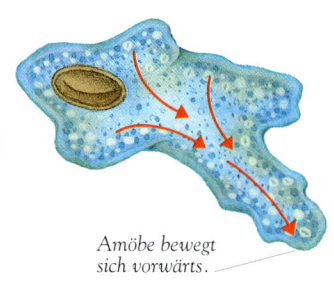

Amöbe bewegt sich vorwärts.

Schleimpilz

Eine Amöbenart, die sich zur Fortpflanzung in Gruppen sammelt

Schleimpilz-Amöben verhalten sich sehr ungewöhnlich: Während eines Teils ihres Lebenszyklus leben und fressen sie allein. Ist Nahrung aber knapp, sammeln sie sich zu einem Klumpen, der über 1 kg wiegen kann. Der Klumpen kriecht über den Boden und bildet schließlich einen großen Fruchtkörper ■, der Sporen ■ freisetzt. Die Sporen keimen und bringen neue Amöben hervor.

Rädertierchen

Protozoen mit Siliziumskelett

Rädertierchen (Radiolarien) leben im Meer. Sie sind meist rund und sammeln Nahrung mit hunderten von Pseudopodien. Die tiefsten Meeresböden sind dick mit **Radiolarienschlamm** aus den Skeletten toter Rädertierchen bedeckt. Er entsteht, weil die Skelette aus Siliziumverbindungen bestehen, und die lösen sich im Meerwasser nicht auf.

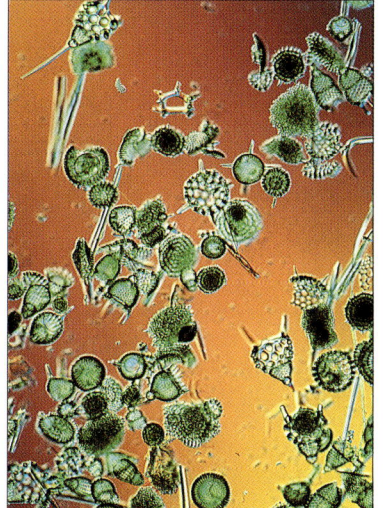

Mikroskopische Skulpturen
Die lichtmikroskopische Aufnahme zeigt verschiedene Radiolarienarten aus dem Plankton. Die winzigen Skelette bilden oft wunderschöne natürliche Kunstwerke.

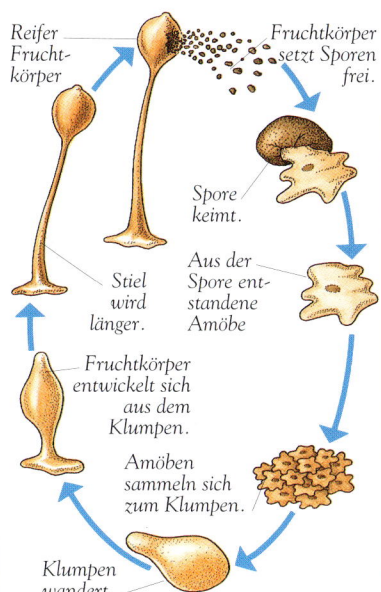

Reifer Fruchtkörper

Fruchtkörper setzt Sporen frei.

Spore keimt.

Stiel wird länger.

Aus der Spore entstandene Amöbe

Fruchtkörper entwickelt sich aus dem Klumpen.

Amöben sammeln sich zum Klumpen.

Klumpen wandert.

Lebenszyklus des Schleimpilzes
Schleimpilzamöben sammeln sich zu einem großen Klumpen. Dieser wandert zum Licht, bildet einen Fruchtkörper und setzt schließlich Sporen frei.

Foraminiferen

Protozoen mit löcherigem Gehäuse

Auch die Foraminiferen sind Meeresbewohner. Ihr Gehäuse aus Calciumcarbonat hat mehrere verbundene Kammern und trägt außen zahlreiche winzige Löcher. Durch die Löcher ragen dünne Fäden (Pseudopodien), mit denen die Zelle ihre Nahrung sammelt.

Foraminifere

Pantoffeltierchen

Eine Artengruppe von Protozoen, die mit Cilien schwimmen

Das Pantoffeltierchen (*Paramecium*) ist sehr lebhaft. Es lebt meist in Süßwasser und ernährt sich von Bakterien ■. Seine pantoffelförmige Zelle trägt tausend winziger Haare (Cilien) und rudert mit ihnen durch das Wasser.

Plasmodium

Eine Artengruppe von Protozoen, die Malaria erzeugen

Der Einzeller *Plasmodium* lebt in den Speicheldrüsen von Mücken und auch in Menschen. Die Zellen des Parasiten gelangen in den Körper, wenn man von einer infizierten Mücke gestochen wird, kreisen dann im Blut und vermehren sich in der Leber sowie in roten Blutzellen. Das führt zur **Malaria**, einer schweren Krankheit. Alle paar Tage brechen die Parasiten aus den Blutzellen aus und verursachen mit ihrem Gift hohes Fieber.

Zooplankton

Planktonorganismen, die Nahrung von außen aufnehmen

Zooplankton ist der Teil des Planktons ■, der aus Protozoen und winzigen Tieren besteht. Die meisten dieser Lebewesen sind mikroskopisch klein, manche erkennt man aber auch mit bloßem Auge. Sie schweben im Wasser, fressen andere Lebewesen oder filtern Nahrungsteilchen aus. Manche Organismen gehören ihr ganzes Leben lang zum Zooplankton. Andere, beispielsweise Krebstiere ■ und Seeigel, leben nur als Jungtiere so. Sie verändern sich später (Metamorphose ■) und haben dann eine andere Lebensweise.

Einzellige Algen

Algen leben überall da, wo es Wasser, Licht und Mineralstoffe gibt. Mithilfe der Sonnenenergie erzeugen sie Nährstoffe, und sie selbst dienen anderen Lebewesen als Nahrung. Die kleinsten Algen sind winzige Einzeller, die man nur im Mikroskop erkennen kann.

Algen

Gruppe einfacher, pflanzenähnlicher Lebewesen, die durch Photosynthese selbst Nährstoffe herstellen

Algen sind wie Pflanzen autotroph ■: Sie produzieren ihre Nährstoffe durch Photosynthese ■ selbst. Es gibt über 20 000 Algenarten, von mikroskopisch kleinen Diatomeen bis zum riesigen, über 100 m langen Seetang. Die meisten Algen leben im Wasser; größere Arten pflanzen sich durch Sporen ■ fort.

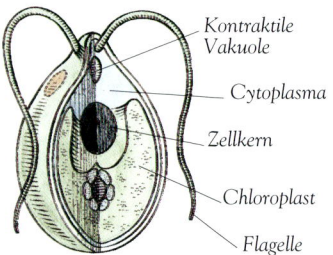

Kontraktile Vakuole

Cytoplasma

Zellkern

Chloroplast

Flagelle

Einzellige Süßwasseralge
Die Schnittzeichnung einer einzelligen Alge zeigt den Chloroplasten, der die Sonnenenergie für die Photosynthese einfängt.

Einzellige Algen

Algen, die nur aus einer einzigen Zelle bestehen

Einzellige Algen sind winzige, pflanzenähnliche Organismen. Die meisten von ihnen leben in Kolonien, und sie sind in Seen und Tümpeln weit verbreitet. Im Sommer färben sie das Teichwasser oftmals grün. Die einzelligen Algen rechnet man meist zu den Protisten ■, mehrzellige Arten dagegen werden als Pflanzen eingeordnet.

Plankton

Winzige, im Wasser schwebende Lebewesen

Die oberste Schicht von Meeren und Seen beherbergt eine Riesenzahl winziger Lebewesen: das Plankton, das aus mikroskopisch kleinen Protisten, Algen sowie vielzelligen Pflanzen und Tieren besteht. Die pflanzenähnlichen Lebewesen bilden das Phytoplankton, tierähnliche Organismen nennt man Zooplankton ■. Bei den Tieren handelt es sich vielfach um Larven ■. Die meisten Planktonorganismen lassen sich treiben, manche können aber auch aktiv schwimmen.

Phytoplankton

Planktonorganismen, die von Photosynthese leben

Die winzigen Phytoplanktonorganismen sammeln die Energie des Sonnenlichts und nutzen sie, um durch Photosynthese Nährstoffe herzustellen. Phytoplankton ist im Wasser das erste Glied der meisten Nahrungsketten ■: Es dient dem Zooplankton als Nahrung.

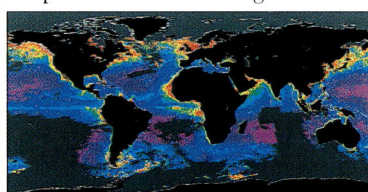

Verbreitung des Phytoplanktons
Die Falschfarben-Satellitenaufnahme zeigt die Phytoplanktonmenge im Meer. In roten Bereichen ist die Dichte am größten, in blauen am geringsten.

Diatomeen

Einzellige Algen mit Siliziumgehäuse

Im Meer- und Süßwasser leben viele Diatomeen. Sie sind im Phytoplankton die zahlreichsten Lebewesen. Ihre schützende Hülle besteht aus Siliziumverbindungen und hat zwei Hälften, die wie Schachtel und Deckel zusammen passen. Innen liegt geschützt die Zelle ■. Diatomeengehäuse sind oft hübsch gemustert. Manche Arten bleiben mithilfe von Öltröpfchen in der Schwebe.

Diatomeen aus dem Meer
Die lichtmikroskopische Aufnahme mariner Diatomeen zeigt die verblüffende Formenvielfalt der Gehäuse.

Diatomeengestein

Ein pulveriges Gestein aus den Schalen toter Diatomeen

Die Schalen toter Diatomeen sinken auf den Meeresboden. An manchen Stellen bildeten sie dicke Schichten aus **Diatomeenerde**, die dann durch Druck zu Diatomeengestein wurden. Das Gestein, auch Kieselgur genannt, ist fast reines Silikat; es dient als Schmirgelmasse, Filtersubstanz und Isolator.

Algenblüte

Schnelle Vermehrung einer Algenart

Unter günstigen Bedingungen kann eine Algenart sich sehr plötzlich gewaltig vermehren, sodass es zu einer Explosion ihrer Population kommt. Die Algen pflanzen sich fort, bis die Mineralstoffe, die sie zum Leben brauchen, knapp werden. Natürliche Algenblüte kommt in vielen Seen vor. Sie kann sich auch ereignen, wenn das Wasser mit Phosphaten ◾ und anderen nahrhaften Mineralstoffen ◾ verschmutzt ist.

Rote Flut

Eine Blüte giftiger Dinoflagellaten

Dinoflagellaten sind Algen, die in vielen warmen Meeren vorkommen. Sie produzieren einige der stärksten natürlichen Gifte. Die Rote Flut ist eine Blüte von Dinoflagellaten, die dabei große Giftmengen ins Wasser abgeben. Dabei sterben die Fische, die dann zu Millionen tot angespült werden. Dinoflagellaten werden häufig von Muscheln und anderen Filtrierern ◾ gefressen, sodass ihr Gift durch die Nahrungskette wandert.

Dinoflagellaten

Eine in warmen Meeren verbreitete Algengruppe

Dinoflagellaten sind nach den Diatomeen die zweitgrößte Gruppe im Phytoplankton. Sie tragen meist zwei peitschenähnliche Schwänze (Flagellen ◾). Der eine dreht die Zelle, der andere treibt sie vorwärts. Viele Dinoflagellaten sind mit Celluloseplatten ◾ gepanzert. Manche Arten sind seltsam geformt, andere leuchten.

Celluloseplatten

Dinoflagellat

Flagelle

Gepanzerte Zelle
Ceratium ist eine seltsam geformte, gepanzerte Dinoflagellatenart mit spitzen Stacheln, die vermutlich das Absinken verhindern.

Zooxanthellen

Einzellige Algen, die häufig mit Tieren zusammen leben

Zooxanthellen sind Dinoflagellaten. Sie leben in großer Zahl in den Zellen der Korallen ◾ und anderer Meerestiere. Die Alge liefert dem Tier durch Photosynthese die Nährstoffe und wird im Gegenzug von seinem Partner geschützt.

Euglenoide

Lebewesen mit Chloroplasten, aber ohne Zellwand

Euglenoide tragen Merkmale von Tieren und Pflanzen. Mit ihren Chloroplasten ◾ können sie Photosynthese betreiben und Nährstoffe bilden, sie fressen aber auch andere Nahrung. Euglenoide leben im Süßwasser und bewegen sich mit langen Flagellen.

Chloroplast

Golgi-Apparat

Kontraktile Vakuole

Euglenoide

Außenhülle (Pellicula)

Zellkern

Mitochondrium

Augenfleck

Flagelle

Vom Licht angezogen
Euglena gracilis ist eine Euglenoide mit einer geriffelten Proteinhülle (Pellicula). Sie nimmt mit dem Augenfleck Licht wahr und schwimmt mit der Flagelle darauf zu, um Photosynthese zu betreiben.

Kolonie

Eine Gruppe verwandter, zusammen lebender Organismen

Viele einzellige Algen bilden dauerhafte Gruppen oder Kolonien. Manchmal ist darin jede Zelle selbstständig, in anderen teilen sich die Zellen die zum Leben notwendigen Aufgaben. **Kolonien** findet man auch bei vielen anderen Lebewesen von Bakterien ◾ bis zu Insekten ◾.

Pflanzen ohne Blüten

Die ersten Pflanzen hatte keine Blüten und produzierten keine Samen. Sie verbreiteten sich durch Sporen. Solche einfachen Pflanzen gibt es noch heute, aber sie teilen sich die Erde mit ihren Blüten tragenden Verwandten. Meistens findet man sie an feuchten, schattigen Stellen und entlang der Küsten.

Blütenlose Pflanze

Eine Pflanze, die sich ohne Blüten fortpflanzt

Nur die Blütenpflanzen ■ (Bedecktsamer oder Angiospermen) vermehren sich durch Blüten. Alle anderen verbreiten sich ohne Blüten, und zwar meist mithilfe kleiner Päckchen aus Zellen ■, die man Sporen ■ nennt. Zu den blütenlosen Pflanzen gehören Algen ■, Moose, Nacktsamer ■ und Farne ■. Viele von ihnen überleben nur im Wasser oder an Stellen mit viel Feuchtigkeit. Im Trockenen sterben sie.

Seetang

Meeresalgen

Tange sind Algen, die im Salzwasser leben. Große Arten wie der Riesenseetang verankern sich mit **Haftfäden** an Felsen oder am Meeresboden. Die Haftfäden sind durch **Stiele** mit den blattartigen **Wedeln** verbunden. Tange machen sich wie alle Pflanzen die Sonnenenergie nutzbar. Ihre Farbe hängt von den Photosynthesepigmenten ■ ab, mit denen sie das Licht einfangen.

Ein paar Seetangarten

Die meisten großen Tange wachsen in Küstennähe und verankern sich im seichten Wasser. Einige Arten treiben auch auf dem Meer.

Grünalgen

Die größte und artenreichste Algengruppe

Grünalgen bilden eine Abteilung ■ des Pflanzenreiches namens **Chlorophyta**. Ihre Farbe erhalten sie durch den Farbstoff Chlorophyll ■. Grünalgen besiedeln vielfältige Lebensräume: Manche Arten leben im Süßwasser, einige auch im Meer, viele andere auf feuchten Oberflächen (zum Beispiel Baumstümpfe). Die größten Grünalgen sind die Tange, die kleinsten Arten bestehen nur aus einer Zelle. Zu der Gruppe gehören rund 6000 Spezies ■.

Jochalgen

Fäden bildende Algen

Jochalgen sind Grünalgen, die auf stehenden Gewässern gedeihen. Ihre Zellen sind hintereinander aufgereiht und bilden fadenförmige Kolonien ■, die häufig als schleimige Masse auf der Wasseroberfläche treiben.

Grüner Schleim

Diese Schale enthält eine Masse aus Jochalgen-Fäden. Die hier gezeigte Algengattung heißt Spirogyra.

Rotalgen

Eine Algengruppe mit roten Farbstoffen

Rotalgen bilden die Abteilung **Rhodophyta**. Fast alle ihre Arten leben im Meer. Sie wachsen auf Felsen unter der Gezeitenlinie und in tieferem Wasser – manche Arten gedeihen in bis zu 250 m Tiefe, tiefer als alle anderen Pflanzen. Ihre Farbe verdanken sie den Phycobilinen, roten Pigmenten, die das Grün des Chlorophylls überdecken. Es gibt rund 4000 Rotalgenarten.

Blasentang

Krauser Knorpeltang

Stiel

Luftblase

Zuckertang

Blattähnlicher Wedel

Riementang

Haltefäden

Rhodymenia palmata

Braunalgen

Eine Algengruppe mit braunen Farbstoffen

Braunalgen bilden die Abteilung **Phaeophyta**. Fast alle ihre Arten leben im Meer. Zu ihnen gehören der Riesentang und andere Tange, die an Felsküsten gedeihen. Manche Arten setzen ihre Blätter mithilfe gasgefüllter **Schwimmblasen** der Sonne aus. Braunalgen enthalten neben Chlorophyll das Pigment **Fucoxanthin**, das ihnen die dunkel-grüne oder bräunliche Farbe verleiht. Die meisten der rund 1500 Braunalgenarten leben in kühlen Gewässern.

Riesentang

Ein großer brauner Seetang

Der Riesentang, eine Braunalge, kommt an Felsküsten häufig vor. Er wächst entweder am Gestein unter der Niedrigwasserlinie oder am Meeresboden und ist reich an Mineralstoffen wie Iod, Kalium und Phosphor. In manchen Gegenden der Erde wird er geerntet und als Dünger verwendet.

Birnentang

Die größte Tangart

Der Birnentang (*Macrocystis pyrifera*) wächst vor der Küste Kaliforniens. Mit bis zu 100 m Länge ist er die größte Tangart der Welt. Er gedeiht in seichtem Wasser, und seine großen Wedel treiben, von Schwimmblasen getragen, häufig an der Oberfläche. Der Birnentang bildet große Unterwasserwälder, die voller Leben sind.

Lebermoos

Der Körper (Thallus) dieses Lebermooses wächst eng am Boden. Auf seiner Oberfläche verteilen sich die Brutkörper, in denen sich Zellhaufen für die ungeschlechtliche Fortpflanzung befinden. Durch Regen werden die Haufen abgerissen, und die einzelnen Zellen werden verstreut. Später bilden sich daraus neue Pflanzen.

Brutkörper

Thallus

Volvox

Eine Gruppe mikroskopisch kleiner Algen

Volvox kommt vielfach in Teichen vor. Ihre Kolonien enthalten bis zu 50 000 Zellen, die in einer geleeartigen Masse liegen und eine Hohlkugel bilden. Jede Zelle trägt zwei Flagellen ■, welche die Kugel durch das Wasser treiben. Eine ausgereifte Volvox-Kolonie enthält häufig Tochterkolonien, die in ihrem Inneren herumrollen.

Volvox

Junge Kolonie

Ausgereifte kugelförmige Kolonie

Flagelle

Moose

Laubmoose und Lebermoose

Laubmoose und Lebermoose bilden die Abteilung der Moosgewächse oder **Bryophyta**. Diese einfachen Landpflanzen leben an feuchten Orten meist dicht am Boden. Richtige Stängel, Blätter und Wurzeln besitzen sie nicht. Auch sind sie keine Gefäßpflanzen, das heißt, sie enthalten keine besonderen Kanäle zum Transport von Wasser und Nährstoffen.

Lebermoose

Einfache, band- oder blattförmige Pflanzen

Die meisten Lebermoose besiedeln feuchte, schattige Orte. Sie sind entweder flach oder breiten blattähnliche Schuppen aus. Wie alle Moose sind sie mit wurzelähnlichen Zellen, den **Rhizoiden**, im Boden verankert. Es gibt etwa 6000 Arten von Lebermoosen.

Laubmoose

Einfache Pflanzen mit blattähnlichen Schuppen

Laubmoose wachsen häufig gruppenweise. Meist besiedeln sie feuchte Orte, manche Arten kommen aber auch lange ohne Wasser aus. Die Sporen vieler Arten liegen in einer Kapsel, die auf einem langen Stiel sitzt. Die Gruppe umfasst rund 10 000 Arten.

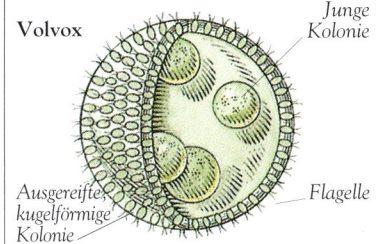

Moospolster
Viele Moose wachsen im Wald, entweder wie hier auf abgestorbenem Holz oder unmittelbar auf der Erde.

Einfache Gefäßpflanzen

Die ersten Pflanzen lebten im Meer und nahmen alle benötigten Mineralstoffe aus dem Wasser auf. An Land sind Wasser und Mineralien schwieriger zu beschaffen. Bei den Gefäßpflanzen entwickelten sich Leitungsbahnen, welche die erforderlichen Substanzen aus dem Boden aufnehmen und transportieren.

Gefäßpflanzen

Pflanzen mit Leitungsbahnen für Wasser und Nährstoffe

Farne, Bärlappgewächse, Schachtelhalme, Nacktsamer ▪ und Blütenpflanzen ▪ sind Gefäßpflanzen oder **Tracheophyten**, das heißt, sie besitzen ein Gefäßsystem ▪ aus spezialisierten Zellen, das wie Rohrleitungen funktioniert: Es transportiert Wasser und Nährstoffe durch die Pflanze. Die Wurzeln der Gefäßpflanzen nehmen Nährstoffe aus dem Boden auf, und der Stängel trägt Blätter.

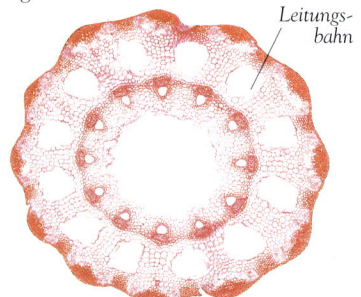

Leitungsbahn

Ein Stängel im Querschnitt
Querschnitt durch einen Schachtelhalm-Stängel: Er zeigt die Gefäßzellen, die Wasser und Nährstoffe transportieren.

Generationswechsel

Ein Lebenszyklus einer Pflanze mit zwei abwechselnden Formen

Im Lebenszyklus einer Pflanze wechseln von Generation zu Generation zwei Formen ab. In der einen, Sporophyt genannt, entsteht durch die Meiose ▪, eine besondere Art der Zellteilung, die zweite Form der Pflanze, der Gametophyt. Der Gametophyt bringt dann durch eine andere Form der Zellteilung, die Mitose ▪ genannt wird, wieder einen Sporophyten hervor.

Lebenszyklus eines Farns
Ein Farn hat in seinem Lebenszyklus zwei verschiedene Formen. Der diploide Sporophyt produziert die Sporen, die zu Gametophyten heranwachsen. Der Gametophyt ist haploid und erzeugt die Geschlechtszellen (Gameten), aus denen nach der Befruchtung neue Sporophyten hervorgehen.

Sporophyt

Das Sporen produzierende Stadium des Lebenszyklus

Der Sporophyt ist diploid ▪, das heißt, er besitzt einen doppelten Chromosomensatz ▪. Durch Meiose bringt er eine große Zahl winziger Sporen ▪ hervor. Diese entwickeln sich zu Gametophyten, die vielfach selbstständig leben können.

Gametophyt

Das Gameten produzierende Stadium des Lebenszyklus

Der Gametophyt enthält nur einen Chromosomensatz, ist also haploid ▪. Er kann männlich, weiblich oder beides sein. Durch Mitose bringt er männliche oder weibliche Geschlechtszellen (Gameten) hervor. Treffen beide zusammen, findet die Befruchtung ▪ statt, und es entsteht ein neuer Sporophyt. Bei Laub- und Lebermoosen ist der Gametophyt größer als der Sporophyt. Bei den meisten anderen Pflanzen ist der Sporophyt die größte Form im Lebenszyklus.

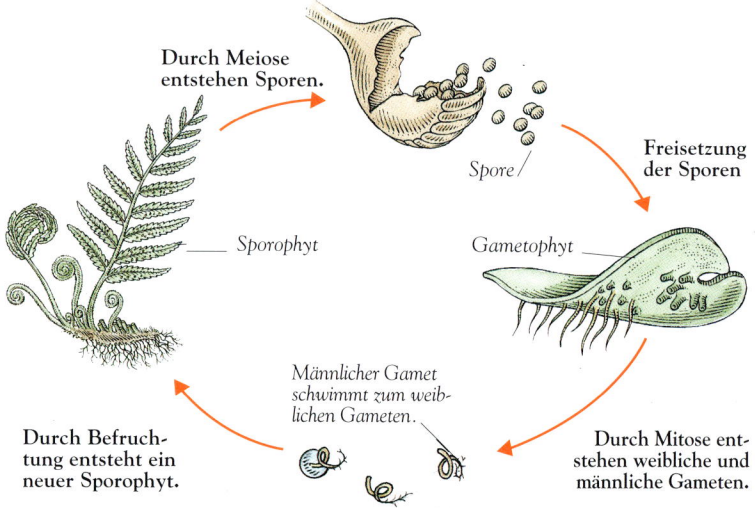

Durch Meiose entstehen Sporen.

Spore

Freisetzung der Sporen

Sporophyt

Gametophyt

Durch Mitose entstehen weibliche und männliche Gameten.

Männlicher Gamet schwimmt zum weiblichen Gameten.

Durch Befruchtung entsteht ein neuer Sporophyt.

Farne

Blütenlose Pflanzen, deren Wedel sich beim Wachsen oft entrollen

Die etwa 11 000 Farnarten bilden die Abteilung **Pteridophyta**. Die Blätter oder **Wedel** der meisten Farne sind in kleine Blättchen aufgeteilt. Auf der Blattunterseite bilden sie Sporen in den **Sporangien**. Diese Sporenbehälter liegen vielfach gehäuft in einem knöpfchenförmigen **Sorus**. Manche Farne tragen Sporangien auf allen Blättern, andere nur auf wenigen oder auf besonderen Stielen. Am häufigsten kommen Farne in den Tropen vor; sie leben meist an feuchten Orten.

Wedel

Wasserfarne

Farne, die in Wasser oder auf durchweichtem Boden wachsen

Wasserfarne unterscheiden sich von den meisten anderen Farnen: Sie besitzen oft runde Wedel und sind mit Wasser abstoßenden Haaren besetzt. Manche Arten treiben auf Teichen und Bächen; taucht man einen solchen Farn unter, steigt er wieder an die Oberfläche.

Baumfarne

Große Farne mit faserigem Stamm

Baumfarne wachsen vor allem in den Tropen und Subtropen. Sie werden sehr groß, ihre Wedel stehen in Büscheln, sodass sie fast wie Palmen aussehen. Die Wedel von Baumfarnen werden bis zu 5 m lang.

Bärlapp

Blütenlose Pflanzen, meist mit kleinen, spiralig um den Stängel angeordneten Blättern

Bärlappgewächse ähneln den Moosen und wachsen an feuchten, schattigen Orten. Sie bilden die Abteilung **Lycodophyta**. Die meisten Arten haben einen kriechenden Stängel mit aufrecht stehenden Ästen. Besondere Sporen tragende Blätter, die **Sporophylle**, sind entlang der Äste verteilt oder an den Spitzen konzentriert. Es gibt etwa 1000 Bärlapparten.

Riesenbärlapp

Ein ausgestorbener Bärlapp mit großem Stamm

Der Riesenbärlapp wurde früher über 30 m hoch. Oben auf seinem langen Stamm stand eine Gruppe kurzer Äste. Im Karbon bildeten die Riesenbärlappe dichte Sumpfwälder. Ihre abgestorbenen Reste bildeten dicke organische Schichten, die im Sediment begraben wurden. Nach Jahrmillionen entstand daraus der kohlenstoffreiche fossile Brennstoff , den wir Kohle nennen.

Ein Riesenbaumfarn
Solche Baumfarne werden bis zu 20 m hoch.

Großer Wedel

Schachtelhalme

Blütenlose Pflanzen mit ringförmig angeordneten Ästen

Schachtelhalme gibt es schon seit Jahrmillionen. Die bürstenähnlichen, an feuchten Orten wachsenden Pflanzen bilden die Abteilung **Sphenophyta**. Sie vermehren sich durch Sporen oder durch unterirdische Ableger, die Rhizome. Ihre **sterilen Triebe** tragen Ringe aus dünnen, grünen Zweigen. Die **fruchtbaren Triebe** besitzen meist keine Äste und wenig oder kein Chlorophyll , bilden aber die Sporen. Es gibt 15 Schachtelhalmarten.

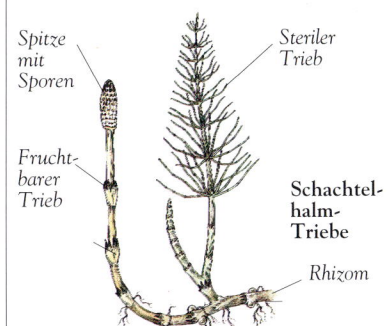

Spitze mit Sporen

Steriler Trieb

Fruchtbarer Trieb

Schachtelhalm-Triebe

Rhizom

Nathanael Pringsheim

Deutscher Botaniker, 1823–1894

Nathanael Pringsheim spezialisierte sich auf die blütenlosen »niederen« Pflanzen. Als einer der Ersten beschrieb er den Generationswechsel, den er bei Algen beobachtet hatte. Außerdem befasste er sich als einer der ersten Botaniker mit den Chloroplasten, die in den Pflanzenzellen die Energie des Sonnenlichts einfangen.

Nacktsamer

Die Nacktsamer oder Gymnospermen waren die ersten Samen produzierenden Pflanzen. Heute umfasst diese kleine Gruppe weniger als 1000 Arten, darunter aber einige sehr ausdauernde und langlebige.

Nacktsamer

Pflanzen, deren Samen sich ohne Schutzhülle entwickeln

Zusammen mit den Blütenpflanzen ■ oder Bedecktsamern (Angiospermen) bilden die Nacktsamer die Gruppe der **Samenpflanzen** oder **Spermatophyta**, die sich durch Samen fortpflanzen. Die Nacktsamer tragen ihren Namen, weil ihre Samen nicht in einem Fruchtknoten ■ eingeschlossen sind. Die meisten Nacktsamer sind Bäume, deren Samen sich in Zapfen entwickeln.

Nadelhölzer

Pflanzen, die sich durch Zapfen fortpflanzen

Die Nadelhölzer bilden die Abteilung ■ **Coniferophyta** mit etwa 550 Arten. Sie bilden in kühlen Klimazonen dichte Wälder und sind auch im Gebirge verbreitet. Manche Arten gedeihen auch in warmen Regionen. Die meisten Nadelhölzer haben immergrüne Blätter, die trockenem Wind widerstehen. Die Blattformen reichen von **Nadeln** bis zu kurzen, flachen **Schuppen**.

Junge Zapfen

Lärche

Douglasie

Junge Zapfen

Zypresse

Junge Zapfen

Fruchtschuppen im reifen Zapfen

Zedernzapfen

Männlicher Zapfen

Waldkiefernzapfen

Reifer weiblicher Zapfen

Samen

Waldkiefer

Zapfen

Die Samen der Nadelhölzer liegen geschützt in Zapfen. Der reife Zapfen öffnet sich und gibt die Samen frei.

Große Tanne

Flache Nadeln

Chilenische Araukarie

Schuppenartige Blätter

Nadeln und Schuppen
Die meisten Nadelhölzer sind immergrün: Sie tragen das ganze Jahr über ihre Blätter. Die Blätter mancher Arten sind lange, dünne Nadeln. Bei anderen sind sie kurz, schmal und flach.

In Rosetten angeordnete Nadeln

Sommergrüne Blätter

Sumpfzypresse

Fedrige Schuppen

Atlaszeder

Sawara-Scheinzypresse

Zapfen

Die Fortpflanzungsstruktur der Nadelgehölze

Ein Zapfen ist ein Bündel speziell geformter Blätter. Meist wachsen männliche und weibliche Zapfen getrennt auf demselben Baum. Männliche Zapfen sind oft weich; sie setzen Pollen ■ in die Luft frei, der die größeren weiblichen Zapfen befruchtet. Nach der Befruchtung ■ erzeugen die weiblichen Zapfen die Samen. Sind diese reif, wird der weibliche Zapfen hart und holzig ■.

Harz

Ein klebriger Nadelbaumsaft

Viele Nadelgehölze produzieren Harz gegen Insektenfraß. Es quillt aus der verletzten Rinde ■ und schützt die Wunde. Fossiles ■ Harz nennt man Bernstein; er enthält manchmal Insekten, die vor Jahrmillionen im Harz eingeschlossen wurden.

Bernsteinschmuck
Bernstein wird wegen seiner tieforangen und blassgelben Farbe geschätzt. Er dient schon seit Jahrtausenden zur Schmuckherstellung.

Kieferngewächse

Eine Familie von Bäumen mit nadelförmigen Blättern

Die Kieferngewächse (Familie ■ **Pinaceae**) umfasst rund 200 Arten. Fast alle haben Nadeln, die in Gruppen zu zweit oder mehreren stehen. Neben den **Kiefern** (*Pinus*) gehören zu ihr die **Tannen** (*Abies*), **Fichten** (*Picea*), **Hemlocktannen** (*Tsuga*), **Douglasien** (*Pseudotsuga*), **Lärchen** (*Larix*) und **Echten Zedern** (*Cedrus*). Die Lärchen nehmen eine Sonderstellung ein: Sie sind sommergrün ■ und verlieren im Herbst alle Blätter.

Siehe auch

Rinde 81 • Beere 95 • Sommergrün 83
Dinosaurier 109 • Abteilung 56 • Familie 56
Befruchtung 161 • Blütenpflanzen 72
Fossil 44 • Fruchtknoten 93 • Pollen 92
Samen 93 • Spezies 48 • Holz 81

Sumpfzypressengewächse

Eine Nadelhölzerfamilie, zu der die größten Bäume der Welt gehören

Zur Familie der Sumpfzypressengewächse (**Taxodiaceae**) gehören 15 Arten mit nadel- oder schuppenförmigen Blättern. Zwei davon sind die Riesen der Pflanzenwelt: die **Küstensequoie** (*Sequoia sempervirens*) und die **Riesensequoie** (*Sequoiadendron giganteum*). Küstensequoien sind die höchsten Bäume der Welt, und Riesensequoien sind die schwersten.

Baumriesen
Die in Kalifornien heimische Riesensequoie wird über 80 m hoch und erreicht am Fuß einen Umfang von 30 m.

Eibengewächse

Eine Nadelhölzerfamilie ohne echte Zapfen

Bei den 18 Spezies ■ der Eibengewächse (**Taxaceae**) entstehen die Samen in einem fleischigen Samenmantel. Man rechnet sie zu den Nadelhölzern, weil der Samenmantel zum Samen und nicht zur Elternpflanze gehört. In diese Familie gehören die Eiben (*Taxus*) und die **Kalifornische Nusseibe** (*Torreya californica*).

Zypressengewächse

Eine Pflanzenfamilie mit nadel- oder schuppenförmigen Blättern

Zu den über 100 Arten der Zypressengewächse (**Cupressaceae**) gehören die **Zypressen** (*Cupressus*), **Wacholder** (*Juniperus*) und **Lebensbäume** (*Thuja*). Zypressen haben harte, runde Zapfen. Beim Wacholder sind sie weich und sehen wie Beeren ■ aus, beim Lebensbaum sind sie klein und holzig.

Cycadeen

Nacktsamer, die wie kleine Palmen aussehen

Die Cycadeen gehören zur Abteilung **Cycadophyta** mit rund 140 Arten. Sie entstanden vor über 300 Mio. Jahren und waren wohl für manche Dinosaurier ■ wichtige Nahrungslieferanten. Heute findet man sie vor allem in den Tropen. Cycadeen haben lange, gefiederte Blätter und große Zapfen. Männliche und weibliche Zapfen wachsen auf verschiedenen Bäumen.

Ginko

Der letzte Überlebende einer alten Nadelhözergruppe

Ginkoblätter

Der **Ginkobaum** (*Ginkgo biloba*) ist die einzige Spezies der Pflanzenabteilung **Ginkgophyta**. Seine fächerförmigen Blätter sind zweilappig. Die weiblichen Bäume produzieren Samen in ovalen, fleischigen Früchten. Ginkos vertragen auch verschmutzte Luft und werden oft in Städten angepflanzt.

Sommerlaub

Blätter sind im Winter abgefallen.

Blütenpflanzen

Die Blütenpflanzen sind die am weitesten verbreitete, erfolgreichste Pflanzengruppe. Sie leben auf der ganzen Welt und haben sich an sehr unterschiedliche Lebensräume angepasst, von der Wüste bis zum eisigen Hochgebirge.

Blütenpflanze

Eine Pflanze, die sich mit Blüten fortpflanzt

Blütenpflanzen tragen Samen produzierende Blüten ▪ für die sexuelle Fortpflanzung ▪. Die Samen entwickeln sich in einer Schutzhülle, dem Fruchtknoten ▪. Deshalb heißt die Gruppe auch Bedecktsamer oder **Angiospermen**. Die Blütenpflanzen gehören zur größten Abteilung ▪ im Pflanzenreich, den Samenpflanzen, die außerdem auch die Nacktsamer ▪ umfasst. Insgesamt enthält diese Abteilung über 250 000 Arten, die in etwa 300 Gruppen oder Familien ▪ eingeteilt werden.

Dikotyle

Keimblätter

Blütenpflanzen mit zwei Keimblättern

Die Dikotylen (Zweikeimblättrigen) sind die größte Gruppe der Blütenpflanzen. Ihre Samen enthalten zwei Keimblätter ▪, die entweder als Nährstoffspeicher dienen oder kurz nach der Keimung ▪ den Brennstoff für das Wachstum liefern. Die Blätter der Dikotylen sind netzaderig, und die Blütenteile sind meist vier- oder fünffach gegliedert. Zu den rund 250 Familien der Dikotylen gehören auch die meisten Bäume.

Junge Kürbispflanze

Monokotyle

Blütenpflanzen mit einem Keimblatt

Die Monokotylen oder Einkeimblättrigen haben parallele Blattadern, und ihre Blütenteile sind dreifach (oder ein Vielfaches davon) gegliedert. Die meisten Arten sind krautig ▪ (holzfrei); manche, z. B. die Palmen, sind aber auch Bäume.

Magnolien

Eine Familie von Dikotylen mit einfachen Blüten

Die Magnolienfamilie **Magnoliaceae** gehört zu den ältesten Dikotylengruppen. Sie haben **primitive Blüten** mit vielen spiralförmig angeordneten Teilen. Die Familie umfasst rund 230 Arten, die meisten davon Bäume oder Sträucher wie die **Magnolien** (*Magnolia*) und der **Tulpenbaum** (*Liriodendron tulipifera*).

Spiralanordnung

Hybridmagnolie

Chinesische Magnolie

Primitive Blüte

Neuseeland-Schwarzbuche

Südamerikanische Südbuche

Buchen

Eine Familie von Dikotylen mit vielen Bäumen

Zur Buchenfamilie **Fagaceae** gehören die **Buchen** (*Fagus*), **Eichen** (*Quercus*) und **Kastanien** (*Castanea*). Die Blüten sind oft kleine, hängende Kätzchen, und die Früchte haben die Form von Nüssen ▪. Bäume der Buchenfamilie sind auf der Nordhalbkugel wichtige Holzlieferanten. Die Familie umfasst rund 1050 Arten.

Hahnenfußgewächse

Eine Familie von Dikotylen, zu der viele Kräuter und Zierpflanzen gehören

Die meisten Arten der Hahnenfußgewächse (**Ranunculaceae**) haben primitive Blüten und geteilte Blätter. Zu der Familie gehören der **Hahnenfuß** (*Ranunculus*) und viele Zierpflanzen wie **Rittersporn** (*Delphinium*) und **Windröschen** (*Anemone*). Viele Hahnenfußgewächse sind giftig, und manche dienen zur Arzneiherstellung. Die Familie der Hahnenfußgewächse umfasst rund 1750 meist krautige Arten, die in ihrer Mehrzahl in kühlem Klima heimisch sind.

Kakteen

Eine Familie von Dikotylen, die ursprünglich aus den Wüsten Nord- und Südamerikas stammt

Die Pflanzen aus der Familie der Kaktusgewächse (**Cactaceae**) haben sich an trockene Standorte angepasst. Sie schützen sich vielfach mit Stacheln und betreiben Photosynthese ■ nicht mit den Blättern, sondern mit dem Wasserspeichersystem. Die meisten Kakteen sind klein, einige Arten erreichen aber Höhen von 20 m und mehr. Zu der Familie gehören rund 1650 Arten.

Wüstenblumen
Kakteenblüten haben meist keinen Stiel; ihre vielen Kelch- und Kronblätter sind spiralig angeordnet. Kakteen haben oft saftige Beeren.

Kron- und Kelchblätter in Spiralanordnung

Mohngewächse

Mohn

Eine Familie von Dikotylen, die oft verwüsteten Boden neu besiedeln

Die Pflanzen aus der Familie der Mohngewächse (**Papaveraceae**) können nackten Boden schnell besiedeln. Die meisten Arten sind einjährig ■: Ihr ganzer Lebenszyklus läuft in einer Wachstumsperiode ab. Zu den Mohngewächsen gehören rund 250 Spezies ■. Aus einer davon, dem **Schlafmohn** (*Papaver somniferum*), werden Schmerzmittel hergestellt.

Kreuzblütler

Eine Familie von Dikotylen mit vielen wichtigen Gemüsesorten

Zur Familie der Kreuzblütler (**Cruciferae** oder **Brassicaceae**) gehören viele wichtige Gemüsesorten. **Weißkohl, Rosenkohl, Blumenkohl** und **Brokkoli** sind Kulturformen derselben Spezies, des **Gemüsekohls** (*Brassica oleracea*). Alle rund 2200 Arten der Kreuzblütler haben Blüten mit vier kreuzförmig angeordneten Kronblättern.

Nachtschattengewächse

Eine Familie von Dikotylen, zu der Kartoffel und Tomaten gehören

Unter den Nachtschattengewächsen (**Solanaceae**) sind viele giftige Pflanzen. Zu der Familie gehören Kulturpflanzen wie die **Kartoffel** (*Solanum tuberosum*), die **Tomate** (*Lycopersicon esculentum*), die **Aubergine** oder **Eierfrucht** (*Solanum melongena*) und die **Paprika** (*Capsicum*). Die meisten der rund 2600 Arten der Nachtschattengewächse sind krautig.

Lippenblütler

Eine Familie von Dikotylen mit quadratischem Stängelquerschnitt und Blattpaaren

Bei Pflanzen aus der Familie der Lippenblütler (**Labiatae** oder **Laminaceae**) sind die Blütenblätter zu einem Rohr verwachsen, das in der Regel zwei Lippen bildet. Viele der rund 6500 Arten aus dieser Familie erzeugen stark duftende Öle und werden deshalb als Gewürze verwendet.

Rosengewächse

Eine Familie von Dikotylen, die häufig als Obst angebaut werden

Viele Arten aus der Familie der Rosengewächse werden kultiviert, so die **Rosen** (*Rosa*), der **Apfel** (*Malus*), die **Birne** (*Pyrus*), **Kirsche** und **Pflaume** (*Prunus*) und **Erdbeere** (*Fragaria*). Die Blüten dieser Pflanzen haben meist vier oder fünf Kronblätter und viele Staubgefäße. Viele der rund 3100 Arten sind Bäume oder Sträucher.

Wilder Apfel

Staubgefäße

Blüte mit fünf Kronblättern

Siehe auch

Fortsetzung nächste Seite ▶

Kürbisgewächse

Eine Familie von Dikotylen, zu der Melonen und Gurken gehören

Zur Familie ▪ der Kürbisgewächse (**Cucurbitaceae**) gehören rund 730 Arten. Es handelt sich um Dikotylen ▪, meist mit kriechendem oder kletterndem Stängel. Die Blüten haben fünf – häufig verwachsene – Kronblätter und sind entweder männlich oder weiblich. Manche Arten sind zweihäusig ▪: Bei ihnen wachsen männliche und weiblichen Blüten auf verschiedenen Pflanzen. Zu den Kürbisgewächsen gehören Nutzpflanzen wie die **Gurke** (*Cucumis sativus*), die **Melone** (*Cucumis melo*) und der **Kürbis** (*Cucurbita pepo*).

Silberbaumgewächse

Eine Familie von Dikotylen von der Südhalbkugel

Die Silberbaumgewächse (**Proteaceae**) sind südlich des Äquators eine der verbreitetsten Pflanzenfamilien. Die meisten Arten sind Bäume oder Sträucher mit harten, ledrigen Blättern. Die einzelnen Blüten sind klein, stehen aber oft zu hunderten in großen Blütenständen ▪. Viele der etwa 1300 Arten der Silberbaumgewächse werden als Zierpflanzen gezüchtet.

Südafrikanischer Silberbaum
Der riesige Blütenstand des Silberbaumes besteht aus hunderten von Einzelblüten.

Scheibenblüten

Wiesenmargerite　　　*Zungenblüte*

Köpfchenblütler

Eine Familie von Dikotylen, deren Blütenstände wie eine einzige Blüte aussehen

Die Köpfchenblütler (**Compositae** oder **Asteraceae**) sind die größte Familie von Blütenpflanzen. Sie umfasst über 20000 Arten auf der ganzen Welt. Ihr **Blütenköpfchen** besteht aus vielen kleinen **Einzelblüten**; die mittleren **Scheibenblüten** sind vielfach röhrenförmig, die am Rand stehenden **Zungenblüten** tragen zungenförmige Kronblätter. Bei manchen Arten stehen nur wenige Blüten in einem Köpfchen, bei anderen sind es hunderte. Zu den Köpfchenblütlern gehören Nutzpflanzen wie **Kopfsalat** (*Lactuca sativa*) und **Sonnenblume** (*Helianthemum annuus*) sowie viele Gartenblumen.

Siehe auch

Anpassung 46 • Bestäubende Tiere 92
Zwiebel 81 • Dikotylen 72 • Familie 56
Monokotyle 72 • Pilz 76 • Spezies 48
Krautige Pflanze 81 • Blütenstand 91
Schote 95 • Pollen 92 • Rhizom 81
Symbiose 174 • Windbestäubung 93
Hülsenfrucht 95 • Zweihäusige Pflanze 91

Schmetterlingsblütler

Eine Familie von Dikotylen mit charakteristisch geflügelten Blüten

Zu den Schmetterlingsblütlern (**Papilionaceae** oder **Fabaceae**) gehören die vielen als Nutzpflanzen wichtigen **Erbsen**- und **Bohnenarten**. Diese drittgrößte Pflanzenfamilie umfasst rund 16000 Arten. Ein Blütenblatt, die **Fahne**, bildet über der Blüte eine Haube. Zwei weitere bilden das schnabelförmige **Schiffchen**, und die beiden letzten sind die **Flügel**. Die Blüte bringt eine Hülse ▪ mit einem oder mehreren Samen hervor.

Fahne

Flügel

Schiffchen

Wilde Erbse

Doldengewächse

Eine Familie von Dikotylen mit schirmförmigen Blütenständen

Die Doldengewächse (Familie **Umbelliferae** oder **Apiaceae**) haben kleine Blüten mit fünf Kronblättern. Die Blüten stehen in schirmförmigen Blütenständen, den Dolden. Zu dieser Familie gehören einige wichtige Nutzpflanzen wie die **Möhre** (*Daucus carota*) und der **Pastinak** (*Pastinaca sativa*). Viele andere dienen als Gewürze oder zur Arzneiherstellung. Zur Familie der Doldengewächse gehören rund 3000 Arten.

Gräser

Eine Familie von Monokotylen mit den weltweit wichtigsten Getreidepflanzen

Die Gräser (Familie **Gramineae** oder **Poaceae**) sind Monokotylen ▨ und die verbreitetsten Blütenpflanzen. Die meisten Arten sind krautig ▨ (holzfrei), aber manche, z. B. der **Bambus** (*Bambusa*), haben einen holzigen Stängel. Ihre Blüten sind sehr klein und produzieren Samen nach Windbestäubung ▨. Gräser, die wegen ihrer Samenkörner gezüchtet werden, nennt man **Getreide**. Beispiele sind **Weizen** (*Triticum aestivum*), **Mais** (*Zea mays*), **Hafer** (*Avena sativa*) und **Sorghumhirse** (*Sorghum bicolor*). Zu den Gräsern gehören insgesamt rund 8000 Arten.

Gemeine Quecke

Orchideen

Eine Familie von Monokotylen mit stark spezialisierten Blüten

Die Familie der Orchideen (**Orchidaceae**) ist die zweitgrößte des Pflanzenreiches. Ihren Pollen ▨ erzeugen sie als kleine Perlen (**Pollinia**). Die Blüten der Orchideen sind an bestäubende Tiere ▨ angepasst ▨. Die Pollinia bleiben an den Tieren hängen. Die kleinen Samen der meisten Orchideen überleben nur durch die Symbiose ▨ mit einem Pilz ▨. Von den über 18 000 Orchideenarten werden viele wegen ihrer schönen Blüten gezüchtet.

Palmen
Der runde, faserige Palmenstamm hat meist keine Äste. Blätter trägt er nur an der Spitze.

Palmengewächse

Eine vorwiegend in den Tropen heimische Familie von Monokotylen

Die meisten Arten der Palmengewächse (Familie **Palmae** oder **Arecaceae**) sind Bäume. Sie haben keine Äste, und der Stamm wächst in die Länge, aber nicht in die Dicke. Die Blüten bilden meist hängende Bündel, das Spektrum der Früchte reicht von kleinen Beeren bis zu großen Nüssen. Viele der rund 2700 Palmenarten werden als Faser- und Öllieferanten gezüchtet.

Orchidee

Säulchen stäubt das Insekt mit Pollen ein.

Bunte Kronblätter locken bestäubende Insekten an.

Lippe als Landeplatz für Insekten

Liliengewächse

Eine Familie von Monokotylen, die oft als Zierpflanzen dienen

Zur Familie der Liliengewächse (**Liliaceae**) gehören viele Arten mit schönen Zierblüten. Die meisten sind krautige Pflanzen und entstehen aus Zwiebeln ▨ oder Rhizomen ▨, manche sind aber auch kleine Bäume. Zu den rund 4500 Arten der Liliengewächse gehören die **Lilien** (*Lilium*), **Zwiebeln** (*Allium*), **Tulpen** (*Tulipa*) und **Aloen** (*Aloe*).

Wilde Tulpen
Die schönen wilden Tulpen aus der Familie der Schwertlilien gedeihen rund ums Mittelmeer und auch weiter nördlich.

Schwertliliengewächse

Eine oft wegen ihrer Blüten gezüchtete Familie von Monokotylen

Die Schwertliliengewächse (Familie **Iridaceae**) haben auffällige, dreizählige Blüten. Zu den rund 1800 Arten gehören Zierpflanzen wie **Schwertlilie** (*Iris*), **Krokus** (*Crocus*) und **Gladiole** (*Gladiolus*). Die meisten entstehen aus Zwiebeln oder Rhizomen.

Pilze

Pilze sind weder Pflanzen noch Tiere. Manche Arten sehen wie Pflanzen aus, sie müssen aber wie Tiere Nährstoffe aufnehmen. Diese beziehen sie über dünne, verflochtene Zellfäden aus lebendem oder abgestorbenem organischem Material.

Pilz

Ein- oder vielzelliges Lebewesen, das Nährstoffe aufnimmt

Pilze nehmen einfache Nährstoffe aus lebendem oder totem organischen Material in der Umgebung auf. Die kleinsten Pilze sind mikroskopisch kleine Einzeller. Viele Arten bestehen aber auch aus vielen Zellen ■. Sie verstecken sich jedoch in ihrer Nahrung und werden nur sichtbar, wenn sie Fruchtkörper bilden. Die Pilze ■ bilden ein eigenes Organismenreich.

Saprobiont

Lebewesen, das sich von der organischen Substanz abgestorbener Organismen ernährt

Die Saprobionten (**Saprophyten**) leben von abgestorbenem organischem Material und sorgen für die Wiederverwertung von Nährstoffen ■. Sie bauen tote Lebewesen ab und verwandeln sie in eine für andere Organismen nutzbare Form.

Natürliches Recycling
Der Pilz, dessen Fruchtkörper man hier sieht, baut totes Holz ab.

Fliegenpilz — *Hut*

*Heran-
wachsender
Pilzkörper*

*Sporen
entstehen
in Lamellen.*

*Stiel hält den
Hut so hoch,
dass die
Sporen sich in
der Luft
verteilen
können.*

Pilzkörper
Der Fliegenpilz bringt leuchtend bunte Pilzkörper hervor. Wie viele Pilzarten sind sie sehr giftig.

Biotroph

Eigenschaft eines Organismus, der Nährstoffe aus lebendem Material aufnimmt

Viele Pilze greifen andere Lebewesen von Pflanzen bis zum Menschen an. Solche Parasiten ■ bezeichnet man als biotroph. Sie nehmen Nahrung in Form organischer Verbindungen aus lebenden Zellen auf.

Pilzfäden
Die schwarzen Fäden auf dem toten Stück Holz sind Hyphen des Hallimschpilzes.

Hyphen

Hyphe

Der Pilzfaden

Die meisten Pilze bringen Hyphen hervor, lange, dünne Fäden, die sich durch lebendes oder totes Material ziehen. Die Hyphen tragen oft knopfartige Saugfortsätze oder **Haustorien**, die sich in fremde Zellen schieben und ihnen Nährstoffe für den Pilz entziehen.

Mycel

Ein Hyphengeflecht

Beim Aufbrechen von verrottetem Holz bemerkt man häufig ganze Schichten aus dünnen weißen Fäden. Jede dieser Lagen ist eine Mycel, das heißt eine Hyphenmasse, die Nährstoffe aufnimmt.

Fruchtkörper

Eine Sporen produzierende Struktur

Pilze pflanzen sich durch Fruchtkörper fort. Diese können kleiner als ein Stecknadelkopf oder größer als ein Fußball sein, aber alle setzen winzige Sporen frei.

Pilzkörper

Der Fruchtkörper mancher Pilzarten

Ein Pilzkörper, wie man ihn im Wald findet, besteht aus einer Hyphenmasse und setzt Millionen Sporen zur Fortpflanzung frei. Die Sporen produzierenden Teile befinden sich an der Unterseite des Pilzkörpers und sind entweder in parallelen **Lamellen** oder in **Röhren** angeordnet.

Spore

Ein mikroskopisch kleines Paket aus Fortpflanzungszellen

Eine Spore ähnelt einem Samen , ist aber viel kleiner und einfacher. Sie enthält meist nur eine oder wenige Zellen, umgeben von einer festen Außenhülle. Nicht nur Pilze, sondern auch blütenlose Pflanzen wie Moose ▪ und Farne ▪ produzieren Sporen. Die meisten Pilze geben ihre Sporen in die Luft ab, und da sie leicht sind, fliegen sie oft über weite Strecken. Landet eine Spore an einer geeigneten Stelle, keimt sie, und ein neuer Pilz entsteht.

Sporenabdruck
Stellt man einen Pilzhut vorsichtig auf ein Stück Papier, setzen die Sporen sich ab und bilden einen »Abdruck«.

Hexenring

Das kreisförmige Wachstumsmuster mancher Pilze

Keimt eine Pilzspore auf einer Wiese oder einem Acker, wachsen ihre Hyphen in alle Richtungen. Die ältesten Hyphen sterben schließlich an Nährstoffmangel, aber neue breiten sich aus, und schließlich entsteht ein immer größerer Hyphenring. Die daraus entstehenden Pilzkörper bilden dann den gut erkennbaren Kreis.

Hexenring
Die Pilzkörper eines Hexenringes tauchen häufig über Nacht auf. Deshalb glaubte man früher, sie seien von Hexen zurückgelassene Zauberkreise.

Mykorrhiza

Die Partnerschaft zwischen einem Pilz und Pflanzenwurzeln

Eine Mykorrhiza (Mehrzahl **Mykorrhizae**) entsteht, wenn ein Pilz in Pflanzenwurzeln einwandert. Der Pilz entzieht der Pflanze Nährstoffe, liefert ihr aber im Gegenzug auch Mineralstoffe aus dem Boden. Mikorrhizae sind also ein Fall von Mutualismus ▪, das heißt einer Partnerschaft, von der beide beteiligten Spezies ▪ profitieren. Mykorrhizae findet man bei vielen Pflanzen. Manche Orchideen ▪ könnten ohne sie nicht leben.

Flechte

Eine pflanzenähnliche Partnerschaft zwischen einem Pilz und einer Alge

Flechten bestehen aus Pilzhyphen und einzelligen Algen ▪. Die Alge lebt zwischen den Pilzfäden und erzeugt durch Photosynthese ▪ die Nährstoffe für den Pilz. Die Partnerschaft ist so eng, dass Pilz und Alge sich wie ein einziges Lebewesen verhalten. Sie wachsen sehr langsam auf allen möglichen Oberflächen von Felsen bis zu Baumstümpfen und können Jahrhunderte alt werden. Viele Flechtenarten gedeihen nur in sehr sauberer Luft.

Anton de Bary

Deutscher Botaniker, 1831–1888

Anton de Bary war einer der ersten Pilzforscher (**Mykologen**). Er klassifizierte viele Pilzarten, darunter auch mikroskopisch kleine. Außerdem entdeckte er, dass Flechten aus einem Pilz und einer Alge bestehen. Als Erster verwendete de Bary den Begriff »Symbiose« ▪ für eine Partnerschaft, die beiden beteiligten Arten nützt. Heute bezeichnet man damit ein breiteres Spektrum von Beziehungen zwischen verschiedenen Lebewesen.

Flechten
Ein Stück Kalkstein mit orangeweißem Flechtenbewuchs. Flechten bauen sogar Gestein ab und machen es zu Erde.

Siehe auch

Pilze: Gruppen

Pilze verbreiten ihre Sporen mithilfe des Fruchtkörpers von einer Nahrungsquelle zur anderen. Jeder Pilz lebt von bestimmten Nahrungsstoffen und hat seine eigene Methode der Sporenverbreitung entwickelt. Deshalb sind Pilz-Fruchtkörper in Form und Größe sehr vielgestaltig.

Schimmelpilz

Ein flauschig aussehender Pilz

Ein Schimmelpilz besteht aus zahlreichen Pilzfäden (Hyphen ▪). Er bildet sich, wenn eine Spore ▪ auf einem geeigneten Lebensmittel landet und keimt ▪. Zu den bekanntesten Arten gehört der **Köpfchenschimmel** (*Mucor mucedo*), der auf feuchtem Brot gedeiht. Andere Schimmelpilze wachsen auf reifem Obst oder Tierexkrementen.

Porlinge

Pilze mit konsolenförmigem Fruchtkörper

Die flachen, konsolenförmigen Fruchtkörper der Porlinge zeigen, dass ein Baum mit einem Pilz infiziert ist. Die Fruchtkörper wachsen meist waagerecht aus dem Stamm und setzen Sporen in die Luft frei. Manche Porlinge werden hart und holzig; dann bleiben sie nach Abgabe der Sporen noch jahrelang erhalten. An diesen Pilzen sterben viele Bäume.

Ringförmige
Porlinge

Flache Pilze
Diese Porlinge geben ihre Sporen durch winzige Öffnungen auf der Unterseite in die Luft ab. Vielfach sind sie ein Zeichen, dass ein Baum bald stirbt.

Puff – und weg
Der Bovist »schießt« eine Ladung Sporen in die Luft.

Boviste

Pilze mit ballförmigem Fruchtkörper

Der Bovist ist anfangs eine massive Kugel aus Zellen ▪. Diese trocknen später aus, und die Außenhaut der Kugel wird papierartig. Nach dem kleinsten Stoß durch ein Tier oder einen Regentropfen schießen die Sporen durch ein Loch auf der Oberseite des Fruchtkörpers ins Freie.

Grasrost
Die Fruchtkörper des mikroskopisch kleinen Rostpilzes erzeugen rotbraune Streifen auf Grashalmen.

Rostpilze

Mikroskopisch kleine Pilze, die manche Pflanzen befallen

Rostpilze sind Parasiten ▪ und schädigen viele Pflanzenarten. Oft dringen sie durch die Spaltöffnungen ▪ in die Blätter ein und verbreiten sich dann in der Pflanze. Manche Rostpilze haben eine einzige Wirtspflanze ▪, andere zwei. Der **Getreiderost** (*Puccinia graminis*) zum Beispiel infiziert Weizen und Berberitzen.

Mehltau

Mikroskopisch kleine Pilze, die Pflanzen befallen

Mehltau ist eine verbreitete Krankheit bei Gartenpflanzen. Er bildet weiße Flecken auf Blättern oder Früchten, und vielfach rollen sich die Blätter ein. Mehltaupilze töten die Pflanze meist nicht, können sie aber erheblich schwächen.

Speisepilz

Der essbare Fruchtkörper eines Pilzes

»Speisepilze« ist ein Trivialname ▪ für alle essbaren Pilze. In der Botanik werden Gift- und Speisepilze aber nicht als systematische Gruppen unterschieden. Der Nährwert von Pilzen ist gering, aber viele Arten, so der **Champignon** (*Agaricus bisporus*) werden wegen ihres Geschmacks geschätzt.

Hausschwamm

Eine Pilzart, die Bauholz angreift und zerstört

In manchen Gebieten der Erde ist ein Pilz namens Hausschwamm (*Serpula lacrimans*) ein ernstes Problem. Er infiziert totes Holz, und seine langen Hyphen erstrecken sich häufig über Fußböden und Wände von einem Stück Holz zum anderen. Unternimmt man nichts, kann er das Holz so schwächen, dass das Haus zusammenbricht.

Auf der Suche nach Nahrung
Dieses Bild eines Kellerbodens zeigt, wie Hyphen des Hausschwammes sich auf der Suche nach Nahrung ausbreiten.

Kraut- und Knollenfäule

Pilzart, die Kartoffelpflanzen angreift

Der Erreger der Kraut- und Knollenfäule (*Phytophthora infestans*) lässt auf Kartoffelblättern dunkle Flecken entstehen und macht die Kartoffeln schließlich zu einer weichen Masse. Die Krankheit vernichtete 1846/47 in Irland die gesamte Kartoffelernte und löste eine schwere Hungersnot aus.

Ulmensterben

Eine Pilzkrankheit, die manche Ulmenarten befällt

Der Erreger des Ulmensterbens ist ein Pilz namens *Ceratocystis ulmi*, der sich von lebendem Ulmenholz ernährt. Er schädigt die Transportsysteme in dem Baum. Die Blätter der befallenen Ulmen welken und sterben nach ein paar Jahren ab. Der Pilz verbreitet sich durch Käfer, die Gänge unter der Baumrinde graben.

Hefe

Mikroskopisch kleine, einzellige Pilze

Hefen sind meist als Einzeller lebende Pilze. Sie vermehren sich durch **Knospung**: Von einer Ausgangszelle schnüren sich neue Zellen ab. Hefen können Zucker durch alkoholische Gärung ■ in Kohlendioxid und Alkohol umwandeln. Sie dienen deshalb z. B. zur Herstellung alkoholischer Getränke.

Knospende Hefe
Einige dieser Hefezellen haben kleine Knospen, die sich später lösen und selbstständige Zellen werden.

Hautpilze

Pilze, die menschliche Haut besiedeln

Hautpilze ernähren sich vom Keratin, einem Strukturprotein ■ in der Haut, und bilden ringförmige Flecken. Hautpilzerkrankungen kommen bei Kindern häufiger vor als bei Erwachsenen, sie richten aber keine dauerhaften Schäden an.

Weißer und Schwarzer Trüffel

Trüffel

Essbare, unterirdisch wachsende Pilze, die man wegen des Geschmacks schätzt

Trüffel bilden ihre Fruchtkörper unter der Erde aus. Wenn der Fruchtkörper zerfällt oder von Tieren zerstört wird, verteilen sich die Sporen. Wegen ihres besonderen Geschmacks gelten Trüffel als große Delikatesse. Um sie zu finden, nutzt man den guten Geruchssinn von Hunden oder Schweinen.

Penicillium

Pilzarten, mit denen man Speisen würzt und Antibiotika herstellt

Penicillium-Pilze wachsen auf feuchten Substanzen. Sie geben vielen Käsesorten ihren Geschmack, dienen aber auch zur Herstellung der **Antibiotika**, die Bakterien abtöten. Ein solcher Wirkstoff zur Bakterienbekämpfung ist das **Penicillin**, ein Produkt des Pilzes *Penicillium notatum*.

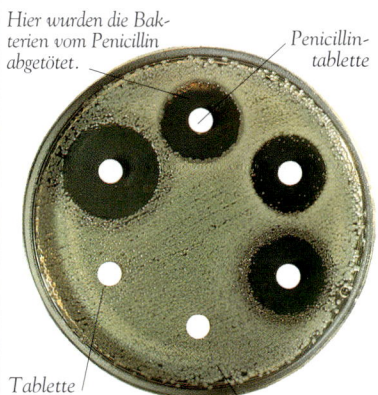

Hier wurden die Bakterien vom Penicillin abgetötet.

Penicillintablette

Tablette ohne Penicillin

Petrischale mit Bakterienkolonien

Todeszonen
In den klaren Bereichen rund um die Penicillintabletten hat der Wirkstoff die umgebenden Bakterien abgetötet.

Anatomie der Pflanzen

Der sichtbare Teil der meisten Landpflanzen ist der nach oben zum Licht gerichtete Spross. Im Boden ist er durch ein Wurzelgeflecht verankert, das manchmal größer ist als der oberirdische Teil der Pflanze.

Spross

Der oberirdische Teil einer Pflanze

Ein Pflanzenspross besteht aus Stängel, Knospen, Blättern ■ und Blüten ■. Er wächst normalerweise entgegen der Schwerkraft nach oben zum Licht. Dies ist ein Fall von Tropismus ■.

Stängel

Der Pflanzenteil, der Knospen, Blätter und Blüten trägt

Der Stängel besteht aus einer Außenschicht (**Epidermis**), der darunter gelegenen **Rinde** und dem inneren **Mark**. Das Mark enthält das Gewebe ■ mit den Leitbündeln ■, in denen Wasser und Nährstoffe durch die Pflanze wandern. Bei manchen Arten speichert der Stängel auch Nährstoffe. Er kann kurz, aber auch lang und kriechend sein oder teilweise unterirdisch verlaufen.

Knoten

Die Blattansatzstellen am Stängel

Meist ist der Stängel durch Knoten in regelmäßige Abschnitte unterteilt. Einen solchen Stängelabschnitt zwischen zwei Knoten nennt man **Internodium**.

Achsel

Der Winkel zwischen Stängel und Blatt oder Ast

Knospen und Blüten vieler Pflanzen entspringen an Blattachseln. In solchen Fällen spricht man von **achselständigem** Wachstum.

Wurzel

Der Pflanzenteil, der Wasser und Mineralstoffe aufnimmt

Die Wurzeln halten die Pflanze im Boden fest, versorgen sie mit Wasser und Mineralstoffen und speichern bei manchen Arten auch Nährstoffe. Ihre Spitze, die sich durch den Boden schiebt, ist von einer **Wurzelhaube** geschützt. Hinter der Wurzelspitze entspringen die **Wurzelhaare**, winzige Fortsätze der Wurzelzellen ■, die der Wurzel eine größere Oberfläche für die Absorption aus dem Boden verleihen.

Pfahlwurzel

Eine große Hauptwurzel

Bei Samenpflanzen gibt es zweierlei Wurzelsysteme. Dikotyle ■ und Nacktsamer ■ haben eine große Pfahlwurzel, von der kleinere **Nebenwurzeln** abzweigen. Bei Monokotylen ■ bilden viele etwa gleich große Wurzeln ein **Büschelwurzelsystem**. Die meisten Wurzeln bleiben dicht unter der Oberfläche, nur bei Pflanzen in Trockengebieten reichen sie weit in den Boden. Der in Wüsten heimische **Mesquitebaum** (*Prosopis juliflora*) schickt seine Wurzeln bis zu 50 m tief.

Aufbau einer Pflanze
Diese Strauchpappel ist eine typische mehrjährige Pflanze. Ihr Stängel ist teilweise verholzt und mit verzweigten Wurzeln im Boden verankert.

Blüte

Strauchpappel

Blatt

Blütenknospe

Blattstiel

Achselständiges Wachstum am Sprossknoten

Internodium

Knoten

Stängel

Mark

Rinde

Epidermis

Verholzter unterer Stängelabschnitt, durch Lignin verstärkt

Pfahlwurzel

Nebenwurzel

Rhizom

Ein unterirdischer Ableger

Rhizom des Ingwers

Viele Pflanzen vermehren sich durch Rhizome. Diese schieben sich durch den Boden und produzieren Knospen, aus denen neue oberirdische Triebe wachsen. Die Rhizome mancher Gräser haben scharfe Spitzen und wachsen durch andere Pflanzen hindurch.

Knolle der Süßkartoffel

Knolle

Verdickter unterirdischer Spross

Knolle

Ein Beispiel für Knollen ist die Süßkartoffel: Sie speichert Stärke ■ für die nächste Wachstumssaison. Die Stärke dient der Pflanze als Brennstoff für das anfängliche Wachstum.

Knollenzwiebel

Verdickter, senkrechter unterirdischer Spross und Nährstoffspeicher

Als Knollenzwiebel bezeichnet man den verdickten unterirdischen Spross mancher Pflanzen, beispielsweise des Krokus (Crocus). Anders als eine Zwiebel enthält sie keine fleischigen Schichten.

Narzissenzwiebel

Zwiebel

Kurzer unterirdischer Spross und Nährstoffspeicher

Eine Zwiebel besteht aus fleischigen Schichten voller Nährstoffe. Sie dient als Nährstoffspeicher für das erste Wachstum.

Im Querschnitt erkennt man die Zwiebelschuppen.

Knospe

Ein unentwickelter, durch Schuppen geschützter Spross

Eine Knospe enthält einen winzigen, dicht verpackten Spross. Eine Schutzschicht aus Schuppen verhindert, dass der empfindliche Spross durch ungünstige Bedingungen wie Trockenheit oder Kälte abstirbt. Unter geeigneten Umständen öffnen sich die Schuppen, die Knospe platzt und der Spross wächst heran.

Krautige Pflanze

Eine Pflanze ohne Holz

Der Stängel einer krautigen Pflanze stirbt nach jeder Wachstumssaison ab. Bei mehrjährigen Pflanzen ■ überlebt der unterirdische Teil, und im folgenden Jahr entsteht ein neuer Spross. Botaniker sprechen oft einfach von **Kräutern**, aber das kann irreführend sein, denn als Kräuter bezeichnet man auch Gewürz- und Arzneipflanzen.

Holzige Pflanze

Eine Pflanze mit Holz

Der widerstandsfähige Stamm der holzigen Pflanzen stirbt nach der Wachstumssaison nicht ab. Sie können sehr groß werden, ohne unter ihrem eigenen Gewicht zusammenzubrechen. Holzpflanzen leben mehrere oder sogar viele Jahre lang. Als **Baum** bezeichnet man eine große Holzpflanze, meist mit einem einzigen **Stamm**. Ein **Strauch** ist kleiner und verzweigt sich dicht über dem Boden.

Holz

Das Stützgewebe der Bäume und Sträucher

Holz ist ein widerstandsfähiges Gewebe, das bei zwei Gruppen von Samenpflanzen vorkommt: Nadelhölzern ■ und Dikotylen. Seine in Schichten angeordneten Xylemzellen ■ sind durch **Lignin** verstärkt und deshalb steif. Pflanzen produzieren unterschiedliche Holzarten, und das auch auf unterschiedliche Weise. Bei Nadelbäumen spricht man oft von **Weichholz**, bei Dikotylen von **Hartholz**. Manche Hartholzarten, beispielsweise Balsa, sind aber weicher als Weichholz.

Kiefernstamm

Jahresringe aus Holzgewebe

Rinde

Rinde

Die feste Außenschicht von Holzpflanzen

Der Stamm von Holzpflanzen ist außen durch die Rinde geschützt. Ihr äußerer Teil, die Borke, ist tot, aber darunter liegt eine Schicht lebender Phloemzellen ■. Während des Stammwachstums dehnt sich die Rinde, und oft reißt sie. Bei vielen Holzpflanzen gestatten spezielle Poren (**Lentizellen**) in der Rinde den Zutritt von Gasen zu den Zellen im Stamm.

Blätter

Die Blätter fangen das Sonnenlicht ein und stellen daraus durch Photosynthese die Nährstoffe für die Pflanze her. Da Blätter häufig starker Sonnenstrahlung und trockenem Wind ausgesetzt sind, haben sie sich in der Evolution so entwickelt, dass sie ausreichend Licht sammeln können, ohne auszutrocknen.

Blatt

Ein Licht sammelndes Pflanzenorgan

Ein Blatt besteht aus der dünnen, flachen **Blattspreite** und dem **Blattstiel**. Die Spreite besteht aus Schichten mit unterschiedlichen Zellen ■: An den Außenflächen liegt die Epidermis, dazwischen das dickere Mesophyll. Verstärkt wird die Spreite durch Blattadern, die auch dem Substanztransport zu und von den Zellen dienen. In der Blattmitte verläuft häufig eine dicke **Mittelader**, die übrige Fläche wird durch kleine Adern gestützt. Blätter dienen vor allem dazu, das Licht für die Photosynthese ■ aufzunehmen.

Blattspreite

Mittelader

Blattstiel

Epidermis

Die äußere Zellschicht eines Blattes

Ober- und Unterseite eines Blattes bestehen gewöhnlich jeweils aus einer einzigen Zellschicht. Die Zellen tragen eine Wachsschicht, die **Cuticula**, und manchmal auch Haare. Beide tragen dazu bei, Wasserverluste zu vermindern. Die Epidermiszellen führen keine Photosynthese aus.

Mesophyll

Die Zellen im Blattinneren

Mesophyllzellen betreiben Photosynthese. Sie enthalten zahlreiche Chloroplasten ■, welche die Energie des Sonnenlichts einfangen. Bei vielen Pflanzen hat das Mesophyll zwei Schichten: oben das **Palisadenparenchym** mit säulenförmigen Zellen, darunter das lockere **Schwammparenchym**.

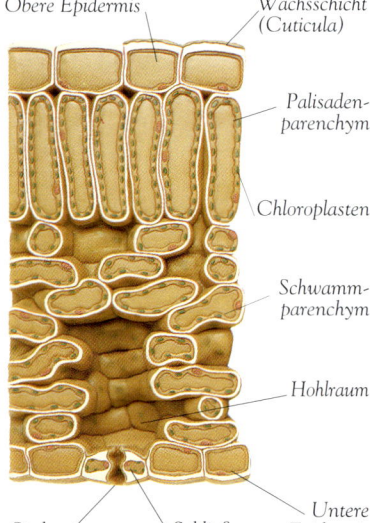

Obere Epidermis

Wachsschicht (Cuticula)

Palisadenparenchym

Chloroplasten

Schwammparenchym

Hohlraum

Untere Epidermis

Spaltöffnung

Schließzelle

Ein Blatt im Querschnitt
Viele Hohlräume in einem Blatt ermöglichen den Gasaustausch mit der umgebenden Luft.

Spaltöffnungen

Mikroskopisch kleine Öffnungen in der Blattoberfläche

Die Spaltöffnungen oder **Stomata** ermöglichen den Gasaustausch, sodass die Blattzellen zu Photosynthese und Atmung in der Lage sind. Jeder dieser winzigen, mundförmigen Schlitze ist von zwei **Schließzellen** umgeben, die ihre Form verändern können und den Spalt öffnen oder schließen. Bei der Transpiration ■ gibt eine Pflanze durch die Spaltöffnungen Wasser ab. Wie schnell das geht, kann sie durch Öffnen und Schließen der Öffnungen steuern.

Deckblatt

Ein abgewandeltes Blatt

Deckblätter sind meist kleiner als die übrigen Blätter einer Pflanze und häufig auch anders geformt. Vielfach schützen sie Knospen. Als **Nebenblätter** bezeichnet man Deckblätter, die paarweise am Ansatz eines Blattstiels am Stängel wachsen. Bei manchen Pflanzen sehen die Nebenblätter wie echte Blätter aus und werden auch ebenso groß oder sogar größer.

Fiederblatt

Ein Blatt aus mehreren Teilen

In einem Fiederblatt stehen mehrere kleine Blätter, auch **Blattfiedern** genannt, an demselben Stiel. Sie sind beim **zweifach gefiederten** Blatt nochmals unterteilt, bei einem **einfach gefiederten** Blatt ist das nicht der Fall.

Einfach gefiedertes Blatt

Doppelt gefiedertes Blatt

Ranke

Abwandlung von Blatt oder Stängel, die Kletterpflanzen als Stütze dient

Die langen, seilartigen Ranken gehen von einer Pflanze aus und schlingen sich um jeden festen Gegenstand, den sie berühren. Anschließend spiralisieren sie sich wie eine Feder und ziehen die Pflanze zu der Stütze.

Ranke einer Kürbispflanze

Blattader

Strang aus Leitbündelgewebe

Hält man ein Blatt gegen das Licht, erkennt man die Blattadern. Sie enthalten Leitbündel ▪ und versorgen das Blatt mit Wasser und Mineralstoffen. Gleichzeitig transportieren sie die im Blatt durch Photosynthese entstandenen Nährstoffe ab. Ihr Muster in einem Blatt nennt man **Aderung**. Monokotyle ▪ Pflanzen haben **paralleladrige** Blätter, bei Dikotylen sind sie **netzadrig**.

Netzadern
In den Blättern den Dikotylen geht von der Mittelader ein Adergeflecht aus.

Parallele Adern
In den Blättern der Monokotylen verlaufen alle Adern parallel zur Mittelader.

Blattstellung

Die Anordnung der Blätter am Stängel

Durch eine genau festgelegte Blattanordnung wird gewährleistet, dass alle Blätter genügend Sonnenlicht abbekommen. Bei Pflanzen mit **wechselständigen Blättern** steht an jedem Knoten ▪ nur ein Blatt. **Gegenständige Blätter** stehen sich zu zweit an einem Knoten gegenüber, und **wirtelige Blätter** wachsen ringförmig um den Knoten herum.

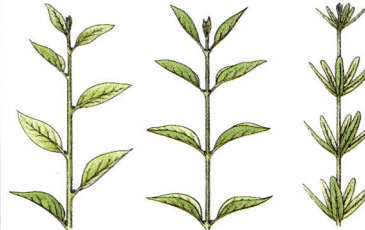

Wechsel-   **Gegenständige**   **Wirtelige**
ständige Blätter   **Blätter**   **Blätter**

Das Licht einfangen
Durch diese Blattstellungen steht kein Blatt im Schatten seiner Nachbarn.

Mosaikblatt

Ein Blatt mit verschiedenfarbigen Flecken

In den meisten Blättern sind die Photosynthesepigmente ▪ gleichmäßig verteilt, sodass das ganze Blatt einheitlich gefärbt ist. In Mosaikblättern verteilt sich der Farbstoff unregelmäßig, und in manchen Abschnitten ist er unter Umständen überhaupt nicht vorhanden. Das kann sehr hübsch aussehen. Mosaikblätter kommen in der Natur vor, werden aber bei Zierpflanzen auch gezielt gezüchtet.

Geflecktes
Blatt der
Stechpalme

Abwurf

Vorgang, durch den Pflanzen ihre Blätter, Blüten und Früchte verlieren

Bevor eine Pflanze ihre Blätter abwirft, entzieht sie ihnen durch den Blattstiel alle nutzbaren Substanzen. Dann wächst quer durch den Blattstiel eine Zellschicht, und das Blatt fällt ab. Das geschieht bei **sommergrünen Pflanzen** an allen Blättern zur gleichen Zeit, sodass die Pflanze kahl wird. **Immergrüne Pflanzen** verlieren und erneuern ihre Blätter ständig und sind deshalb nie ohne Blätter. Der Abwurf ist ein wichtiger Teil im Lebenszyklus der Pflanzen. Er wird von Pflanzenhormonen ▪ wie Ethylen und Auxin gesteuert. Geringe Auxinmengen verhindern ihn, durch größere wird er gefördert. So wie Blätter werden auch Blüten ▪ und Früchte ▪ abgeworfen.

Platanenblätter mit Herbstfärbung

Photosynthese

Pflanzen können selbst Nährstoffe produzieren. Sie fangen mit den Blättern die Sonnenenergie ein und nutzen sie, um aus einfachen Stoffen ihre Nährstoffe zu erzeugen. Dieser Vorgang, die Photosynthese, ist für das Leben als Ganzes unentbehrlich: Direkt oder indirekt liefert er fast allen Lebewesen ihre Nahrung.

Photosynthese

Die Herstellung von Nährstoffen aus einfachen Substanzen mithilfe des Sonnenlichts

Photosynthese heißt »durch Licht zusammensetzen«. Sie findet in den Chloroplasten ■ der Pflanzenzellen ■ statt. Dabei nutzt die Pflanze die Energie des Sonnenlichts für eine Reihe chemischer Reaktionen ■ und stellt aus Kohlendioxid- und Wassermolekülen ■ den Nährstoff Glucose her. Nebenbei entsteht Sauerstoff. Die Glucose steckt voller Energie und treibt das Wachstum der Pflanzen an. Aus Glucose erzeugen die Pflanzen auch Stärke ■ als Energiespeicher und Cellulose ■ als Baumaterial für Zellwände.

Licht

Sichtbare elektromagnetische Strahlung

Sonnenlicht ist Energie in Form von Wellen. Den Abstand von einer Welle zur nächsten nennt man **Wellenlänge**. Durch unterschiedliche Wellenlängen erhält das Licht seine Farben. Sonnenlicht ist eine Mischung aller Wellenlängen des **sichtbaren Spektrums** von Violett bis Rot. Pflanzen nutzen manche Wellenlängen stärker als andere; sie sammeln etwa ein Zehntausendstel der Sonnenenergie, die auf die Erde trifft.

Sonne

Photosynthesereaktionen
Bei der Photosynthese entsteht mithilfe der Sonnenenergie aus je sechs Wasser- und sechs Kohlendioxidmolekülen ein Molekül Glucose. Gleichzeitig werden sechs Sauerstoffmoleküle gebildet.

Photosynthesepigment

Eine Substanz, welche die Energie des Sonnenlichts einfängt

Pflanzen fangen die zur Photosynthese benötigte Energie mit besonderen Farbstoffen (Pigmenten) ein. Ein Pigmentmolekül, das von Licht getroffen wird, nimmt einen Teil der darin enthaltenen Energie auf und gibt sie an andere Substanzen weiter, sodass die Photosynthese ablaufen kann.

Chlorophyll

Das wichtigste Photosynthesepigment grüner Pflanzen

Chlorophyll ist das wichtigste Photosynthesepigment. Es liegt in den Chlorplasten der Pflanzenzellen und verleiht ihnen die grüne Farbe, weil es grünes Licht reflektiert, rotes und blaues aber absorbiert. Es gibt mehrere Formen des Chlorophylls; am wichtigsten ist das **Chlorophyll a**, das in Pflanzen ■, Grünalgen ■ und Cyanobakterien ■ vorkommt.

Primärpigment

Ein Pigment, das unmittelbar die Photosynthese antreibt

Die meisten Pflanzen enthalten mehrere Photosynthesepigmente. Ein Primärpigment gibt die Energie unmittelbar an die Photosynthesereaktionen weiter. In grünen Pflanzen tut dies Chlorophyll a.

Wassermoleküle

Kohlendioxidmoleküle

Blatt enthält Chlorophyll.

Hilfspigment

Ein Pigment, das zusätzlich Lichtenergie einfängt

Hilfspigmente nehmen aus Licht bestimmter Wellenlänge zusätzlich Energie auf und geben sie an ein Primärpigment weiter. Hilfspigmente sind unter anderem die roten oder orangen **Carotine** und **Xanthophylle** sowie die braunen **Phycobiline**.

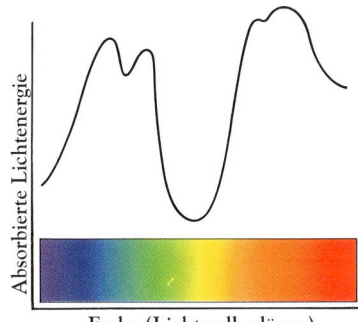

Chlorophyll: Absorptionsspektrum
Das Pigment Chlorophyll absorbiert sehr wenig grünes Licht. Deshalb sehen die meisten Pflanzen grün aus.

Absorptionsspektrum

Ein Diagramm, das die von einem Pigment am stärksten absorbierten Wellenlängen erkennen lässt

Jedes Pigment hat ein charakteristisches Absorptionsspektrum. Chlorophyll absorbiert rotes und blaues Licht, aber nur wenig grünes. Carotine absorbieren mehr Grün und wenig Rot.

Thylakoid

Ein chlorophyllhaltiges Membransäckchen

Thylakoide sind flache, scheibenförmige Säckchen in den Chloroplasten. Sie bilden **Grana** genannte Stapel, die durch das **Stroma** getrennt sind. Die Thylakoide sind voller Chlorophyll. Licht, das auf ein Blatt fällt, wandert in die Chloroplasten und trifft auf die Thylakoide. Dort fängt das Chlorophyll die Energie ein und setzt die Photosynthese in Gang.

Lichtreaktion

Eine chemische Reaktion, die nur im Licht stattfindet

Im ersten Schritt der Photosynthese, der **Photolyse**, wird Wasser mithilfe der Lichtenergie gespalten. Dabei entstehen energiereiche Verbindungen wie das ATP ▪. Diese Reaktionen finden in den Thylakoiden statt, und zwar nur bei Licht.

Dunkelreaktion

Eine chemische Reaktion, die auch im Dunkeln stattfinden kann

Im zweiten Schritt der Photosynthese werden mit der Energie aus ATP und anderen Energieträgern die Sauerstoffatome aus Kohlendioxidmolekülen herausgelöst. Die Kohlenstoffatome verbinden sich dabei zu Glucose. Diese Reaktionen finden im Stroma der Chloroplasten statt und benötigen kein Licht.

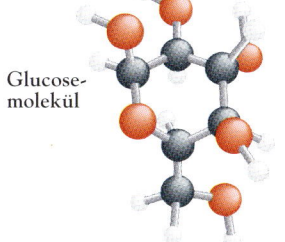

Glucosemolekül

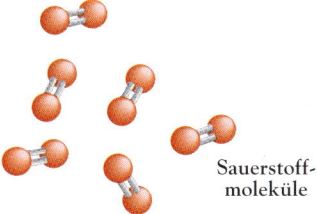

Sauerstoffmoleküle

Jan Ingenhousz

Niederländischer Physiologe, 1730–1799

Jan Ingenhousz untersuchte als einer der Ersten die Photosynthese. **Joseph Priestley** (1733–1804) bemerkte 1771, dass Pflanzen Sauerstoff abgeben. Im Gefolge dieser Entdeckung zeigte Ingenhousz, dass Pflanzen im Licht sowohl Kohlendioxid aufnehmen als auch Sauerstoff ausscheiden. Im Dunkeln ist es umgekehrt.

Kohlenstoff-Fixierung

Die Umwandlung von Kohlendioxid in organische Verbindungen

Alle Lebewesen enthalten Kohlenstoff ▪, aber nur manche können ihn »fixieren«, das heißt unmittelbar in organische Verbindungen ▪ umwandeln. Die wichtigste Form der Kohlenstoff-Fixierung ist die Photosynthese. Pflanzen fixieren jedes Jahr rund 100 000 Mio. t Kohlenstoff.

Photosynthesebakterien

Bakterien, die zur Photosynthese in der Lage sind

Auch manche Bakterien stellen ihre Nährstoffe durch Photosynthese her. Bei der Photosynthese der Purpurbakterien und grünen Bakterien entsteht kein Sauerstoff. Bei den Cyanobakterien läuft sie ähnlich ab wie bei Pflanzen.

Siehe auch

Chloroplast 20 • Cyanobakterien 61
Glucose 26 • Grünalgen 66
ATP 33 • Cellulose 27 • Molekül 25
Organische Verbindung 24
Pflanzen 57 • Pflanzenzelle 20
Chemische Reaktion 25 • Stärke 27

Transportsysteme

In allen Lebewesen sind ständig Substanzen in Bewegung. Nährstoffe werden an den Ort des Bedarfs befördert, und Abfallstoffe werden abtransportiert. Viele Pflanzen besitzen zu diesem Zweck ein System mikroskopisch dünner Leitungsbahnen.

Transportsystem

Ein System für den Substanztransport in Lebewesen

Alle Lebewesen müssen Nähr- und Abfallstoffe von einem Ort zum anderen transportieren. Kurze Strecken in und zwischen den Zellen überwinden die Substanzen durch Diffusion ▪, Osmose ▪ und aktiven Transport ▪. Über größere Entfernungen werden sie von speziellen Transportsystemen verschoben. Bei den Tieren erfüllt das Kreislaufsystem ▪ diesen Zweck, Pflanzen besitzen ein System von Leitbündeln.

Leitbündelsystem

Ein System der Pflanzen für Wasser- und Nährstofftransport

Zum Transportsystem der Pflanzen gehören zweierlei **Leitbündelgewebe**: Xylem und Phloem. Beide Gewebe ▪ bestehen aus Gruppen zusammenwirkender Zellen. Bei krautigen Pflanzen ▪ sind die Xylem- und Phloemzellen in senkrechten **Leitbündeln** angeordnet. Bei einfachen Pflanzen wie den Moosen ▪ gibt es solche Transportsysteme nicht.

Pflanzensaft

Eine Flüssigkeit, die gelöste Stoffe durch die Pflanze transportiert

Der Pflanzensaft in den Xylem- und Phloemzellen besteht aus Wasser und gelösten Substanzen wie Mineralstoffen ▪ und Zucker ▪. Mit ihm sind auch die Vakuolen ▪ in den Pflanzenzellen gefüllt.

Xylem (Holzteil)

Ein Gewebe, das Wasser und Mineralstoffe von den Wurzeln zu den Blättern befördert

Die Xylemzellen gehören zum Transportsystem einer Pflanze. Sie befördern Wasser und Mineralstoffe von den Wurzeln in die übrigen Pflanzenteile. Die zylinder- oder spindelförmigen Xylemzellen transportieren Wasser; sie sind zu Röhren verbunden, die sich durch die ganze Pflanze erstrecken. Jede Zelle besitzt eine dicke, mit der Holzsubstanz Lignin verstärkte Zellwand ▪. Löcher in den Zellwänden ermöglichen den Wasseraustausch zwischen den Zellen.

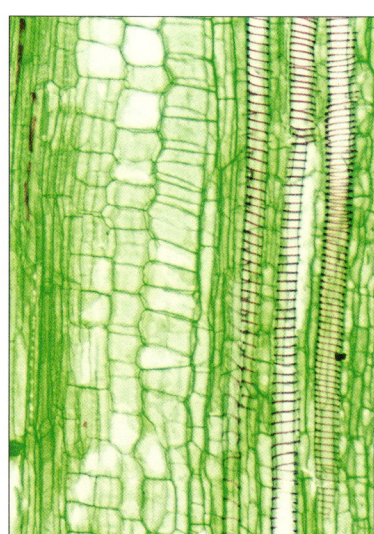

Xylem- und Phloemzellen
Die lichtmikroskopische Aufnahme zeigt Zellen von Phloem (links) und Xylem (rechts). Xylemzellen besitzen oft spiralförmige Verstärkungen, die bei den Phloemzellen fehlen.

Transpirationsstrom
In einem großen Baum steigt das Wasser mehr als 50 m in die Höhe, bevor es verdunstet.

Phloem (Siebteil)

Ein Gewebe, das Nährstoffe durch die Pflanze transportiert

Phloemzellen transportieren Nährstoffe und andere Substanzen vom Ort ihrer Entstehung in alle Pflanzenteile. Anders als Xylemzellen sind sie auch ausgereift noch lebendig. Die Transportzellen nennt man **Siebelemente**. An ihren Verbindungen, den **Siebfeldern**, wandern Substanzen von Zelle zu Zelle. Siebelemente haben keinen Zellkern ▪ und werden von den benachbarten **Begleitzellen** am Leben erhalten.

Transpiration

Der Wasserverlust einer Pflanze durch Verdunstung

Pflanzenblätter geben über ihre Spaltöffnungen ▪ ständig Wasser ab. Es wird durch Wasser aus dem Boden ersetzt, das durch Wurzeln und Stängel aufsteigt. So entsteht ein ständiger **Transpirationsstrom**. Die Transpiration hat immer dieselbe Richtung und wird durch Wurzeldruck und Transpirationssog aufrecht erhalten.

Wasser verdunstet über die Blätter.

Transpirationssog zieht Wasser nach oben.

Wurzeldruck schiebt Wasser nach oben.

Wasser strömt aus dem Boden in die Wurzeln.

Wurzeldruck

Der Aufwärtsdruck des Wassers aus den Pflanzenwurzeln

Die aus dem Boden aufgenommenen Mineralstoffe reichern sich in den Xylemzellen der Wurzeln an. Durch Osmose strömt deshalb auch Wasser aus dem Boden in die Zellen, und es entsteht ein nach oben in den Stängel gerichteter Druck. Den Wurzeldruck gibt es nicht in allen Pflanzen, und er transportiert das Wasser nur über kurze Strecken.

Transpirationssog

Eine Kraft, die Wasser in einer Pflanze nach oben zieht

Das Wasser bewegt sich vor allem durch den Sog von oben. Er entsteht, weil Wasser aus den Mesophyllzellen ▨ der Blätter verdunstet, sodass das Wasserpotenzial ▨ sinkt. Daraufhin strömt Wasser aus nahe gelegenen Xylemzellen in die Mesophyllzellen. Da Wassermoleküle sich durch **Kohäsion** stark anziehen, ziehen sie nach Beginn dieser Bewegung immer neues Wasser hinter sich her. Die so entstehende Wasserströmung im Xylem wird durch **Kapillarkräfte** verstärkt, die Wasser in engen Röhren nach oben steigen lassen.

Transpirationsrate

Die Geschwindigkeit des Wasserverlustes in einer Pflanze

Die Transpirationsrate hängt von vielen Faktoren ab, unter anderem von Temperatur, **Luftfeuchtigkeit** und Wind. Alle Pflanzen können sie durch Öffnen und Schließen der Spaltöffnungen steuern. An windigen, trockenen Orten heimische Arten vermindern den Wasserverlust auch auf andere Weise, so durch kleine Blätter oder Haare.

Siehe auch

Welken

Erschlaffung durch Wassermangel

Pflanzen brauchen Wasser, um ihre Form zu erhalten. Das durch Osmose in die Zellen strömende Wasser erzeugt den Turgordruck ▨, der die Pflanze straff hält. Verliert sie mehr Wasser, als sie durch die Wurzeln aufnimmt, vermindert sich der Turgor, und die Zellen werden schlaff: Die Pflanze welkt. Bleibt sie längere Zeit in diesem Zustand, geht sie zu Grunde.

Verlagerung

Die Wanderung der Nährstoffe in einer Pflanze

Die Nährstoffe wandern in einer Pflanze vom Ort ihrer Entstehung, der **Quelle**, zum **Verbrauchsort**. Anders als die Transpiration läuft die Verlagerung in beiden Richtungen ab, also nach oben und unten, und zwar im Phloem.

Morgendliche Guttation
Die Wassertropfen an den Blatträndern dieser Frauenmantelpflanze sind durch nächtliche Guttation entstanden.

Guttation

Die Wasserausscheidung aus einem Blatt

Manchmal, vor allem in ruhigen, windstillen Nächten, schieben die Wurzeln das Wasser schneller nach oben, als es über die Blätter verdunstet. Dann werden an den Blatträndern kleine Tropfen ausgeschieden.

Pflanzenwachstum

Anders als Tiere können Pflanzen sich nicht auf der Suche nach besseren Bedingungen fortbewegen. Sie verfügen aber über besondere Wachstumsformen, um nach Licht und Rohstoffen zu streben oder sich an eine veränderliche Umwelt anzupassen.

Wachstum

Größenzunahme

Lebewesen wachsen vorwiegend, weil ihre Zellen ▪ sich durch Zellteilung ▪ vermehren. Viele Tiere stellen bei einer bestimmten Größe das Wachstum ein (begrenztes Wachstum). Bei Pflanzen beobachtet man eine Mischung aus begrenztem und **unbegrenztem Wachstum**. Unbegrenztes Wachstum setzt sich fort, so lange die Umstände günstig sind. Blätter, Blüten und Früchte einer Pflanze überschreiten eine bestimmte Größe meist nicht, Wurzeln und Stängel wachsen aber während des gesamten Lebens. Neben der Zellteilung trägt bei Pflanzen im Gegensatz zu Tieren auch die Größenzunahme der Zellen zum Wachstum bei.

Meristem

Ein Gewebe aus unbegrenzt teilungsfähigen Zellen

Manche Pflanzenzellen teilen sich im reifen Zustand nicht mehr. Die Zellen im Meristemgewebe ▪ jedoch teilen sich während des ganzen Lebens der Pflanze.

Apikalmeristem

Ein Meristem an der Wurzel- oder Stängelspitze

Dies ist ein Zellhaufen an der Spitze von Wurzeln oder Stängel. Durch die Teilung seiner Zellen kommt es zu einer Längenzunahme, dem **Primärwachstum**, bei manchen Pflanzen einzige Form des Wachstums.

Beginn des Wachstums
Die Zellen des Sprösslings teilen sich während der Keimung sehr schnell, angetrieben zunächst durch die Nährstoffe im Samen.

Samen mit Nährstoffen

Apikalmeristem an der Spross-Spitze

Die Form entsteht
Die Zellen teilen sich im Meristem an den Spitzen von Spross und Wurzeln.

Blätter produzieren Nährstoffe für das Wachstum.

Apikalmeristem an der Wurzelspitze

Ausgereifte Pflanze
Stängel- und Wurzelabschnitte stellen nach ihrer Entstehung das Wachstum ein. Nur an den Spitzen teilen sich die Zellen weiterhin.

Wachsende Spitze

Wurzeln versorgen Pflanze mit Wasser und Mineralstoffen.

Kambium

Ein Meristem unter der Wurzel- oder Stängeloberfläche

Das Kambium wird auch **laterales Meristem** genannt. Es liegt als ununterbrochene Schicht zwischen den Zellen von Xylem ▪ und Phloem ▪ in Wurzeln und Stängel einer Pflanze. Durch Teilung entstehen aus den Kambiumzellen neue Xylem- und Phloemschichten. Durch dieses **sekundäre Wachstum** werden Wurzeln und Stängel dicker.

Jahresring

In einer einzigen Wachstumssaison entstandene Gewebeschicht

Jahresringe

An einem abgesägten Baumstamm erkennt man die Jahresringe. Jeder davon ist in einer einzigen Wachstumssaison durch sekundäres Wachstum entstanden. Meist bildet sich ein Ring pro Jahr, und seine Dicke zeigt an, wie stark das Wachstum in der jeweiligen Saison war. Die Wissenschaft der **Dendrochronologie** ermittelt anhand der Jahresringe das Alter der Bäume und die Wachstumsbedingungen in den einzelnen Jahren.

Apikale Dominanz

Die Unterdrückung des Astwachstums durch die Spross-Spitze

Bei vielen Pflanzen wächst der Hauptstamm schneller als die Seitenäste, sodass die Pflanze hoch und schmal wird. Der Grund: Vom Apikalmeristem an der Stammspitze produzierte Pflanzenhormone unterdrücken weiter unten das Knospenwachstum. Schneidet man die Spitze ab, bleiben die Hormone aus, und die unteren Knospen wachsen heran. Gärtner sorgen so vielfach für ein stärker buschiges Wachstum der Pflanzen.

Pflanzenhormon

Eine Substanz, die von einer
Pflanzenzelle produziert wird
und auf eine andere wirkt

Pflanzenhormone beeinflussen Zell-
entwicklung und -wachstum. Es
gibt fünf Hormongruppen: **Auxine,
Cytokinine** und **Gibberelline**
sorgen für Teilung oder Verlängerung der Zellen. **Abscisinsäure**
hemmt das Wachstum. **Ethylen,**
auch **Ethen** genannt, lässt Früchte
reifen und Blätter abfallen.

Tropismus

Pflanzenwachstum als Reaktion
auf äußere Reize

Sprösslinge, die man ans Fenster
stellt, wachsen zum Licht. Die
ungleichmäßige Helligkeit führt zu
ungleicher Verteilung des Pflanzen-
hormons Auxin an den Spross-
spitzen, die sich deshalb beim
Wachsen krümmen. Diese Reaktion auf Licht nennt man **Phototropismus**. Weitere Tropismen sind
der **Geotropismus** (Reaktion auf
Schwerkraft) und **Thigmotropis-
mus** (Reaktion auf Berührung).
Tropismen können positiv oder
negativ sein. **Positiver Tropismus**
ist Wachstum in Richtung des
Reizes, **negativer Tropismus**
weist vom Reiz weg.

*Sprössling strebt
zum Licht.*

Phototropismus
*Die Stängel wachsen zum
Licht, damit die Pflanze
Energie für die Photosyn-
these einfangen kann.*

Geotropismus
*Wurzeln wachsen in
Richtung der Schwer-
kraft: Verankerung
und die Aussicht auf
Wasser sind so
am besten.*

*Wurzeln wachsen
in den Boden.*

Vegetative Fortpflanzung
*Erdbeerpflanzen vermehren sich durch Samen
und auch durch Ableger, aus denen jeweils
mehrere neue Pflanzen hervorgehen.*

Erdbeer-
pflanze

Ausgangspflanze

Ableger

Neue
Pflanze

Vegetative Fortpflanzung

Wachstum, bei dem neue Pflanzen
entstehen

Viele mehrjährige Pflanzen vermehren sich durch Teile, die heranwachsen und schließlich zu neuen
Pflanzen werden, z.B. durch Knollen ■, Rhizome ■ und kleine Zwiebeln ■, die **Zwiebelchen**. Ein **Ableger** ist ein oberirdisch wachsender
Stängel, der schließlich eine neue
Pflanze hervorbringt. Durch vegetative Fortpflanzung ent-
stehende Pflanzen glei-
chen genetisch genau
der Ausgangspflanze.

**Wachstum aus
Knospen**
*Manche Pflanzen
bringen kleine Knos-
pen hervor, die dann
abfallen und zu
neuen Pflanzen
heranwachsen.*

Knospe

Blatt

Photoperiodismus

Eine Reaktion auf die
wechselnde Tages- und
Nachtlänge

Viele Pflanzen blühen jedes
Jahr zur gleichen Zeit. Sie
enthalten das **Phytochrom**,
eine lichtempfindliche Substanz, welche die wechselnde
Tageslänge wahrnimmt.
Langtagspflanzen blühen
nur bei vielen Tageslicht-
stunden, **Kurztagspflanzen**
dagegen an kürzeren Tagen.
Tagneutrale Pflanzen werden
von der Tageslänge nicht
beeinflusst.

Einjährige Pflanze

Eine Pflanze, deren Lebenszyklus
in einer Wachstumssaison abläuft

Einjährige Pflanzen stecken ihre
ganze Energie in schnelle Fortpflanzung. Sie blühen, produzieren
Samen und sterben dann ab.
Einjährige Pflanzen haben meist
Flachwurzeln und können Ödland
schnell besiedeln.

Zweijährige Pflanze

Eine Pflanze, deren Lebenszyklus
in zwei Jahren abläuft

Zweijährige Pflanzen stellen in der
ersten Wachstumssaison in den
Blättern die Nährstoffe her und
bauen ein Wurzelsystem auf. In der
zweiten nutzen sie die Nährstoffe
zur Blüten- und Samenproduktion;
anschließend sterben sie ab.

Mehrjährige Pflanze

Eine Pflanze, die länger als zwei
Jahre lebt

Mehrjährige Pflanzen blühen
entweder mehrmals oder nur
einmal in ihrem ganzen Leben.
Bei mehrjährigen krautigen
Pflanzen ■ stirbt der Stängel
jedes Jahr ab. Sind sie holzig ■,
bleibt der Stamm am Leben und
wird jedes Jahr länger.

Siehe auch

Blütenbau

Unabhängig von Größe, Form und Farbe bestehen alle Blüten aus den gleichen Teilen. Sie dienen der wichtigsten Aufgabe der Blüte: für die Bestäubung zu sorgen und Samen zur Fortpflanzung zu erzeugen.

Blüte

Bei Blütenpflanzen Struktur mit Organen für sexuelle Fortpflanzung

Blüten haben vor allem die Aufgabe, für die Bestäubung ▪ zu sorgen, damit Samen entstehen können. Eine Blüte besteht aus mehreren Ringen oder **Quirlen** mit verschiedenen Teilen, darunter jene, die männliche und weibliche Geschlechtszellen ▪ produzieren. Andere Teile, so die Kronblätter, schützen die Blüte oder locken Bestäuber an. Die Blüte sitzt auf einem verdickten **Blüten-boden** am Ende eines Stiels.

Kelchblatt

Ein Schutzblatt für die Blütenknospe

Ein Ring aus Kelchblättern bildet den **Blütenkelch**. Die Kelchblätter sind meist grün und bilden eine Schutzhülle für die Blütenknospe. Bei manchen Blüten sind sie aber auch bunt und tragen zum Anlocken bestäubender Insekten bei. Bei wieder anderen Arten fallen die Kelchblätter ab, wenn sich die Blüte öffnet.

Kronblatt

Ein inneres Blatt, das häufig bestäubende Tiere anlockt

Den Ring der Kronblätter nennt man **Blütenkrone**. Die Kronblätter können zu verschiedenen Formen wie Röhren und Trichter verwachsen sein oder einzeln stehen. Bei Blüten, die von Tieren bestäubt werden, sind die Kronblätter meist bunt, und häufig duften sie auch. Vom Wind bestäubte Blüten dagegen haben in der Regel kleine oder überhaupt keine Kronblätter. Kelch- und Kronblätter bilden die **Blütenhülle** (Perianth).

Stempel

Die weiblichen Blütenteile

Der Stempel (**Gynözeum**) ist der Samen tragende Blütenteil. Er besteht aus den Fruchtblättern. Eine Blüte kann ein oder mehrere Fruchtblätter enthalten.

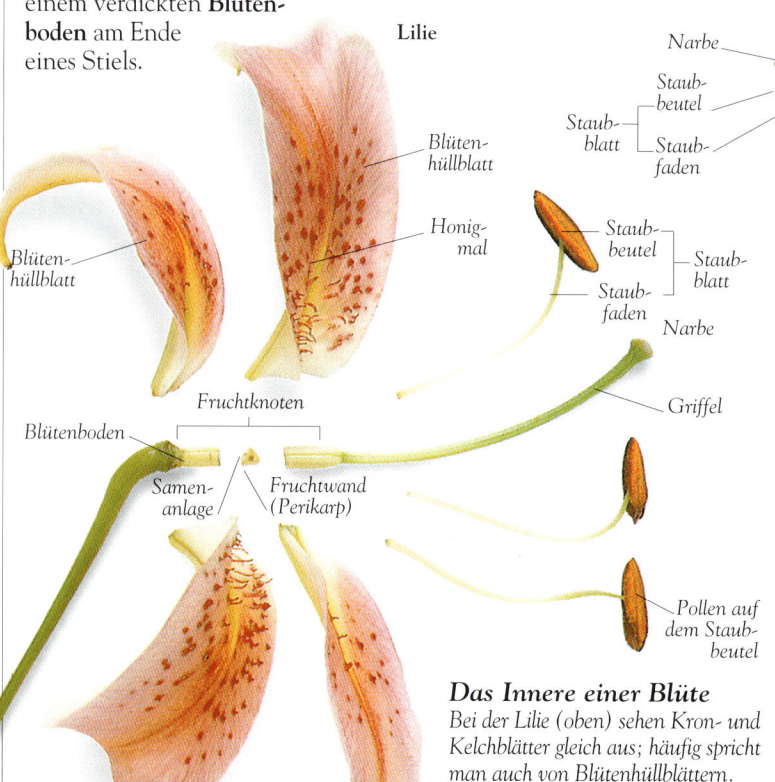

Lilie

Blütenhüllblatt

Honigmal

Blütenhüllblatt

Fruchtknoten

Blütenboden

Samenanlage

Fruchtwand (Perikarp)

Narbe

Staubbeutel

Staubblatt

Staubfaden

Staubbeutel

Staubblatt

Staubfaden

Narbe

Griffel

Pollen auf dem Staubbeutel

Narbe

Kronblatt

Kelchblatt

Hibiskus

Das Innere einer Blüte
Bei der Lilie (oben) sehen Kron- und Kelchblätter gleich aus; häufig spricht man auch von Blütenhüllblättern. Bei der Hibiskusblüte dagegen (rechts) unterscheiden sie sich stark.

Fruchtblatt

Ein weibliches Fortpflanzungs-organ in einer Blüte

Ein Fruchtblatt besteht aus drei Teilen: Fruchtknoten ▪, **Narbe** und **Griffel**. Im Fruchtknoten liegen die Samenanlagen mit den weiblichen Geschlechtszellen. Die Narbe nimmt den Pollen auf, und der dünne Griffel ist die Verbindung zwischen Narbe und Fruchtknoten.

Staubblatt

Ein männliches Fortpflanzungs-organ in einer Blüte

Ein Staubblatt besteht aus **Staub-beutel** und **Staubfaden**. In den **Pollensäcken** des Staubbeutels entsteht der Pollen. Ist er reif, wird er aus dem geöffneten Beutel frei-gesetzt. Der Staubfaden verbindet den Staubbeutel mit der übrigen Blüte. Alle Staubblätter zusammen bilden das **Andrözeum**, den männ-lichen Blütenteil.

Blütenstand

Mehrere Blüten an einem Stiel

Bei manchen Pflanzen stehen die Blüten einzeln auf einem Stiel. Andere tragen Blütengruppen, die man Blütenstände oder **Inflores-zenzen** nennt. Bei manchen Pflan-zen, beispielsweise den Köpfchen-blütlern ■, sieht jeder Blütenstand wie eine einzelne Blüte aus und wird deshalb als **Blütenköpfchen** bezeichnet. Eine **Ähre** besteht aus mehreren Blüten ohne Stiele an einem senkrechten Stamm. Bei der **Traube** haben die Blüten kurze Stiele. Eine **Dolde** ist ein buschiger Blütenstand, ein **Kätzchen** eine nach unten hängende Ähre.

Typen von Blütenständen

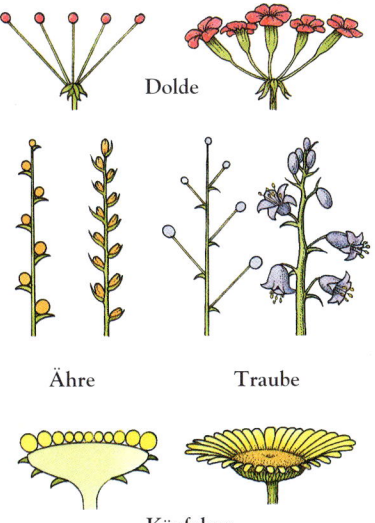

Dolde

Ähre   Traube

Köpfchen

Radiärsymmetrische Blüte

Blüte mit kreisförmiger Symmetrie

Mohn ■ hat radiärsymmetrische oder **aktinomorphe** Blüten: Sie sind rund und lassen sich auf mehrere Arten in zwei gleiche Hälften tei-len. Die Radiärsymmetrie ist die einfachste Blütenform. Die ersten in der Evolution entstandenen Blüten waren so gebaut.

Radiärsymmetrische Blüten

Tulpe

Mohn

Rose

Einhäusige Pflanze

Pflanze mit männlichen und weiblichen Organen in getrennten Blüten

Bei den einhäusigen oder **monözischen** Pflanzen wie der Gurke liegen männliche und weibliche Organe in getrennten Blüten derselben Pflanze. **Zwitt-rige** Pflanzen wie der Mohn besitzen weibliche und männliche Organe in derselben Blüte.

Zweihäusige Pflanze

Pflanze, die entweder männliche oder weibliche Blüten trägt

Zweihäusige oder **diözische** Arten tragen männliche und weibliche Blüten auf getrennten Pflanzen. Ein Beispiel ist die **Kiwi** (*Actinidia sinensis*). Damit sie Früchte her-vorbringen können, müssen die Blüten der weiblichen Pflanze mit dem Pollen der männlichen bestäubt werden.

Zweiseitig-symmetrische Blüte

Blüte mit einer einzigen Symme-trieachse

Die Blüten der Schmetterlings-blütler ■ lassen sich nur auf eine Art in zwei gleiche Hälften teilen: Sie sind zweiseitig-symmetrisch oder **zygomorph**. Solche Blüten werden häufig von Tieren einer ganz bestimmten Art bestäubt.

Zweiseitig-symmetrische Blüten

Strelizien-blüte

Blütenstand mit unregelmäßig geformter Haube (Blüten-scheide)

Blüte des Aronstabs

Radiärsymme-trische Blüte aus drei zweiseitig-symmetrischen Abschnitten

Schwertlilie

Siehe auch

Bestäubung 92 • Fruchtknoten 93
Geschlechtszelle 41 • Köpfchenblütler 74
Mohngewächse 73 • Schmetterlingsblütler 74

Bestäubung & Samen

Bevor eine Pflanze Samen hervorbringt, muss sie bestäubt werden. Dazu muss der Pollen von einem männlichen auf einen weiblichen Blütenteil gelangen. Landet ein Pollenkorn auf einer geeigneten Blüte, beginnt ein außergewöhnlicher Ablauf. An seinem Ende steht die Samenproduktion.

Siehe auch

Befruchtung 161 • Dikotyle 72
Geschlechtszelle 41 • Gewebe 23
Gräser 75 • Monokotyle 72
Nacktsamer 70 • Pflanzenzelle 20
Photosynthese 84 • Spore 77
Variation 42 • Zellkern 19

Bestäubung

Der Transport des Pollens vom männlichen zum weiblichen Blütenteil

Pollen-korn

Durch die Bestäubung kommen männliche und weibliche Geschlechtszellen ▪ in Kontakt, sodass die Befruchtung ▪ stattfinden kann. Pollen enthält männliche Geschlechtszellen. Er entsteht in den Staubbeuteln; von dort tragen ihn meist Wind oder Tiere zum Stempel, dem weiblichen Teil.

Pollen

Staubartige Körnchen mit männlichen Geschlechtszellen

Die mikroskopisch kleinen **Pollenkörner** sehen oft wie gelber oder orangefarbener Staub aus. Jedes Korn hat eine stabile Hülle mit Höckern und Vertiefungen. Pollen entsteht in den Staubbeuteln der Blüte. Er enthält die männlichen Zellkerne ▪, und diese befruchten die weiblichen Zellen, wenn sie auf dem Stempel einer geeigneten Blüte landen.

Nektar

Ein Zuckersaft, den die Blüten für bestäubende Tiere bilden

Der Nektar wird von kleinen **Nektardrüsen** in den Blüten gebildet. Er ist süß und lockt Tiere an, die an verschiedenen Pflanzen fressen und dabei den Pollen verbreiten.

Kreuzbestäubung

Bestäubung einer Pflanze durch eine andere Pflanze derselben Spezies

Viele Pflanzen besitzen sowohl männliche als auch weibliche Organe und sind zur **Selbstbestäubung** fähig. Dabei entsteht aber kaum genetische Variation ▪, und deshalb haben die Pflanzen verschiedene Methoden der Kreuzbestäubung entwickelt. Da dabei Pollen von einer Pflanze zur anderen gelangen muss, ist ein **Bestäuber** erforderlich, der den Transport von Blüte zu Blüte übernimmt.

Bestäubung durch Tiere

Pollentransport durch Insekten und andere Arten

Viele Blütenpflanzen sind darauf angewiesen, dass Tiere ihren Pollen transportieren. Am häufigsten tun dies Insekten, aber auch Vögel und Fledermäuse bestäuben Blüten. Der Pollen solcher Pflanzen ist meist klebrig und bleibt an den anfliegenden Tieren haften, die von den Blüten mit leuchtenden Farben und Duft angelockt werden.

Pollen sammelt sich in Körbchen an den Hinterbeinen der Biene.

Große, duftende Kronblätter

Bestäubung durch Tiere
Eine Nektar suchende Biene wird mit Pollen aus den Staubbeuteln der Blüte eingestäubt.

Windbestäubung

Pollentransport durch den Wind

Durch Wind bestäubte Pflanzen haben meist unscheinbare Blüten und trockenen, staubartigen Pollen. Die reifen Blüten entlassen den Pollen in die Luft, und der Wind trägt ihn zu einer anderen Pflanze. Vom Wind werden unter anderem die Gräser ▪ und viele Nacktsamer ▪ bestäubt.

Windbestäubung
Die Pollenkörner dieser Haselkätzchen werden vom Wind verteilt.

Wasserbestäubung

Pollentransport durch das Wasser

Die meisten im Wasser lebenden Blütenpflanzen strecken die Blüten über die Oberfläche und werden von Tieren oder vom Wind bestäubt. Manche Laichkräuter blühen aber auch an der Oberfläche und lassen den Pollen durch das Wasser zu einer anderen Blüte treiben.

Fruchtknoten

Ein weibliches Organ, das die Samenanlagen enthält

Der Fruchtknoten ist bei Blütenpflanzen eine Kammer, in der die **Samenanlagen** entstehen, Zellklumpen auf kurzen Stielen. Sie sind mit der **Plazenta** verbunden, einem anderen Teil des Fruchtknotens. Eine äußere Zellschicht der Samenanlage schützt den **Embryosack**, eine Zellgruppe im Inneren. Eine dieser Zellen ist die weibliche **Eizelle**. Durch ein kleines Loch, die **Mikropyle**, gelangt der Pollenschlauch in die Samenanlage.

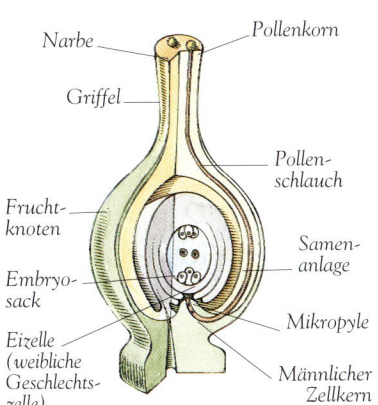

Narbe
Pollenkorn
Griffel
Pollenschlauch
Fruchtknoten
Samenanlage
Embryosack
Mikropyle
Eizelle (weibliche Geschlechtszelle)
Männlicher Zellkern

Befruchtung
Chemische Substanzen dirigieren den Pollenschlauch zum Embryosack.

Pollenschlauch

Schlauch, der aus einem Pollenkorn in die Samenanlage einwächst

Landet ein Pollenkorn auf der Narbe einer geeigneten Blüte, beginnt es zu wachsen. Es bringt einen sehr dünnen Schlauch hervor, der durch den Griffel und die Mikropyle der Samenanlage bis zum Embryosack vordringt. Dann wandern zwei männliche Zellkerne durch den Schlauch. Der eine befruchtet die Eizelle, der andere befruchtet zwei weitere weibliche Zellkerne, aus denen das Endosperm entsteht. Diese so genannte **doppelte Befruchtung** gibt es nur bei Blütenpflanzen.

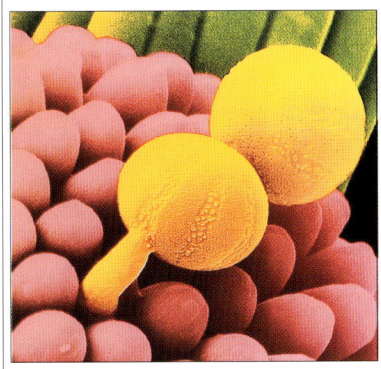

Pollenschläuche
Die elektronenmikroskopische Falschfarbenaufnahme zeigt zwei Pollenkörner auf der Narbe einer Blüte. Aus einem Korn entspringt ein Pollenschlauch.

Samen

Fortpflanzungsstruktur mit Pflanzenembryo und Nährstoffspeichern

Aus der befruchteten Samenanlage entsteht der Samen. Er ist größer und viel komplizierter gebaut als eine Spore ▪. Im Inneren liegt ein **Embryo**, die Vorstufe der Pflanze, deren Wachstum durch die ebenfalls vorhandenen Nährstoffvorräte ermöglicht wird. Das Gewebe ▪ für die Nährstoffspeicherung nennt man Endosperm. Bei manchen Pflanzen enthalten auch die Keimblätter (Kotyledonen) Nährstoffe. Der reife Samen ist von einer harten **Samenschale** umgeben.

Keimende dicke Bohne

Kotyledonen

Keimblätter

Kotyledonen sind kleine, im Samen verpackte Blätter. Manche dieser Keimblätter speichern Nährstoffe und bleiben bei der Keimung unter der Erde. Andere entfalten sich oberirdisch und erzeugen Nährstoffe durch Photosynthese. Monokotyle ▪ haben ein Keimblatt, bei Dikotylen ▪ sind es zwei.

Keimung

Der Beginn des Wachstums in einem Samen oder einer Spore

Unter guten Bedingungen nimmt ein Samen Wasser auf und beginnt zu wachsen. Eine erste **Keimwurzel** bricht durch die Samenschale und erstreckt sich nach unten in den Boden. Kurz darauf beginnt eine **Sprossknospe** nach oben zu wachsen. Es gibt zwei Arten der Keimung. Bei der **hypogäischen Keimung** bleiben die Keimblätter unter der Erde, bei der **epigäischen** entfalten sie sich oberirdisch und beginnen mit der Nährstoffproduktion durch Photosynthese ▪.

Früchte

Als »Frucht« bezeichnet man alles, was Samen enthält, von der Kokosnuss bis zur Gurke. Früchte können fleischig und saftig, aber auch hart und trocken sein. Sie dienen dazu, Samen einer Pflanze möglichst breit, über große Entfernungen zu verteilen.

Samen verteilen sich.

Geplatzte Frucht

Springkraut

Frucht

Ein ausgereifter Fruchtknoten mit den Samen einer Blüte

Nachdem der Fruchtknoten ■ einer Blüte befruchtet ■ wurde, bildet er Samen und entwickelt sich zur Frucht. Werden die Samen von Tieren verbreitet, ist die Fruchthülle (das **Perikarp**) vielfach fleischig und saftig. Trägt der Wind die Samen weiter, ist sie meist hart und trocken.

Aussäen

Die Verbreitung der Samen

Nur mit Licht, Wasser und Mineralstoffen kann der Samen zu einer neuen Pflanze heranwachsen. Damit die Pflanzen nicht zu dicht stehen, muss er sich von der Elternpflanze entfernen. Die Früchte von Pflanzen, bei denen Tiere diese Aufgabe erfüllen, bleiben mit Haken am Fell hängen oder lassen sich gut fressen. Die Samen einer solchen Frucht durchlaufen den Körper des Tieres meist unversehrt. Früchte, die vom Wind verbreitet werden, haben kleine Fallschirme oder Segel. Bei mechanischer Verbreitung platzen die Früchte, und die Samen werden weggeschleudert.

Stacheln mit Haken bleiben am Fell von Tieren hängen.

Klette

Einzelfrucht

Eine aus einem einzigen Fruchtknoten entstandene Frucht

Beeren, Steinfrüchte, Nüsse und andere sind Einzelfrüchte. Sie entstehen jeweils aus einem einzigen Fruchtknoten.

Achäne

Trockene Frucht mit einem einzigen Samen

Die Achäne ist eine einfache Schließfrucht. In einem Hohlraum liegt ein einziger Samen, der von einer trockenen Fruchthülle (Perikarp) umgeben ist. Achänen findet man bei den Hahnenfußgewächsen.

Erdbeere

Die Erdbeere ist eine Scheinfrucht. Auf ihrer Oberfläche sind winzige Achänen.

Spaltfrucht

Eine Frucht, die in umhüllte Teile mit jeweils einem Samen zerfällt

Eine typische Pflanze mit Spaltfrüchten ist der **Ahorn** (*Acer*). Seine Frucht enthält zwei geflügelte Samen, die sich nach der Reifung trennen und einzeln zu Boden segeln. Diese Einheiten nennt man **Teilfrüchte**. Auf die gleiche Weise teilen sich auch die Früchte der Doldenblütler ■.

Springfrucht

Eine trockene Frucht, die ihre Samen durch Platzen oder Öffnen freisetzt

Manche reifen Früchte öffnen sich von selbst, und zwar manchmal so plötzlich, dass die Samen weit weggeschleudert werden. Solche Früchte nennt man Springfrüchte. **Schließfrüchte** öffnen sich nicht.

Erdbeere

Kelchblatt

Vergrößerter Blütenboden

Mohnsamen

Achäne

Kapsel

Trockene Frucht, entstanden aus mehreren verwachsenen Fruchtknoten

Eine Kapsel enthält viele Samen. Man findet sie z.B. bei den Mohngewächsen ■. In einer Mohnkapsel erkennt man die Abgrenzungen der einzelnen Fruchtknoten. Oft lässt ein Ring von Öffnungen die Samen aus der Kapsel entweichen. Bei den Kapseln anderer Pflanzen klappt ein Deckel auf und gibt die Samen frei.

Mohnkapsel

Mohn

Hülsenfrucht

Trockene Frucht, die sich an zwei Seiten öffnet

Eine Hülsenfrucht ist die Erbsenschote. Sie entsteht aus einem einzigen Fruchtknoten und öffnet sich später auf zwei Seiten. Schmetterlingsblütler ■ bringen Hülsen mit sehr unterschiedlicher Form und Größe hervor – manche sind bis zu 1,50 m lang.

Blütenboden

Reste des Blüten-kelches

Erbsen-schoten

Frucht-wand

Samen

Reste von Narbe und Griffel

Zusammengesetzte Frucht

Eine Frucht, die aus mehreren Fruchtknoten entsteht

Bei vielen Pflanzen verbinden sich mehrere Fruchtknoten zu einer zusammengesetzten Frucht. Eine Orange besteht aus jeweils aus einem eigenen Fruchtknoten hervorgegangenen Segmenten. Bei **Sammelfrüchten** wie Orangen stammen alle Fruchtknoten aus derselben Blüte. Ein **Fruchtstand** wie die Ananas vereinigt die Fruchtknoten mehrerer Blüten.

Sammelfrucht

Samen

Segment der Mandarine aus einem einzigen Fruchtknoten

Orange im Querschnitt

Segment der Mandarine

Samen

Vergrößerter Blüten-boden

Apfel im Querschnitt

Scheinfrucht

Frucht, die aus einem Fruchtknoten und anderen Blütenteilen entsteht

Äpfel und Erdbeeren sind Scheinfrüchte. Ihr Fruchtfleisch ist der vergrößerte Blütenboden und gehört nicht zum Fruchtknoten. Die eigentliche Apfelfrucht ist das Kerngehäuse. Bei der Erdbeere liegen die Früchte als winzige Achänen auf der Beerenoberfläche.

Beere

Fleischige Frucht mit vielen Samen

Beeren enthalten viele Samen. Ihr saftiges Fleisch lockt Tiere an, die die Beeren fressen und die Samen verbreiten. Zu den Beerenpflanzen zählen Tomaten, Wein und sogar die Banane.

Ananaskirsche

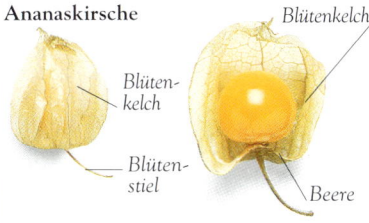

Blüten-kelch

Blüten-stiel

Blütenkelch

Beere

Außenansicht

Innenansicht

Steinfrucht

Fleischige Frucht mit harten Samen

Steinfrüchte entstehen aus einem oder mehreren verwachsenen Fruchtblättern ■. Die Samen in ihrem Inneren sind durch eine harte Fruchthülle geschützt. Beispiele sind Pflaumen, Kirschen und Pfirsiche.

Siehe auch

Befruchtung 161 • Doldenblütler 74
Fruchtblatt 90 • Mohngewächse 73
Fruchtknoten 93 • Schmetterlingsblütler 74

Nuss

Harte Frucht mit einem Samen

In einer Nuss ist der Samen von einer harten Fruchthülle umgeben. Diese schützt den **Nusskern**, der Embryo und Nährstoffe enthält. Viele Bäume bringen Nüsse hervor, kleinere Pflanzen bilden **Nüsschen**.

Stachelige Schutzhülle für die Nuss

Nuss

Rosskastanie

Balgfrucht

Trockene Frucht, die sich an einer Seite öffnet

Balgfrüchte entstehen aus einem einzigen Fruchtknoten. Die reife Frucht öffnet sich nur auf einer Seite und entlässt die Samen. Balgfrüchte stehen vielfach in Gruppen (Rispen). Zu den Gartenpflanzen, die solche Früchte hervorbringen, gehört der **Rittersporn** (*Delphinium* und *Consolida regalis*).

Pflaumen

Einfache Wirbellose

Wirbellose Tiere besitzen kein Rückgrat. Viele von ihnen sind kleine Wasserbewohner, die als erwachsene Tiere immer an einem Ort bleiben. Neun Zehntel aller Tierarten gehören zu den Wirbellosen.

Siehe auch
Gliederfüßer 100 • Spezies 48
Stamm 56

Wirbellose

Tiere ohne Rückgrat

Es gibt über 30 Stämme ■ von Wirbellosen. Die meisten sind klein und bewegen sich langsam. Viele sind als erwachsene Tiere **sesshaft**: Sie bleiben immer an demselben Ort. Wirbellose leben vor allem im Meer- und Süßwasser, aber eine Gruppe, die Gliederfüßer ■, war an Land besonders erfolgreich.

Rippenquallen

Wirbellose Tiere mit langen Fangarmen

Rippenquallen sind kleine, geleeartige Tiere, die im Meer treiben. Sie gehören zum Stamm **Ctenophora**. Zum Nahrungsfang ziehen die meisten Arten zwei lange, mit klebrigen Zellen besetzte Fangarme durch das Wasser.

Schwämme

Wirbellose Tiere, die Wasser durch Öffnungen einsaugen

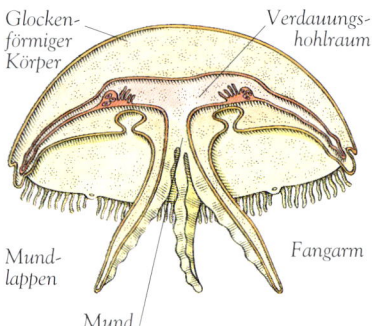

Skelett eines Schwammes

Zu den Schwämmen (Stamm **Porifera**) gehören rund 5000 Arten. Sie haben viele winzige Körperöffnungen und saugen mit **Kragenzellen**, die wie Siebe wirken, das Wasser ein. Der Schwamm filtert Nahrungsteilchen heraus und stößt das Wasser dann durch eine größere Öffnung (**Osculum**) wieder aus. Die Zellen der Schwämme werden durch ein Gerüst aus winzigen **Skelettnadeln** gestützt.

Hohltiere

Wirbellose, deren Körperhöhle nur eine Öffnung hat

Zu den Hohltieren (Stamm **Cnidaria** oder **Coelenterata**) gehören über 10 000 Spezies ■. Es gibt zwei Formen von Hohltieren: **Polypen** sind mit einer Körperseite an einer Unterlage festgeheftet, **Medusen** bewegen sich durch Kontraktion ihres Körpers. Beide Gruppen fangen Nahrung mit Fangarmen (**Tentakeln**), die mit stechenden **Nesselzellen** besetzt sind. Die Tentakel ziehen die Nahrung in den **Verdauungshohlraum**.

Eine Qualle im Querschnitt

Glocken-förmiger Körper

Verdauungs-hohlraum

Mund-lappen

Fangarm

Mund

Quallen

Glockenförmige Hohltiere

Vom Rand der glockenförmigen Quallen hängen die Fangarme herab. In der Mitte befinden sind **Mundlappen**. Quallen bewegen sich durch Kontraktion und den dadurch entstehenden Rückstoß fort.

Korallen

Hohltiere, die oft große Kolonien bilden

Korallenpolypen sind zylinderförmig. Manche Arten schützen sich mit einem harten Panzer aus Calciumcarbonat. Nach dem Tod solcher Korallen können die Panzer ein **Korallenriff** bilden.

Hydra

Eine Gruppe von Hohltieren, die im Süßwasser leben

Die meisten Hohltiere sind Meeresbewohner, aber die *Hydra*-Polypen leben im Süßwasser. Sie sind hohl, der an einem Ende stehende Mund ist von einem Tentakelkranz umgeben. Mit den Tentakeln werden kleine Tiere eingefangen. *Hydra* kann sich ungeschlechtlich fortpflanzen.

Seeanamonen

Hohltiere mit Saugfuß

Seeanemonen leben meist allein. Sie sind dick und haben lange, nesselbesetzte Tentakel. Mit einer **Fußscheibe**, die wie ein Saugnapf wirkt, heften sie sich an Felsen. Sie ernähren sich von Kleintieren.

Seeanemonen
Bei Ebbe zieht die Seeanemone ihre bunten Fangarme ein.

Würmer

Als »Wurm« bezeichnet man oft jedes beinlose, lange, weiche Tier. Es gibt viele Wurmarten mit unterschiedlicher Lebensweise und entsprechend unterschiedlicher Form.

Plattwürmer

Bandförmige Würmer ohne Körpersegmente

Plattwürmer sind abgeflacht und haben nur eine Körperöffnung: den Mund. Sie bilden den Stamm ▪ **Platyhelminthes** mit über 10 000 Spezies ▪.

*Platt-
würmer*
*Dieser weiß
gestreifte Plattwurm stammt von
den Marshall-Inseln im Pazifik.*

Planarien

Frei lebende Plattwürmer mit röhrenförmigen Mundwerkzeugen

Planarien leben im Wasser oder an feuchten Orten. Mit Muskeln und Cilien ▪ an ihrer flachen Unterseite kriechen sie über feste Oberflächen. Der Mund liegt in der Mitte der Körperunterseite, und zum Fressen schieben sie ein langes Rohr (**Pharynx**) heraus. Viele Planarien können sich asexuell fortpflanzen ▪.

Bandwürmer

Parasitische Plattwürmer, die im Verdauungstrakt des Wirtes leben

Bandwürmer sind Parasiten ▪ und leben in einem anderen Tier, dem Wirt ▪. Ein erwachsener Bandwurm hat einen winzigen Kopf (**Skolex**) und ist in Abschnitte oder **Proglottiden** unterteilt. Mit Haken und Saugnäpfen am Kopf krallt er sich im Darm des Wirtes fest und nimmt dort Nährstoffe auf. Er legt mehrere Millionen Eier, die freigesetzt werden, wenn die ältesten Körperabschnitte den Wirt verlassen.

Ringelwürmer

Würmer mit Körpersegmenten, Mund und Anus

Zu den Ringelwürmern (Stamm **Annelida**) gehören rund 12 000 Arten. Sie bestehen aus Segmenten, die jeweils mit eigenen Muskeln ausgestattet sind. Auch Hautlappen oder Borsten verbessern häufig die Beweglichkeit.

Borstenwurm
*Borstenwürmer sind Ringelwürmer mit
segmentiertem Körper. Diese Art lebt in
seichten Meeresteilen.*

Egel

Ringelwürmer mit einem Saugnapf am Ende

Viele Egel ernähren sich vom Blut anderer Tiere. Sie heften sich mit dem Saugnapf fest und ritzen die Haut mit kleinen Zähnen an. Beim Fressen erzeugt der Egel einen **Gerinnungshemmer**, der die Blutgerinnung verhindert. Manche Egel fressen auch wirbellose Tiere.

Regenwurm

Ein Ringelwurm, der sich von organischen Bodenbestandteilen ernährt

Der runde Regenwurm ist mit Reihen kleiner **Borsten** besetzt. Er bewegt sich mit zwei Muskelgruppen, die seine Segmente verformen. Als Depositfresser ▪ bezieht er seine Nahrung aus dem Boden.

**Ein Regenwurm
im Längsschnitt**

— *Gürtel*

Körpersegment

Darm

Borste

— *Muskelmagen*

Herzen

— *Körperhöhle*

Schlund

Mund

Fadenwürmer

Unsegmentierte Würmer mit harter Außenhaut

Zu den Rundwürmern (Stamm **Nematoda**) gehören rund 15 000 Arten. Sie sind zylinderförmig und besitzen eine feste Außenhaut, die **Cuticula**. Rundwürmer besiedeln unterschiedliche Lebensräume, vielfach auch als Parasiten von Pflanzen oder Tieren einschließlich des Menschen.

Weichtiere

Der Körper vieler Weichtiere ist durch einen harten Panzer geschützt. Die meisten Arten bewegen sich langsam, Tintenfische können aber auch sehr schnell durch das Wasser schießen.

Siehe auch

Düsenantrieb 144 • Filtrieren 117
Gehäuse 136 • Kiemen 122 • Klasse 56
Lunge 124 • Stamm 56 • Spezies 48
Wirbellose 96 • Zelle 18

Weichtiere

Weiche, häufig durch einen harten Panzer geschützte Wirbeltiere

Die Weichtiere (Stamm ◼ **Mollusca**) sind mit rund 100 000 Spezies ◼ die zweitgrößte Gruppe der Wirbellosen ◼. Die meisten Weichtiere haben ein Gehäuse ◼ und leben im Wasser, manche Arten besiedeln aber auch das Land. Viele Weichtiere sind Zwitter: Sie besitzen männliche und weibliche Geschlechtsorgane. Die drei wichtigsten Weichtiergruppen: Schnecken, Muscheln und Kopffüßer.

Schnecken

Weichtiere mit Saugfuß

Typischer Vertreter dieser Gruppe ist die **Gefleckte Weinbergschnecke** (*Helix aspersa*). Sie kriecht auf ihrem Muskelfuß und ist durch ein gewundenes Gehäuse geschützt. Das Mundwerkzeug, Reibzunge oder **Radula** genannt, ist mit Reihen winziger Zähne besetzt. Landschnecken atmen mit einer Lunge ◼, Wasser bewohnende Arten haben Kiemen ◼. **Nacktschnecken** haben kein Gehäuse. Schnecken bilden die Klasse ◼ **Gastropoda**, zu der über vier Fünftel aller Weichtierarten gehören.

Weinbergschnecke
Die Schnittdarstellung zeigt, wie das Verdauungssystem der Schnecke geschützt im Gehäuse liegt.

Muscheln

Weichtiere mit zweiteiligem Gehäuse

Die Muscheln (Klasse **Bivalvia**) leben im Wasser und bewegen sich meist langsam oder bleiben an einem Ort. Sie schützen sich mit einem Gehäuse aus zwei durch ein Scharnier verbundenen **Schalen**, die sie mit einem kräftigen **Schließmuskel** zusammenziehen können. In diese Gruppe gehören **Austern** und **Miesmuscheln**.

Hahnenkammauster

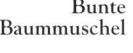
Bunte Baummuschel
Zeltlagermuschel

Sipho

Ein Schlauch, der Wasser zu den Kiemen der Weichtiere leitet

Manche Weichtiere, insbesondere die Muscheln, vergraben sich im Schlamm des Meeresbodens. Mit dem Sipho saugen sie Wasser zu den Kiemen, sodass sie atmen und fressen können.

Tintenfisch
Tintenfische haben einen schnabelförmigen Mund; ihr Biss ist oft giftig.

Kopffüßer

Weichtiere mit großem Kopf und einem Tentakelkranz

Zu den Kopffüßern gehören die verschiedenen Gruppen der **Tintenfische** und **Tintenschnecken**. Sie sind im Gegensatz zu den anderen Weichtieren sehr beweglich und recht intelligent. Sie fangen andere Tiere mit den saugnapfbesetzten Fangarmen und bewegen sich mit einer Art Düsenantrieb ◼ fort. Dazu pressen sie das Wasser durch einen Sipho.

Chromatophore

Eine pigmenthaltige Zelle

Die meisten Kopffüßer können sich mit Chromatophoren farblich an die Umgebung anpassen. Diese Zellen ◼ enthalten winzige Beutel voller **Pigmente** (Farbstoff), die sich beim Farbwechsel dehnen oder zusammenziehen.

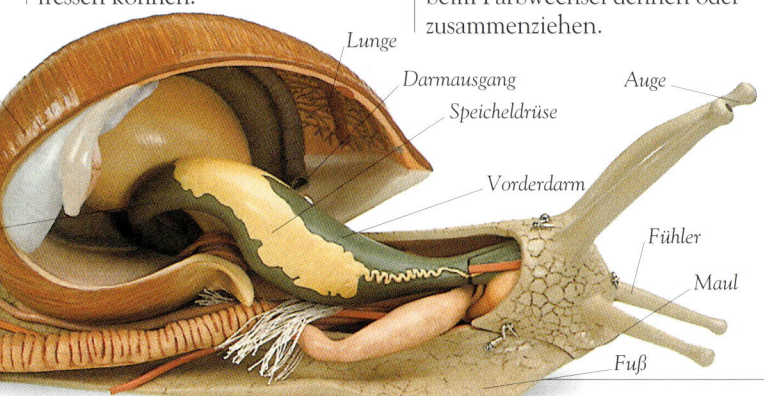
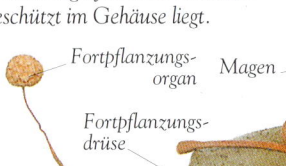

Gehäuse

Lunge

Darmausgang

Speicheldrüse

Auge

Vorderdarm

Fühler

Maul

Fortpflanzungsorgan

Magen

Fortpflanzungsdrüse

Fuß

Stachelhäuter & Seescheiden

Stachelhäuter (Echinodermen) haben einen charakteristischen Bauplan mit fünf Symmetrieachsen, die wie Speichen eines Rades angeordnet sind. Seescheiden sind entfernte Verwandte der Stachelhäuter.

Stachelhäuter

Fünffach-symmetrische Wirbellose mit Innenskelett

Stachelhäuter sind anders als alle anderen Tiere meist in fünf gleiche Teile gegliedert, und ihr Skelett ■ besteht aus kleinen, unmittelbar unter der Haut gelegenen **Skelettplatten**. Die meisten Stachelhäuter haben zahlreiche kleine **Saugfüßchen**. Zu den Stachelhäutern gehören Meeresbewohner wie Seesterne, Seegurken und Seeigel. Sie bilden den Stamm ■ **Echinodermata** mit rund 6500 Arten.

Seesterne

Sternförmige Stachelhäuter mit breiten Armen

Seesterne leben in flachem Wasser. Die Unterseite ihrer Arme ist mit Reihen flüssigkeitsgefüllter Saugfüßchen besetzt, mit denen sie sich fortbewegen und fressen. Viele Seesterne fressen Muscheln. Sie ziehen die Muschelschalen langsam auseinander und schieben ihren Magen in die Öffnung, um das weiche Innere der Muschel zu verdauen.

Siehe auch

Larve 166 • Skelett 136
Spezies 48 • Stamm 56
Wirbeltiere 104

Schlangensterne

Stachelhäuter mit dünnen Armen und einer Scheibe in der Mitte

Schlangensterne leben am Meeresboden und ernähren sich von toten Tieren. Im Gegensatz zu den echten Seesternen haben sie dünne, biegsame Arme; diese schlingen sie um jeden festen Halt, um sich fortzubewegen.

Verdauungssystem

Fortpflanzungsorgan

Mit Saugfüßchen verbundener Hohlraum

Arm

Skelettplatten

Flüssigkeitsgefülltes Rohr

Saugfüßchen

Seestern
Die Schnittzeichnung zeigt die flüssigkeitsgefüllten Verbindungsröhren zwischen den vielen Saugfüßchen.

Seegurken

Gurkenförmige Stachelhäuter mit Tentakelkranz

Seegurken haben keine Arme oder Stacheln, sondern Tentakel und fünf Reihen Saugfüßchen. Sie sammeln auf dem Meeresboden mit den Tentakeln ihre Nahrung.

Seeigel

Stachelhäuter mit stacheligem, kugelförmigem Skelett

Seeigel schützen sich mit einem Gehäuse aus ineinander greifenden Kalkplatten. Das Gehäuse ist mit spitzen Stacheln besetzt. Die meisten Seeigel sind rund und sitzen im seichten Wasser auf Felsen. Im Schlamm lebende Arten sind flacher gebaut.

Seeigel
Mit fünf kräftigen Zähnen auf der Unterseite kratzt der Seeigel am Felsen.

Seescheiden

Flaschenförmige Wirbellose mit kaulquappenähnlichen Larven

Seescheiden sind kleine Tiere aus dem Stamm der **Chordata**. Zu diesem Stamm gehören alle Tiere, durch deren Körper ein Längsstab (**Notochord**) verläuft wie bei den Wirbeltieren. Seescheiden besitzen das Notochord nur im Frühstadium ihres Lebens als Larven ■. Erwachsene Seescheiden sind sesshaft: Sie leben immer an derselben Stelle.

Seescheiden
Seescheiden pumpen Wasser durch ihren Körper und filtern Nahrungsteilchen.

Gliederfüßer

Die Gliederfüßer gehören zu den erfolgreichsten Gruppen der Wirbellosen. Man kennt an Land und im Wasser über eine Million Arten. Sie sind in Größe und Aussehen sehr unterschiedlich, haben aber alle einen harten Außenpanzer mit Gelenken.

Gliederfüßer

Wirbellose mit gegliedertem Außenpanzer

Gliederfüßer (Arthropoden) sind Wirbellose ■. Sie haben meist einen segmentierten Körper und eine harte, wasserdichte Panzerung, das Außenskelett ■, das aus mehreren Platten besteht. Gelenke zwischen den Platten machen Bewegungen möglich. Während ihres Wachstums müssen Gliederfüßer das Außenskelett mehrmals ablegen, ein Vorgang, den man als Häutung bezeichnet. Der Stamm ■ **Arthropoda** ist der größte und erfolgreichste des ganzen Tierreichs. Seine wichtigsten Untergruppen sind Krebstiere, Spinnentiere und Insekten ■. Bei weitem die umfangreichste Untergruppe sind die Insekten.

Hummer

Der Hummer ist ein Zehnfußkrebs. Auf der Jagd geht er langsam über den Meeresboden. Bei Gefahr schwimmt er mit Schlägen seiner Schwimmbeine und des breiten Schwanzes rückwärts.

Wasserfloh
Der Wasserfloh Daphnia schwimmt durch Schläge seiner gefiederten Antennen. Dieses Weibchen enthält zwei befruchtete Eizellen.

Krebstiere

Gliederfüßer mit Beingelenken und zwei Antennenpaaren

Zu den Krebstieren (Überklasse **Crustacea**) gehören etwa 32 000 Spezies ■. Der wissenschaftliche Name erinnert an die harte »Kruste«, die ihren Körper einhüllt. Krebstiere haben in der Regel Komplexaugen ■, zwei Antennenpaare ■ und mehrere Paare mehrteiliger Beine. Sie sind sehr unterschiedlich groß, und die meisten Arten machen während ihrer Entwicklung eine Metamorphose ■ durch. In der Regel leben Krebstiere im Meer; nur wenige, zum Beispiel die **Rollasseln**, sind Landbewohner.

Zehnfußkrebse

Krebstiere mit fünf Schreitbeinpaaren

Zu den Zehnfußkrebsen oder Decapoda gehören rund ein Drittel aller Krebstierarten, darunter **Kurzschwanzkrebse, Hummer** und **Garnelen**. Ihr Körper hat zwei Abschnitte: Kopf und Brustteil (**Thorax**) sind zum **Cephalothorax** verschmolzen, der durch einen harten Panzer (**Karapax**) geschützt ist. Der Hinterleib ist weicher und manchmal nach unten geklappt. Die meisten Zehnfußkrebse haben fünf Beinpaare und zwei häufig unterschiedlich große Scheren.

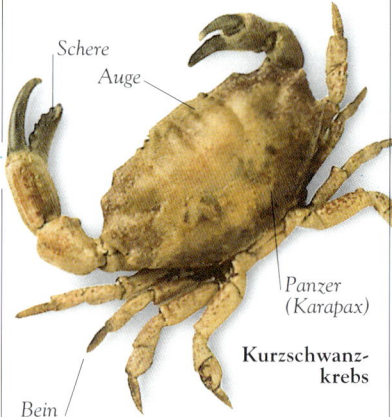

Schere
Auge
Panzer (Karapax)
Bein
Kurzschwanzkrebs

Ein Kurzschwanzkrebs
Der Kurzschwanzkrebs ist durch seinen schildförmigen Panzer geschützt. Der Hinterleib ist unter den Körper geklappt.

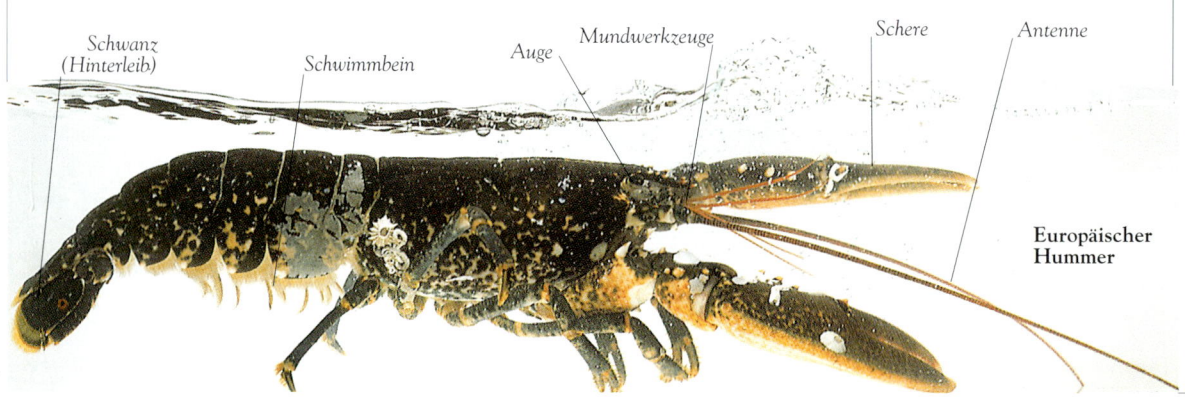

Schwanz (Hinterleib)
Schwimmbein
Auge
Mundwerkzeuge
Schere
Antenne

Europäischer Hummer

Krill

Kleine Krebse, die im
Südpolarmeer zu Hause sind

Die Krillkrebse (*Euphausia superba*)
sind kleine, garnelenähnliche
Tiere, die sich von Plankton
ernähren. Sie leben zu Milliarden
in riesigen Schwärmen und sind
in der Antarktis ein wichtiger Teil
der Nahrungskette ▨. Vögel und
mehrere Säugetierarten ▨, darunter
auch Wale, ernähren sich von
ihnen.

Spinnentiere

Gliederfüßer mit vier Beinpaaren

Zu den Spinnentieren gehören
Spinnen, Milben, Skorpione und
ähnliche Arten. Zusammen bilden
sie mit mindestens 70 000 Spezies
die Klasse ▨ **Arachnida**. Wie die
Krebstiere besitzen sie einen
Cephalothorax und einen
Hinterleib, aber die meisten
Spinnentiere leben an Land,
haben nur vier Beinpaare und
keine Komplexaugen.

Milben

Kleine Spinnentiere, die
Flüssigkeit aus Pflanzen, Tieren
oder totem Material saugen

Milben sind meist rund oder
abgeflacht und haben Beine mit
Krallen. Die meisten Arten leben
an Land, manche sind aber auch
Wasserbewohner und gute
Schwimmer. **Zecken** sind Milben,
die Blut von Tieren saugen;
manche Zeckenarten übertragen
Krankheiten.

Spinnen

Spinnentiere mit Giftzähnen

Die größte und erfolgreichste
Gruppe der Spinnentiere sind mit
rund 30 000 Arten die Spinnen. Sie
sind Fleischfresser ▨ und spritzen
der Beute mit kräftigen Zähnen
Gift ein. Anschließend »spuckt«
die Spinne Verdauungsenzyme ▨
auf das Opfer und saugt die
Nährstofflösung ein. Manche
Spinnen fangen ihre Opfer mit
seidenen **Netzen**, die aus Protein ▨
bestehen. Die Fäden werden durch
Spinndrüsen nach außen gepresst.
Spinnen, die keine Netze bauen,
springen ihre Beute häufig an.

Chile-
Vogelspinne

Spinndrüse

Hinterleib

Cephalothorax

Fühler
Kiefer

Skorpione

Spinnentiere mit Scheren
und Giftstachel

Skorpione leben vor allem
in warmen Gegenden. Sie
fangen andere Tiere mit
ihren kräftigen
Scheren und
lähmen sie dann
mit dem Gift-
stachel. Das
Skorpion-
weibchen ist
eine für-
sorgliche
Mutter. Es
bringt lebende
Junge zur Welt und trägt sie, bis
sie selbst für sich sorgen können.

Schere

Hundertfüßer

Gliederfüßer mit Giftklauen und
langem, flachem Körper

Hundertfüßer sind vielbeinige
Jäger, die im Boden leben und sich
von Kleintieren ernähren. Sie
tragen an jedem Körpersegment ein
Beinpaar und töten ihre Beute mit
Giftklauen, die hinter dem Kopf
sitzen. Zur Klasse der Hundertfüßer
oder **Chilopoda** gehören rund
3000 Arten.

Doppelfüßer

Gliederfüßer mit zylinderförmigem
Körper und vielen Beinpaaren

Die zylinderförmigen Doppelfüßer
tragen an jedem Segment zwei
Beinpaare. Die größten Arten
besitzen über 500 Beinpaare, bei
vielen sind es aber weit weniger.
Doppelfüßer leben vorwiegend im
Boden und unter toter Rinde. Sie
ernähren sich von verrottenden
Pflanzen. Zu ihrer Klasse, den
Diplopoda, gehören rund
8000 Arten.

Giftstachel

Skorpion

*Außenskelett
aus biegsamen
Platten*

Insekten

In fast allen Lebensräumen an Land gibt es Insekten. Sie stellen drei Viertel aller Tierarten, und jedes Jahr werden rund 10000 neue Insektenspezies beschrieben.

Insekten

Wirbellose mit sechs Beinen und einem dreiteiligen Körper

Zu den Insekten (Klasse ▪ **Insecta**) gehören mindestens 800000 Spezies ▪. An ihrem segmentierten Körper kann man drei Teile unterscheiden. Mundwerkzeuge und Sinnesorgane, oft auch zwei Komplexaugen ▪, liegen im **Kopf**. Die Brust (**Thorax**) trägt drei Beinpaare und bei den meisten Insekten ein oder zwei Flügelpaare. Der Hinterleib (**Abdomen**) enthält die Verdauungs- und Fortpflanzungsorgane.

Ungeflügelte Insekten

Einfache Insekten ohne Flügel

Ungeflügelte Insekten sind klein und haben vielfach weder Antennen ▪ noch Augen. Sie durchlaufen eine unvollständige Metamorphose ▪: Ihre Gestalt ändert sich allmählich während des Heranwachsens. Viele Arten, so die **Silberfische**, leben an feuchten Orten.

Geflügelte Insekten

Insekten mit Flügeln

Über neun Zehntel aller Insektenarten sind geflügelt und bilden die Unterklasse **Pterygota**. Die meisten haben zwei Flügelpaare – **Vorder-** und **Hinterflügel** – und durchlaufen die Metamorphose: Ihre Form ändert sich während des Lebens plötzlich oder allmählich. Manche geflügelten Insekten, beispielsweise die Ameisen, haben ihre Flügel in der Evolution ▪ wieder verloren.

Jäger der Lüfte
Anders als die meisten anderen Insekten können Libellen die Flügel nicht zusammenfalten. Sie stehen immer rechtwinklig zum Körper.

Vorderflügel

Komplexauge

Brust

Hinterflügel

Hinterleib

Libelle

Termiten

Staaten bildende, oft flügellose Insekten mit scharfen Mundwerkzeugen

Termiten sind soziale Tiere ▪ und leben in großen Kolonien zusammen. Eine Kolonie besteht aus verschiedenen Gruppen oder **Kasten**, die unterschiedliche Aufgaben erfüllen. Die **Königin** legt die Eier, die **Arbeiter** versorgen die Eier und sammeln Nahrung, und die **Soldaten** verteidigen das Nest. Termiten bauen oft große Nester aus Holz oder Schlamm und ernähren sich von Pflanzen. Sie durchlaufen eine unvollständige Metamorphose. Sie gehören zur rund 2000 Arten umfassenden Ordnung ▪ **Isoptera**.

Antenne

Wanderheuschrecke

Heuschrecken

Insekten mit kräftigen Hinterbeinen und lederartigen Vorderflügeln

Heuschrecken und **Grillen** bilden die Ordnung **Orthoptera** mit über 20000 Arten. Sie können fliegen, bewegen sich aber meist springend fort. Die meisten Arten verständigen sich durch Zirpgeräusche: Dazu reiben sie einen kleinen rauen Abschnitt der Hinterbeine an den Vorderflügeln. Mit ihren kräftigen Kiefern fressen sie Pflanzen und Tiere. Die Entwicklung umfasst eine unvollständige Metamorphose. Auch die **Wanderheuschrecke** (*Locusta migratoria*) gehört in diese Gruppe.

Libellen

Raubinsekten mit zwei steifen Flügelpaaren

Libellen sind Jäger. Sie können in der Luft geschickt manövrieren und fangen Insekten im Flug, indem sie mit den Beinen eine Art Korb bilden. Mit den größten Komplexaugen aller Insekten sehen sie bewegte Gegenstände auf mehrere Meter Entfernung. Libellen durchlaufen eine unvollständige Metamorphose. Jungtiere (Nymphen ▪) leben im Wasser. Sie haben einen großen Kopf, einen dicken Körper und keine Flügel. Ihre Beute fangen die Nymphen mit beweglichen Mundwerkzeugen, die man **Maske** nennt. Die über 5000 Libellenarten gehören zur Ordnung **Odonata**.

Wanzen

Insekten mit stechenden Mundwerkzeugen und verdickten Vorderflügeln

Die Wanzen bilden die Ordnung **Hemiptera**, die etwa 50000 Arten umfasst. Sie leben auf Pflanzen oder Tieren und besitzen einen langen, gegliederten Rüssel, mit dem sie ihr Opfer anstechen und die Nahrung aufsaugen. Alle Wanzen entwickeln sich durch unvollständige Metamorphose.

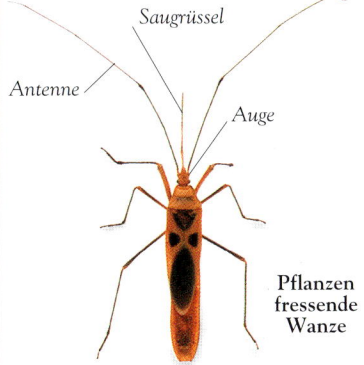

Saugrüssel

Antenne

Auge

Pflanzen fressende Wanze

Käfer

Insekten mit harten Vorderflügeln

Die Käfer bilden mit fast 400000 Arten die größte Ordnung der Insekten, die **Coleoptera**. Ihre Vorderflügel sind zu gebogenen Platten abgewandelt, die man Deckflügel oder **Elytren** nennt. Darunter liegen geschützt die empfindlichen Hinterflügel, die zum Fliegen dienen. Käfer machen eine vollständige Metamorphose ▨ durch. Käferlarven, auch Maden genannt, graben häufig Gänge in ihrer Nahrung.

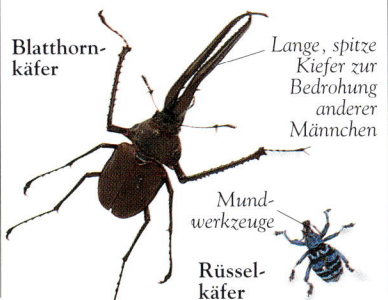

Blatthornkäfer

Lange, spitze Kiefer zur Bedrohung anderer Männchen

Mundwerkzeuge

Rüsselkäfer

Fliegen

Insekten mit nur einem funktionierenden Flügelpaar

Die echten Fliegen bilden mit rund 90000 Arten die Ordnung **Diptera**. Zu ihr gehören die **Stubenfliege** (*Musca domestica*), die **Bremsen** (Familie **Tabanidae**), die **Stechmücken** (Familie **Culicidae**) und die **Tsetsefliegen** (Familie **Glossinidae**). Echte Fliegen benutzen nur die Vorderflügel zum Flug. Die Hinterflügel sind zu winzigen Schwingkölbchen oder **Halteren** umgebildet, die der Stabilisierung beim Fliegen dienen. Fliegen fressen vielerlei Nahrung, und die Mundwerkzeuge eignen sich zum Saugen oder Stechen. Alle echten Fliegen entwickeln sich durch echte Metamorphose; ihre beinlosen Larven werden oft **Maden** genannt.

Wespen

Insekten mit verhakten Vorder- und Hinterflügeln

Zur Ordnung **Hymenoptera**, die rund 100000 Arten umfasst, gehören neben den Wespen auch **Bienen** und **Ameisen**. Viele dieser Insekten bilden Staaten. Wespen fressen unterschiedliche Nahrung, und viele kleine Wespenarten leben als Parasiten ▨ von anderen Insekten. Die Weibchen besitzen einen langen Legeapparat, den **Ovipositor**, der oft auch als Giftstachel ausgebildet ist. Wie Bienen und Ameisen, so machen auch die Wespen eine vollständige Metamorphose durch.

Schmetterlinge

Von winzigen Schuppen bedeckte Insekten mit großen Flügeln

Schwalbenschwanz

Schmetterlinge und **Motten** bilden die Ordnung **Lepidoptera**, die rund 150000 Arten umfasst. Körper, Beine und Flügel der Schmetterlinge und Motten sind mit Schuppen besetzt. Die Metamorphose ist vollständig. Die Larven, Raupen ▨ genannt, leben von pflanzlicher Nahrung. Erwachsene Schmetterlinge saugen mit einem langen Rüssel (**Proboscis**) den Blütennektar und andere Flüssigkeiten. Wird der Rüssel nicht gebraucht, rollen sie ihn ein.

Raupe des Schwalbenschwanzes

Echtes Bein

Kopf

Bauchfüße

Raupen
Raupen haben drei echte Beinpaare und vier Paare kurzer Bauchfüße.

Fische

Leoparden-
hai

Die Fische sind die erfolgreichste Gruppe der Wirbeltiere. Wo es Wasser gibt, trifft man sie fast immer an. Mit glitschigen Schuppen und stromlinienförmigem Körper sind sie optimal an das nasse Element angepasst. Die meisten bleiben mit einer luftgefüllten Schwimmblase in der Schwebe.

Wirbeltiere

Tiere mit Rückgrat

Der Körper der Wirbeltiere wird von einem Rückgrat gestützt, das aus Wirbeln ■ besteht, getrennten Einheiten, die sich zur Wirbelsäule verbinden. Die meisten Wirbeltiere reagieren mit hoch entwickelten Sinnesorganen und Nervensystemen ■ auf ihre Umgebung. Sie bilden den Unterstamm **Vertebrata**, der mit über 40 000 Arten den größten Teil des Stammes ■ Chordata ausmacht. Die großen Wirbeltiergruppen sind Fische, Reptilien, Vögel, Säugetiere und Amphibien.

Fische

Wasser bewohnende Wirbeltiere, die durch Kiemen atmen

Fische sind Wirbeltiere und leben im Wasser. Sie sind Kaltblüter ■, das heißt, sie haben stets die gleiche Körpertemperatur wie ihre Umgebung. Die meisten Fische nehmen den Sauerstoff durch Kiemen ■ auf. Durch das Wasser bewegen sie sich mit dem Schwanz, und meist sind sie durch harte Schuppen ■ geschützt. Die Schuppen sind vielfach von glitschigem **Schleim** bedeckt, sodass der Fisch besser durch das Wasser gleitet. Es gibt drei große Fischgruppen: kieferlose Fische, Knorpel- und Knochenfische. Zusammen bilden sie die Überklasse **Pisces** mit mehr als 20 000 Arten.

Kieferlose Fische

Primitive Fische mit einem Mund ohne Kiefer

Die meisten Fische haben Kiefer ■ mit Gelenken, bei den kieferlosen Fischen aber ist der Mund eine einfache Saugöffnung. Sie waren in der Evolution vor über 400 Mio. Jahren die ersten Fische. Heute leben aus dieser Gruppe nur noch Neunaugen und Inger. Sie bilden mit rund 70 Arten die Überklasse **Agnatha**.

Neunaugen

Parasitische, kieferlose Fische

Neunaugen leben in Salz- und Süßwasser. Erwachsene Tiere sind lang und haben einen runden Mund mit scharfen Zähnen. Als Parasiten ■ heften sie sich an andere Fische und saugen ihr Blut. Junge Neunaugen werden durch Metamorphose ■ zum erwachsenen Tier. **Inger** sind kieferlose Fische, die sich von toten Tieren ernähren. Sie haben keine Augen, und ihr langer Körper ist mit Schleim bedeckt. Mit einer besonderen, mit scharfen Zähnen besetzten Zunge fressen sie tote Fische.

Saugmund
Der Mund eines Meerneunauges mit rundem Saugnapf und scharfen Zähnen

Knorpelfische

Fische mit einem Skelett aus Knorpel statt Knochen

Fast alle Knorpelfische sind räuberische Meeresbewohner. Zu ihnen gehören Haie und **Rochen**. Alle besitzen bewegliche Kiefer, und das Skelett besteht aus dem widerstandsfähigen, elastischen Knorpel ■. Die Haut mit ihren zahnartigen Schuppen fühlt sich an wie Sandpapier. Rochen sind flach und haben eine breite Brustflosse. Die über 700 Knorpelfischarten bilden die Klasse ■ **Chondroichthyes**.

Schwanz-flosse

Schuppen

Afterflosse

Haie

Knorpelfische mit langem, stromlinienförmigem Körper

Die meisten Haie sind gefürchtete Räuber ■. Sie sind geschickte Schwimmer, und in ihren Kiefern stehen spitze Zähne. Die Stromlinienform eignet sich gut zum Schwimmen, aber da Haie keine Schwimmblase haben, müssen sie ständig in Bewegung bleiben, um nicht abzusinken. Die große, fettgefüllte Leber gibt allerdings Auftrieb. Die größten Haie, der **Riesenhai** (Cetorhinus maximus) und der **Walhai** (Rhincodon typus), fressen Plankton ■ und sind für Menschen ungefährlich.

Knochenfische

Fische mit Kiefern und Knochenskelett

Knochenfische haben ein Knochenskelett und bleiben mit einer Schwimmblase in der Schwebe. Die Kiemen sind von einem **Kiemendeckel** bedeckt. Die über 20 000 Knochenfischarten bilden die Klasse **Osteichthyes**. Das Größenspektrum reicht vom riesigen Mondfisch (*Mola mola*) der bis zu 2 t wiegen kann, hin zu den winzigen, noch nicht einmal einen Zentimeter langen **Grundeln** (*Trimmatom*).

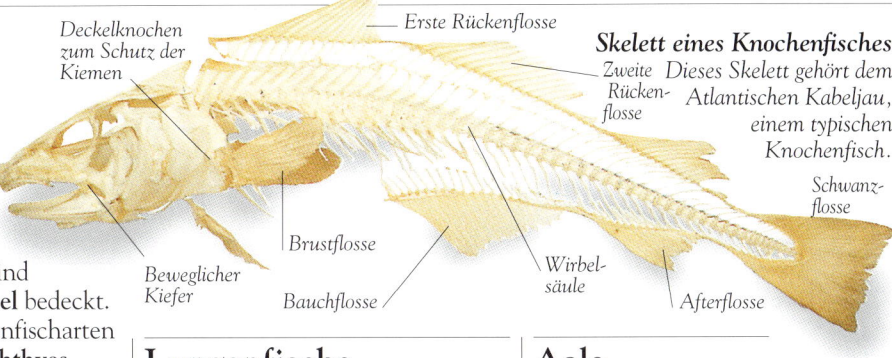

Deckelknochen zum Schutz der Kiemen

Erste Rückenflosse

Skelett eines Knochenfisches

Zweite Rücken-flosse Dieses Skelett gehört dem *Atlantischen Kabeljau, einem typischen Knochenfisch.*

Schwanz-flosse

Beweglicher Kiefer

Brustflosse

Bauchflosse

Wirbel-säule

Afterflosse

Rückenflosse

Kiemendeckel

Lungenfische

Fische, die mit lungenähnlichen Organen atmen

Lungenfische sind ungewöhnlich – lang und mit Stummelflossen. Sie leben in warmen Sümpfen und atmen mit Organen, die wie eine Lunge ■ funktionieren. Viele Lungenfische überleben im Schlamm vergraben die Trockenzeit. Sie sind die einzigen heute lebenden Verwandten einer vor Jahrmillionen weit verbreiteten Gruppe von Fischen.

Zierkarpfen
Der Zierkarpfen ist ein typischer Knochenfisch. Er wurde speziell wegen seiner leuchtenden Farben gezüchtet.

Aale

Schlangenähnliche Knochenfische

Aale sind lang, glitschig und meist nicht mit Schuppen besetzt. Ihre durchgehende Flosse zieht sich über den Rücken, um den Schwanz und entlang der Unterseite. Es gibt rund 350 Aalarten, darunter den **Meeraal** und die räuberische **Muräne** (*Muraena helena*). Sie bilden die Ordnung **Anguilli-formes**.

Tiefseefische

Fische, die in lichtlosen Meerestiefen leben

In großer Tiefe reicht das Licht für pflanzliches Leben nicht aus. Fische, die dort leben, müssen sich von herabsinkenden Abfällen oder voneinander ernähren. Viele Tiefseefische zeigen **Biolumineszenz**: Sie leuchten selbst. Mit dem Licht locken sie vor allem Beute an. Über dem Maul des weiblichen **Angler-fisches** (*Lophius piscatorius*) hängt ein leuchtender Köder. Kommt ein anderer Fisch neugierig in die Nähe, wird er gefressen.

Schwimmblase

Eine gasgefüllte Blase, die Fischen im Wasser Auftrieb gibt

Die Schwimmblase ist ein ballonartiges Organ ■, das Gas enthält. Sie macht einen Fisch im Wasser **auftriebs-neutral**, sodass er weder steigt noch sinkt. Unter der Oberfläche ist der Druck viel geringer als in größerer Tiefe. Deshalb nimmt dort die Gasmenge in der Schwimmblase zu, damit diese nicht vom Wasserdruck zusammengepresst wird.

Plattfische

Fische, die auf der Seite liegen

Die am Meeresboden lebenden Plattfische machen während ihrer Entwicklung eine bemerkenswerte Verwandlung durch. Sie schwimmen zunächst im offenen Wasser und lassen sich dann am Boden nieder. Dort legt der Fisch sich auf die Seite, und das nach unten blickende Auge wandert allmählich nach oben, sodass schließlich beide Augen auf der Oberseite liegen. Zur Ordnung der Plattfische (**Pleuro-nectiformes**) gehört die **Sand-flunder** (*Rhombosolea plebeia*).

Axolotl

Amphibien

Die Amphibien entwickelten als erste Wirbeltiere Beine an Stelle der Flossen und besiedelten das Land. Heute sind sie im Wasser und auf dem Trockenen zu Hause, meist aber an feuchten Orten, wo ihre Haut nicht austrocknet.

Axolotl

Ein Salamander, der sich fortpflanzt, ohne vollständig heranzureifen

Das Axolotl (*Ambystoma mexicanum*), ein in Mexiko lebender Salamander mit rosafarbener Haut und leuchtend roten Kiemen, ist ungewöhnlich: Im Gegensatz zu den meisten anderen Amphibien kann es sich fortpflanzen, ohne den erwachsenen Körperbau anzunehmen. Dieses Phänomen nennt man **Neotenie**. Manchmal wird ein Axolotl aber auch erwachsen: Es verliert die Kiemen und lebt dann an Land.

Amphibien

Wirbeltiere, die sowohl im Wasser als auch an Land leben

Amphibien sind Wirbeltiere ■ und Kaltblüter ■. Mit rund 3000 Spezies ■ bilden sie die Klasse ■ **Amphibia**. Sie verbringen zumindest einen Teil ihres Lebens im Wasser und machen während ihrer Entwicklung eine Formveränderung (Metamorphose ■) durch. Amphibien sind in der Regel anfangs Larven ■ oder Kaulquappen ■ und atmen durch Kiemen ■. Später entwickeln sich Beine und Lungenatmung. Die meisten Amphibien können Gase auch durch die feuchte Haut austauschen, und manche behalten die Kiemen das ganze Leben lang.

Vierbeiner

Wirbeltiere mit vier Beinen oder vierbeinigen Vorfahren

Bei den Amphibien entwickelten sich zum ersten Mal vier Beine zum Gehen. Diesen Körperbauplan übernahmen in der Evolution ■ auch Reptilien, Vögel und Säugetiere. Manche Vierbeiner, zum Beispiel Blindwühlen und Schlangen, verloren die Beine später und entwickelten andere Fortbewegungsmethoden. Die Vorderbeine der Vögel wurden zu Flügeln. Bei fast allen Vierbeinern tragen die Extremitäten ■ fünf Finger.

Salamander

Amphibien mit langem Körper und Schwanz

Salamander sind lang und haben kurze Beine sowie einen zylinderförmigen Schwanz. Als erwachsene Tiere leben sie meist an Land, und Sauerstoff nehmen sie über die feuchte Haut auf. Manche Arten, so der **Feuersalamander** (*Salamandra salamandra*), geben bei Gefahr ein Gift ab und warnen natürliche Feinde mit leuchtenden Farben. Der **Chinesische Riesensalamander** (*Andrias davidianus*) ist mit bis zu 1,50 m Länge die größte Amphibienart. Salamander bilden mit den Molchen die Klasse ■ **Urodela**, die rund 450 Arten umfasst.

Bunte Warnfärbung

Feuchte Haut nimmt Sauerstoff auf.

Fleckensalamander

Molche

Längliche Amphibien, die fast nur im Wasser leben

Die Molche sind enge Verwandte der Salamander. Sie haben meist einen Schwimmschwanz und leben vorwiegend im Wasser. Wie die Salamander locken sie zur Paarungszeit häufig mit raffiniertem Werbeverhalten ihre Partner an.

Frösche

Schwanzlose Amphibien mit kräftigen Beinen

Anders als Salamander und Molche verlieren Frösche den Schwanz, wenn sie erwachsen werden. An ihrem gedrungenen Körper sitzen Hinterbeine mit kräftigen Sprungmuskeln. Alle Frösche haben ein großes Maul und sind Fleischfresser ■. Sie leben meist nahe am Wasser und springen bei Gefahr hinein. Zusammen mit den Kröten bilden sie die rund 2500 Arten umfassende Ordnung **Anura**.

Klebrige Zehenpolster zum Festhalten

Laubfrösche

Frösche mit klebrigen Zehenpolstern

Laubfrösche leben vor allem in warmen Regionen. An den langen, dünnen Zehen tragen sie runde Haftpolster, sodass sie guten Halt haben. Viele Laubfrösche legen ihre Eier über dem Boden in Nester aus zerknüllten Blättern oder Schaum. Die Kaulquappen schlüpfen und fallen dann in Wasser.

Große Augen zum Erspähen der Beute

Rotaugen-Laubfrosch

Pfeilgiftfrösche

Tropische Frösche, die sich mit tödlichem Gift schützen

Die winzigen Pfeilgiftfrösche leben in den Regenwäldern Mittel- und Südamerikas. Ihre Haut, die zur Abschreckung grell gefärbt ist, gibt ein tödliches Gift ab. Die Indianer reiben das Gift auf ihre Pfeile, daher der Name der Frösche.

Weibliche Pfeilgiftfrösche legen gewöhnlich Haufen von weniger als zehn Eiern an Land ab. Das Männchen trägt die frisch geschlüpften Kaulquappen auf dem Rücken zu einem wassergefüllten Baumloch.

Große Finger mit Flughäuten bilden einen Fallschirm.

Fliegender Laubfrosch
Dieser Rotaugen-Laubfrosch jagt im Blätterdach des Regenwaldes nach Insekten. Wenn er die Flughäute an den Zehen ausbreitet, kann er wie an einem Fallschirm durch die Luft gleiten.

Siehe auch

Befruchtung 161 • Evolution 44
Extremitäten 138 • Fleischfresser 116
Kaulquappe 167 • Kaltblüter 133
Kiemen 122 • Klasse 56 • Larve 166
Metamorphose 166 • Ordnung 56
Spezies 48 • Wirbeltiere 104

Blindwühlen

Beinlose Amphibien

Blindwühlen leben im Wasser oder Boden tropischer Klimazonen. Sie sind lang und ähneln Würmern, die Beine fehlen, und die Haut ist oft mit winzigen Schuppen besetzt. Die Kaulquappen der meisten Blindwühlen wachsen im Wasser heran. Die rund 150 Blindwühlenarten bilden die Amphibienordnung **Apoda**.

Geburtshelferkröte

Eine Kröte mit ungewöhnlicher Brutpflege

Die in Westeuropa heimische Geburtshelferkröte (*Alytes obstetricans*) paart sich – für Amphibien ungewöhnlich – an Land. Das Weibchen legt etwa 50 Eier, die das Männchen sich nach der Befruchtung ■ vorsichtig um die Hinterbeine wickelt. Es trägt sie eineinhalb Monate lang herum und legt sie dann im Wasser ab, wo die Kaulquappen schlüpfen.

Flugfrosch

Ein Frosch, der auf ausgestreckten Füßen durch die Luft gleitet

Flugfrösche leben in den Wäldern Südostasiens. Sie sind schlank und haben ungewöhnlich lange Zehen. Flugfrösche können eigentlich nicht fliegen, aber sehr gut durch die Luft gleiten. Beim Sprung vom Baum spreizt der Frosch die Zehen, und die Häute zwischen ihnen machen den Fuß zu einem Fallschirm; der Frosch gleitet sanft durch die Luft zum nächsten Baumstamm.

Kröten

Schwanzlose Amphibien mit kräftigen Beinen und trockener Haut

Kröten ähneln den Fröschen, halten sich aber viel länger vom Wasser fern. Ihre Haut ist trocken und voller Höcker, die meist als Warzen bezeichnet werden. Mit Gift, das die Haut abgibt, schützen sich Kröten vor Angriffen. Bei Fröschen ist die Haut meist glatter und feuchter.

Krötenmännchen trägt die Eier an den Hinterbeinen.

Geburtshelferkröte

Reptilien

Früher waren Reptilien die beherrschende Lebensform. Als erste Tiere passten sie sich völlig an das Leben auf dem Trockenen an. Zu ihren wichtigsten Errungenschaften gehörten Eier, die auch an Land nicht austrockneten.

Schwenk-
bares Auge

Greifzehen

Chamäleon

Eine baum-
bewohnende
Echse mit
Greifschwanz

Madagaskar-
Chamäleon

Chamäleons lauern Insekten ◼ auf und sind gut an diese Lebensweise angepasst. Ihre Haut kann die Farbe der Umgebung annehmen, und die Augen spähen unabhängig voneinander nach Nahrung. Die Zehen eignen sich zum Klettern auf Bäumen, und der Greifschwanz kann sich um Äste winden. Die Zunge schießt plötzlich heraus und fängt die Beute.

Schlüpfende
Kletternatter

Reptilien

Wirbeltiere mit Schuppenhaut und wasserdichten Eiern

Reptilien sind Wirbeltiere ◼ mit kräftiger, wasserdichter Schuppenhaut ◼. Sie sind Kaltblüter ◼. Um aktiv zu werden, müssen sie sich in der Sonne aufwärmen. Deshalb können sie in kalten Gegenden nicht leben. Reptilien legen **beschalte** oder **amniotische** Eier ◼, das heißt, eine kräftige Membran (das Amnion) verschließt die Eier und verhütet das Austrocknen. Schlüpfende junge Reptilien sehen aus wie ihre Eltern im Kleinformat. Zur Klasse ◼ **Reptilia** gehören rund 6000 Arten.

Echsen

An Land lebende Reptilien, meist mit vier Beinen

Die meisten Echsen sind geschickte Räuber und jagen kleinere Tiere. Vielfach haben sie einen langen Schwanz und scharfe Klauen an den Füßen. Manche Echsen, beispielsweise die **Blindschleiche** (*Anguis fragilis*) haben überhaupt keine Beine. Echsen und Schlangen bilden die Ordnung ◼ **Squamata** mit über 5000 Arten.

Geckos

Nachtaktive Echsen mit flachen Zehen

Geckos leben in warmen Regionen und ernähren sich von Insekten. Sie sind flach mit großen Augen und klebrigen, mit kleinen Borsten besetzten Zehen. Damit können sie sich an den meisten Oberflächen festhalten und sogar an Wänden oder an der Decke entlang laufen. Anders als die meisten Reptilien können Geckos laute Rufe ausstoßen.

Leguane

Langbeinige Echsen, oft mit einem Rückenkamm

Leguane sind große, vorwiegend in Nord- und Südamerika heimische Echsen. Viele Arten sind leuchtend bunt und betreiben eine raffinierte Partnerwerbung ◼. Der **Stirnlappen-Basilisk** (*Basiliscus plumifrons*) gehört zu den wenigen Reptilien, die auf zwei Beinen gehen können. Er balanciert dabei mit dem Schwanz und läuft sogar über Wasser. Die Meerechse lebt als einziges Reptil im Ozean. Sie ist auf den Galápagos-Inseln zu Hause und ernährt sich von Seetang.

Rückenpanzer

Bauchpanzer

Rotwangen-
Schmuck-
schildkröte

Schildkröten

Gepanzerte Reptilien

Der schützende Knochenpanzer der Schildkröten besteht aus einem gewölbten Rückenpanzer (**Karapax**) und einem flachen Bauchpanzer (**Plastron**). Der Panzer besteht aus Platten aus dem Strukturprotein ◼ Keratin. Statt Zähnen haben Schildkröten scharfkantige Kiefer ◼, ähnlich dem Schnabel eines Vogels. Ihre rund 250 Arten bilden die Ordnung **Chelonia** mit den im Wasser lebenden **Sumpfschildkröten** und den **Landschildkröten**.

Schuppenhaut

Kamm

Grüner Leguan

Langer
Schwanz zum
Balancieren

Spitze
Klauen

Schlangen

Beinlose Reptilien mit lose verbundenen Kiefern

Schlangen sind enge Verwandte der Echsen, haben aber in der Evolution die Beine verloren. Sie sind Fleischfresser ▪ und können mit ihren stark dehnbaren Kiefern auch große Tiere schlucken. Viele Schlangen töten ihre Beute mit **Schlangengift**, das sie durch hohle oder mit einer Rinne versehene **Giftzähne** einspritzen. Zum »Riechen« drückt die Schlange mit der gespaltenen Zunge die Geruchsteilchen der Luft gegen das Jacobson-Organ ▪, eine Sinnesgrube am Gaumen.

Boa constrictor

Eine Riesenschlange, die ihre Beute erdrosselt

Die Riesenschlage Boa constrictor (*Constrictor constrictor*) tötet ihre Beute, indem sie sich um das Tier windet und es erdrosselt. Die Boa constrictor gehört zur Familie ▪ **Boidae**, ebenso wie die **Pythons** und die riesige **Anaconda** (*Eunectes murinus*), die bis zu 8 m lang wird.

Puffotter

Eine Schlange mit beweglichen Giftzähnen

Die Puffotter (*Bitis arietans*) gehört zu den giftigsten Schlangen der Welt. Sie richtet die hohlen Giftzähne beim Biss nach vorn und spritzt dem Opfer ein tödliches Gift ein. Sie gehört ebenso wie die **Kreuzotter** (*Vipera berus*) und die **Gabunotter** (*Vipera gebonica*) zur Familie der **Vipern**.

Muskulöser Körper zum Umschlingen der Beute

Indische Python

Hautmusterung zur Tarnung im Baum

Lose verbundene, dehnbare Kiefer zum Schlucken der Beute

Tödliche Umarmung
Pythons hängen an einem Baum und warten auf Beute. Sie greifen das Opfer mit ihren starken Zähnen, erdrosseln es und verschlucken es dann.

Krokodile

Im Wasser lebende Reptilien mit gepanzerter Haut

Krokodile gehören zu der alten Ordnung **Crocodilia**. Sie umfasst 21 Arten, darunter die krokodilähnlichen **Alligatoren** und die **Gaviale** mit ihren viel schmaleren Kiefern. Die sehr räuberischen Krokodile sind gut an das Leben im Wasser angepasst. Sie können unter Wasser die Nasenlöcher schließen und mit dem Schwanz gut schwimmen. Die Weibchen legen die Eier in ein Nest und sind fürsorgliche Mütter.

Brückenechse

Die letzte lebende Art einer uralten Reptilienordnung

Die Brückenechse (*Sphenodon punctatus*) lebt in Neuseeland. Sie ist heute die einzige Spezies ▪ der Ordnung **Rhyncocephalia**, die mehrere Millionen Jahre bis ins Trias zurückreicht. Ungewöhnlich für Reptilien: Brückenechsen sind noch bei niedrigen Temperaturen bis 13 °C aktiv. Sie wachsen langsam und werden bis zu 50 Jahre alt.

Dinosaurier

Ausgestorbene Reptilien

»Dinosaurier« kommt von dem griechischen »schreckliche Echse«. Diese Gruppe von Reptilien, manche davon riesengroß, lebte vor Jahrmillionen. Aber nicht alle großen Reptilien waren Dinosaurier. Sie gehörten zur größeren Gruppe der **Archosaurier**, die auch die Vorfahren der heutigen Krokodile und Vögel sowie die riesigen, fliegenden **Pterosaurier** umfasste. Die meisten Archosaurier verschwanden bei dem großen Massenaussterben ▪ am Ende der Kreidezeit.

Kräftiger Schwanz

Nilkrokodil

Tödliche Kiefer

Hornschuppen

Vögel

Vögel sind die leistungsfähigsten und am weitesten verbreiteten Flugtiere. Manche Arten erheben sich nur kurz vom Boden, andere bleiben wochen- oder monatelang in der Luft und suchen im Flug ihre Nahrung.

Vogel

Ein gefiedertes Tier

Vögel sind Wirbeltiere ■ und Warmblüter ■. Sie besitzen als einzige Tiere Federn und sind neben den Fledermäusen die einzigen aktiv flugfähigen ■ Wirbeltiere. Sie haben keine Zähne, und die Kiefer ■ sind zu einem **Schnabel** geworden. Zur Fortpflanzung legen sie Eier mit einer harten **Eierschale**. Die rund 8600 Vogelarten leben an Land, am Süßwasser und am Meer.

Feder

Gebilde aus dünnen Keratinfäden

Vogelfedern bestehen aus Keratin, einem widerstandsfähigen Strukturprotein ■. Jede Feder enthält tausende winziger **Bogenstrahlen**, die mit **Hakenstrahlen** verbunden sind und der Feder meist eine glatte Oberfläche verleihen. Vögel besitzen mehrere Federtypen. Lange, steife Schwungfedern an Flügeln ■ und Schwanz ermöglichen das Fliegen. Die Körperbedeckung aus Konturfedern verleiht dem Vogel seine Stromlinienform, und flauschige **Daunenfedern** halten die Haut warm.

Schwanzfeder

Schwungfeder

Konturfedern

Daunenfeder

Nest

Die Behausung eines Vogels

Wie viele Tiere legen auch Vögel ihre Eier meist in ein schützendes Nest. Manche Vögel bauen sehr einfache Nester am Boden. Ihre Jungen sind beim Schlüpfen schon gut entwickelte **Nestflüchter** und können vor Gefahren fliehen. Andere Arten bauen raffiniertere Nester auf Bäumen. Hier sind die Jungen häufig blinde, unausgereifte **Nesthocker**.

Papageien

Vögel mit Hakenschnabel und Greiffüßen

Arakanga

Die knapp über 300 Papageienarten (Ordnung **Psittaciformes**) ernähren sich vorwiegend pflanzlich. Mit den kräftigen Füßen können sie die Nahrung beim Fressen festhalten. Papageien sind farbenprächtig, und viele Arten werden wegen ihres bunten Gefieders gesammelt. Deshalb sind manche Papageienarten gefährdet. Der **Wellensittich** (*Melopsittacus undulatus*), ein kleiner, Körner fressender Papagei, wird häufig als Haustier gehalten.

Sperlingsvögel

Vögel mit Greifzehen

Die **Sperlingsvögel** sind meist klein und leicht. Ihre Füße haben vier Zehen, von denen drei nach vorn und einer nach hinten weist. Deshalb können sie sich mit den Füßen gut an Zweigen festhalten. Die Sperlingsvögel bilden die Ordnung **Passeriformes**, zu der weltweit über die Hälfte aller Vogelarten gehören, beispielsweise **Webervögel, Sperlinge, Finken, Stare** und **Krähen**.

Kuckucke

Vögel, die ihre Eier oft in das Nest anderer Vögel legen

Es gibt über 100 Kuckucksarten. Etwa die Hälfte sind Brutparasiten ■: Sie hintergehen andere Vögel, damit diese ihre Jungen aufziehen. Das Kuckucksweibchen legt seine Eier in ein fremdes Nest und fliegt dann weg. Der junge Kuckuck wird von den »Pflegeeltern« groß gezogen. Zur Ordnung der Kuckucksvögel (**Cuculiformes**) gehören rund 150 Arten. Ungewöhnlich ist der nordamerikanische **Wegekuckuck** (*Geococcyx californicus*): Er jagt am Erdboden.

Eulen

Raubvögel, die meist nachts auf die Jagd gehen

Eulen sind an die Jagd im Dunkeln angepasst. Mit den großen, nach vorn gerichteten Augen können sie räumlich sehen ■. Außerdem hören sie so gut, dass sie ihre Beute vielfach auch in völliger Dunkelheit finden. Die über 130 Eulenarten bilden die Ordnung **Strigiformes**.

Raubvögel

Vögel, die Tiere jagen

Die meisten Raubvögel sind kräftig gebaut und greifen ihre Beute mit den spitzen **Fängen**. Anschließend zerreißen sie mit dem starken, gebogenen Schnabel das Fleisch. Raubvögel finden ihre Nahrung meist durch Sicht. Mit den nach vorn gerichteten Augen können sie räumlich sehen. Hat der Raubvogel ein Beutetier ausgemacht, stößt er mit großer Geschwindigkeit darauf herab. Der **Wanderfalke** (*Falco peregrinuns*) erreicht dabei bis zu 290 km/h. Zu den Raubvögeln gehören **Adler, Habichte** und auch die Aas fressenden **Geier**. Sie bilden die Ordnung **Falconiformes**, die rund 280 Arten umfasst.

Kräftige Flügel

Schnabel

Spitze Fänge

Kolibris

Nektar fressende Vögel

Kolibris sind winzig klein und farbenprächtig. Ihre Flügel sind an das Schwirren ▪ angepasst ▪. Mit dem röhrenförmigen Schnabel trinken sie Blütennektar. Kolibris und **Mauersegler** bilden die Ordnung **Apodiformes** mit rund 300 Arten. Der **Bienenkolibri** (*Calypte helenae*) ist mit fünf Zentimeter Länge und weniger als 2 g Gewicht der kleinste Vogel der Welt.

Turmfalke

Der Turmfalke ist ein typischer Raubvogel. Mit seinen scharfen Klauen fängt er Kleintiere und Insekten, und mit dem großen Schnabel reißt er Tiere auseinander, die er nicht im Ganzen schlucken kann.

Flugunfähige Vögel

Vögel, die nicht mehr fliegen können

Vögel haben in der Evolution ▪ viele Lebensweise angenommen. Für manche von ihnen war es kein Vorteil mehr, fliegen zu können. Ihre Flügel wurden im Laufe der Generationen kleiner, bis sie nicht mehr zum Fliegen taugten. Zu den flugunfähigen Vögeln gehören **Strauße, Emus, Kiwis** und **Pinguine**. Der **Afrikanische Strauß** (*Struthio camelus*) ist der größte Vogel der Welt; er kann bis zu 2 m groß werden.

Wildgeflügel

Vögel mit Schwimmhäuten und einem stumpfen, flachen Schnabel

Enten, Gänse und **Schwäne** sind Wildgeflügel oder **Wasservögel**. Sie sind an das Leben am oder im Wasser angepasst. Ihr Gefieder schützen sie mit Öl aus großen **Öldrüsen**. Mit Schwimmhäuten an den Füßen können sie gut paddeln. Enten und Schwäne ernähren sich meist im Wasser von Pflanzen und Kleintieren, Gänse grasen an Land. Die rund 160 Wildgeflügelarten bilden die Ordnung **Anseriformes**.

Watvögel

Vögel mit langen Beinen und langem, spitzem Schnabel

Zu den Watvögeln gehören **Brachvögel, Regenpfeifer** und **Strandläufer**. Sie leben meist an der Küste oder in Feuchtgebieten und ernähren sich vorwiegend von Kleintieren. Nahrung finden sie entweder beim Waten im Wasser oder indem sie im Schlamm wühlen. Viele Watvögel sind an der Schnabelspitze empfindlich und spüren damit unsichtbare Nahrung auf. Zusammen mit **Möwen** und **Seeschwalben** bilden sie die aus rund 150 Arten bestehende Ordnung **Charadriiformes**.

Langer Schnabel zum Stochern nach Nahrung

Lange Beine zum Waten

Säbelschnäbler
Der Säbelschnäbler gehört zu den wenigen Watvögeln mit stark aufwärts gebogenem Schnabel.

Säugetiere

Säugetiere sind in fast allen Lebensräumen zu Hause, in Flüssen, Meeren, in Dschungel und Wüste. Sie sind eine der vielgestaltigsten Tiergruppen – Fledermaus und Zebra sehen sehr unterschiedlich aus, und doch sind beide Säugetiere.

Behaarter Körper

Finger-knochen

Flederhund

Säugetiere

Behaarte Tiere, die ihre Jungen mit Milch füttern

Säugetiere sind Warmblüter ■ und gehören zu den viel-gestaltigsten Tiergruppen. Sie sind – in manchen Fällen nur schwach – behaart und säugen ihre Jungen. Die rund 4000 Säugetierarten bilden die Klasse ■ **Mammalia**. Der Mensch gehört zur Säugetier-gruppe der Primaten ■.

Milch

Eine von weiblichen Säugetieren gebildete Nährflüssigkeit

Die Milch wird in den **Brust-drüsen** weiblicher Säugetiere gebildet und liefert den Jungen alle Nährstoffe, so lange sie noch nicht selbst Nahrung suchen können. Manche Säugetiere **säugen** ihre Jungen nur ein paar Tage; andere, vor allem große Arten wie der Elefant, tun es mehrere Monate lang.

Kloakentiere

Eier legende Säugetiere

Zu den Kloakentieren gehören nur drei Spezies ■: das **Schnabeltier** (*Ornithorhyncus anatinus*) und zwei Arten von **Ameisenigeln**. Zusammen bilden sie die Ordnung ■ **Monotremata**. Für Säugetiere ungewöhnlich: Kloakentiere legen Eier ■. Die Jungen ernähren sich nach dem Schlüpfen von Muttermilch.

Beuteltiere

Säugetiere, die sich im Brutbeutel der Mutter entwickeln

Die rund 250 Beuteltierarten bilden die Ordnung **Marsupialia**. Zu ihr gehören **Kängurus, Riesenkängurus, Opossums** und der **Koala** (*Phascolarctos cinereus*). Beuteltierweibchen bringen nach kurzer Schwanger-schaft wenig entwickelte Junge zur Welt, die dann im **Brutbeutel** heranwachsen.

Bennett-känguru

Warmer Pelz

Brutbeutel

Plazentatiere

Säugetiere, die im Körper der Mutter heranwachsen

Plazentatiere entwickeln sich in der Gebärmutter ■, wo sie von einem schwammartigen Organ, der Plazenta ■, ernährt werden. Die Ordnung der Plazentatiere oder **Eutheria** umfasst rund 3750 Arten und ist damit die größte Säugetiergruppe.

Fledermäuse

Plazentatiere, die aktiv fliegen können

Die Flügel der Fledermaus bestehen aus dünnen, zwischen langen Fin-gerknochen aufgespannten Haut-falten. Die kleinsten Fledermäuse fressen Insekten, die sie durch Echolotung ■ finden: Sie senden sehr hohe Schallwellen aus und nehmen ihren Widerhall wahr. **Flughunde** und **Flederhunde** sind größer und ernähren sich von Früchten, Pollen ■ oder Nektar. Die Ordnung der Fledermäuse (**Chiroptera**) hat rund 950 Arten.

Elefanten

Plazentatiere mit Rüssel

Elefanten sind die größten Landtiere. Sie fressen Pflanzen, die sie mit ihrer kräftigen Nase, dem **Rüssel**, einsammeln. Zu ihrer Ordnung, den **Proboscis-oidea**, gehören nur zwei Arten: der **Indische Elefant** (*Elephas maximus*) und der **Afrika-nische Elefant** (*Loxodonta africana*).

Insektenfresser

Primitive Plazentatiere mit kurzen, spitzen Zähnen

Zu den Insektenfressern gehören **Igel, Spitzmäuse** und **Maulwürfe**. Sie bilden die Ordnung **Insecti-vora**, die rund 350 Arten umfasst. Insektenfresser sehen schlecht; sie jagen Insekten und andere Kleintiere vorwiegend anhand des Geruchs.

Wale

Große, im Wasser
lebende Plazentatiere

Wale sind Säugetiere,
die mit einer Lunge
atmen und an das
Leben im Wasser
angepasst sind.
Ihre Vorderbeine
sind zu **Paddeln**
geworden, die
Hinterbeine
sind völlig
verschwunden.
Der Schwanz
besteht aus zwei
großen **Paddelflossen.**
Die größten Arten, die
Bartenwale, sind Filtrierer ■.
Pottwal (*Physeter catodon*),
Meerschweine und **Delfine**
sind Zahnwale. Die 79 Walarten bilden die Ordnung
Cetacea.

Huftiere

Plazentatiere mit Hufen
an den Füßen

Die meisten Huftiere
gehen auf den
Zehenspitzen, die
am Ende harte **Hufe**
tragen. Hufe beste-
hen aus Keratin,
einem Struktur-
protein ■. Huf-
tiere sind Pflanzen-
fresser ■. Ihre rund
200 Arten gliedern
sich in zwei Ordnungen.
Zu den **Unpaarhufern**
(Ordnung **Perissodactyla**)
mit einem oder drei funktionierenden Zehen gehören
Pferde, Zebras und
Nashörner. Die **Paarhufer**
haben in der Regel zwei
funktionierende Zehen
und bilden die Ordnung
Artiodactyla; zu den
Paarhufern gehören
Schweine, Kamele
und **Rinder.**

Nagetiere

Plazentatiere mit Nagezähnen

Nagetiere sind meist klein und
haben scharfe Schneidezähne ■, die
während des ganzen Lebens
wachsen. Mit ihnen zerteilt das
Nagetier wie mit einem Meißel
seine Nahrung. Zu den über 2000
Nagetierarten gehören
Eichhörnchen,
Ratten, Mäuse und
Stachelschweine.
Sie bilden die größte
Säugetierord-
nung, die
Rodentia.

Robben

Säugetiere,
die im
Wasser säugen

Die meisten Robben leben
im Meer, manche aber auch
in großen Seen. Sie sind strom-
linienförmig, und die mit
Schwimmhäuten ausgestatteten
Füße wirken wie Paddel. Robben
fressen viele andere Tiere.
Ihre Jungen bringen sie meist an
Land zur Welt. Die 34
Robbenarten bilden die
Ordnung **Pinnipedia.**

*Stacheln
gegen
Angreifer*

**Stachel-
schwein**

Siehe auch

Anpassung 46 • Echolotung 154 • Ei 161
Warmblüter 133 • Filtrierer 117
Fleischfresser 116 • Gebärmutter 162
Pflanzenfresser 116 • Ordnung 56
Plankton 64 • Plazenta 163 • Pollen 92
Primaten 114 • Spezies 48 • Klasse 56
Schneidezähne 118 • Strukturprotein 30

Fleischfresser

Räuberische Plazenta-
tiere mit speziell
geformten Zähnen

Oft bezeichnet
man alle Raub-
tiere als
Fleischfresser ■.
Im biologischen Sinn
versteht man darunter aber
nicht einfach Fleisch fressende
Tiere, sondern die Angehörigen
der Ordnung **Carnivora.** Zu ihren
rund 240 Arten gehören **Wölfe,**
Katzen, Füchse und **Bären.** Die
Zähne der Fleischfresser sind auf
das Zerreißen von Fleisch spezialisiert, manche Arten verzehren aber
auch pflanzliche Nahrung. Ein
ungewöhnlicher, ganz an pflanzliche Nahrung angepasster ■
Fleischfresser ist der **Riesen-**
panda (*Ailuropoda melanoleuca*).

**Burchell-
Zebra**

*Unpaarhufer
Das Zebra, ein Unpaarhufer,
gehört zur Familie der Pferde.
Zebras leben in der afrikanischen
Steppe. Warum sie gestreift
sind, weiß man nicht genau.*

Huf

Primaten

Affen und Menschen gehören zu derselben Tiergruppe: den Primaten. Die meisten Primatenarten leben auf Bäumen und haben nach vorn gerichtete Augen, lange Arme sowie Finger zum Greifen. Primaten lernen in der Regel schnell und sind insgesamt intelligenter als andere Säugetiere.

Lange Beine zum schnellen Laufen

Husarenaffe
Der Husarenaffe ist ein Altweltaffe und bewohnt vorwiegend die afrikanischen Steppen. Mit seinen langen Beinen ist er bis zu 55 km/h schnell.

Primaten

Säugetiere mit biegsamen Fingern und nach vorn gerichteten Augen

Primaten sind Säugetiere ▪. Sie leben auf Bäumen oder sind in der Evolution ▪ aus Baumbewohnern entstanden. In der Regel haben sie biegsame Finger und Zehen zum Greifen von Gegenständen sowie flache Nägel an Stelle der Klauen. Die nach vorn gerichteten Augen ermöglichen räumliches Sehen ▪ – unentbehrlich zum Abschätzen der Entfernung bei Sprüngen von Ast zu Ast. Die rund 180 Primatenarten (Ordnung ▪ **Primata**) gliedern sich in zwei Gruppen: Halbaffen und höhere Affen.

Halbaffen

Primitive, baumbewohnende Primaten mit Greifhänden

Die ältesten Primaten in der Evolution waren vermutlich kleine Baumbewohner, die gut sehen konnten, wie die heutigen **Spitzhörnchen** (Ordnung **Scandentia**). Aus ihnen entstanden die **Lemuren** (Familie **Lemuridae**), die **Loris** (Familie **Lorisidae**) und die **Koboldmakis** (Familie **Tarsiidae**). Halbaffen sind vorwiegend nachts aktiv und fressen Blätter, Insekten oder Jungvögel. Halbaffen leben in Südostasien, Afrika und Madagaskar.

Höhere Affen

Primaten mit rundem Kopf und unbehaartem Gesicht

Die meisten Primaten sind höhere Affen. Zu diesen häufig großen Tieren gehören Kleinaffen, Menschenaffen und Menschen. Viele Arten haben ein großes, komplexes Gehirn, sind intelligent und lernen schnell. Die meisten höheren Affen leben auf Bäumen, einige haben sich aber auch an den Boden angepasst. Manche Arten kommunizieren lautstark mit Heulen und Rufen. Auch Gesichtsausdrücke sind ein Mittel der Verständigung.

Galago
Der Galago ist ein Halbaffe. Mit seinen großen Augen findet er Beute im Dunkeln.

Große, empfindliche Ohren nehmen Geräusche von Insekten wahr.

Greifhände

Langer, buschiger Schwanz

Kleinaffen

Höhere Affen, die meist auf Bäumen leben

Kleinaffen sind mittelgroße Primaten. Die meisten Arten haben einen Schwanz und leben auf Bäumen. Einige aber, so die Paviane, sind schwanzlose Bodenbewohner. Kleinaffen fressen fast alles: Vögel, Blumen, Frösche, Früchte, Insekten, Blätter, Nüsse und Echsen. Man unterscheidet zwei Gruppen: Altwelt- und Neuweltaffen.

Altweltaffen

Affen mit eng stehenden Nasenöffnungen

Die Altweltaffen bilden die Familie ▪ **Cercopithecidae**. Sie sind in der Regel groß, und die eng stehenden Nasenöffnungen weisen nach oben. Anders als Neuweltaffen haben sie meist keinen Greifschwanz. Zu den in Afrika und Asien heimischen Altweltaffen gehören die **Stummelaffen** (*Colobus*), die fast nie die Bäume verlassen, und die **Makaken** (*Macaca*), die sowohl auf Bäumen als auch auf dem Boden leben. Die größten Altweltaffen sind die vorwiegend am Boden lebenden **Paviane** (*Papio*).

Neuweltaffen

Affen mit auseinander stehenden Nasenöffnungen und Greifschwanz

Bei den Neuweltaffen weisen die weit auseinander stehenden Nasenöffnungen nach vorn. Sie sind ausnahmslos Baumbewohner, unterscheiden sich aber in Form, Größe und Farbe. Die in Mittel- und Südamerika heimische Gruppe bildet zwei Familien: die **Cebidae** mit den **Kapuzineraffen** und die **Callitrichidae** mit **Tamarins** und **Krallenäffchen**. Die meisten Tamarins und Krallenäffchen sind kleine, tagaktive Tiere. Sie turnen wie Eichhörnchen durch die Baumkronen und fressen Früchte, Insekten und Spinnen. Zu den Kapuzineraffen gehören der **Schwarze Klammeraffe** (*Ateles paniscus*) und der **Rote Brüllaffe** (*Alouatta seniculus*). Die meisten Arten können ihren gut angepassten ◼ **Greifschwanz** um Äste wickeln oder Gegenstände damit ergreifen. Außerdem balancieren sie mit dem Schwanz.

Menschenaffen

Primaten, die auf den Hinterbeinen gehen können

Menschenaffen haben keinen Schwanz. Der Daumen ist teilweise oder ganz opponierbar und dient zum Greifen von Gegenständen. Alle Menschenaffen sind zum aufrechten Gang ◼ auf zwei Beinen in der Lage, die meisten allerdings nur für kurze Entfernungen. In der Systematik ◼ unterteilt man die Menschenaffen in drei Gruppen: Gibbons, höhere Menschenaffen und Hominiden ◼. Die einzige lebende Hominidenspezies ist der Mensch.

Gibbons

Menschenaffen, die sich mit den Armen durch Baumkronen schwingen

Gibbons sind die kleinsten Menschenaffen. Sie leben fast ausschließlich auf Bäumen, und zwar häufig in kleinen Familienverbänden. Die lauten Rufe der Gibbons sind weithin zu hören. An den Armen, die viel länger sind als die Beine, schwingen sie sich mit hohem Tempo durch die Baumkronen, eine Fortbewegungsart, die man **Schwingklettern** nennt. Die Gibbons bilden mit sechs Arten die Familie **Hylobatidae**.

Große, nach vorn gerichtete Augen zum Abschätzen von Entfernungen

Opponierbarer Daumen zum Greifen

Langer, biegsamer Schwanz zum Balancieren

Totenkopfäffchen
Das Totenkopfäffchen ist ein Neuweltaffe aus dem südamerikanischen Urwald. Mit dem langen, biegsamen Schwanz hält es bei Sprüngen von Ast zu Ast das Gleichgewicht.

Schimpanse
Schimpansen leben im tropischen Afrika. Von allen Primaten sind sie am nächsten mit den Menschen verwandt.

Höhere Menschenaffen

Baum- oder bodenbewohnende Menschenaffen

Zu den höheren Menschenaffen (Familie **Pongidae**) gehören nur vier Arten: der **Orang-Utan** (*Pongo pygmaeus*), der **Gorilla** (*Gorilla gorilla*), der **Schimpanse** (*Pan troglodytes*) und der **Bonobo** oder **Zwergschimpanse** (*Pan paniscus*). Alle sind kräftig gebaut, und das Männchen ist oft größer als das Weibchen. Orang-Utans bewegen sich langsam und leben allein auf Bäumen. Gorillas und Schimpansen sind soziale Tiere ◼ und bilden meist kleine Gruppen. DNA ◼-Vergleiche zeigen, dass die Schimpansen die nächsten Verwandten des Menschen sind.

Ernährung

Pflanzen stellen ihre Nährstoffe selbst her, Tiere sind auf das Fressen angewiesen. In der Evolution sind unterschiedliche Ernährungsweisen entstanden, je nach Lebensweise und Nährstoffbedarf.

Siehe auch

Amöbe 62 • Cellulose 27
Eckzähne 118 • Fleischfresser 113
Heterotroph 33 • Kohlenhydrat 26
Kolibris 111 • Krill 101
Nährstoff 170 • Reißzähne 119
Schlangensterne 99 • Seegurken 99
Stoffwechselrate 32 • Vitamin 29

Fressen

Die Aufnahme von Nahrung

Tiere und andere heterotrophe  Lebewesen müssen Nahrung aus ihrer Umgebung aufnehmen. Zu diesem Zweck fressen sie. Die Nahrung, die ein Lebewesen aufgenommen hat, wird durch die **Verdauung** nach und nach abgebaut. Einzeller wie die Amöbe ■ umschließen meist ihre Nahrung und nehmen sie so in sich auf. Vielzeller besitzen besondere Körperteile für die Nahrungsaufnahme. Dazu gehören beim Menschen die Zähne und Kiefer.

Brennstoff
Wie alle Tiere muss auch die Schildkröte immer wieder Nahrung aufnehmen.

Ernährung

Die Beschaffung der Rohstoffe durch Lebewesen

Alle Lebewesen brauchen Nährstoffe ■, um daraus organisches Material aufzubauen oder Energie zu gewinnen. Heterotrophe Lebewesen wie der Mensch beziehen die Nährstoffe aus der Nahrung. **Kernnährelemente** wie die Kohlenhydrate ■ werden in großer Menge gebraucht, **Spurenelemente** wie die Vitamine dagegen benötigen wir nur in sehr geringen Mengen.

Allesfresser

Tiere, die Pflanzen und Fleisch fressen

Als Allesfresser oder **Omnivoren** bezeichnet man Tiere, die Pflanzen und Fleisch zu sich nehmen, wie Menschen, Igel, Bären und viele andere Säugetiere. Ihr Verdauungssystem kann beide Arten von Nahrung abbauen.

Ernährungsweise

Art und Menge der von einem Tier aufgenommenen Nahrung

Manche Tiere ernähren sich abwechslungsreich, andere fressen nur wenige Dinge. Der Koala zum Beispiel ist ausschließlich auf Eukalyptusblätter spezialisiert. Wie viel Nahrung ein Tier braucht, hängt von seiner Größe und Stoffwechselrate ■ ab. Eine Schildkröte mit niedriger Stoffwechselrate frisst im Verhältnis zur Größe viel weniger als eine Spitzmaus.

Pflanzenfresser

Tiere, die sich pflanzlich ernähren

Tiere, die nur pflanzliche Nahrung fressen, nennt man Pflanzenfresser oder **Herbivoren**, so z. B. Kühe, Raupen und Schildkröten. Pflanzenfresser besitzen oft besonders zum Zermahlen der Pflanzen geeignete Zähne. In den Verdauungsorganen vieler Pflanzenfresser bauen Mikroorganismen die Cellulose ■ der Pflanzen ab. Solche Tiere müssen oft viel fressen, um die nötigen Nährstoffe aufzunehmen.

Fleischfresser

Tiere, die sich von Fleisch ernähren

Fleischfresser oder **Carnivoren** ernähren sich vorwiegend oder ausschließlich von Fleisch. Meist handelt es sich um Raubtiere, die andere Tiere erlegen. Sie haben kräftige Kiefer sowie gut entwickelte Reiß- ■ und Eckzähne ■. Fleischfresser müssen oft lange nach Nahrung suchen, aber da Fleisch viele Nährstoffe enthält, können sie lange überleben, ohne zu fressen.

Flüssige Ernährung

Saugen von Flüssigkeiten

Tiere, die sich flüssig ernähren, sind meist klein und besitzen besondere, zum Saugen geeignete Mundwerkzeuge. Diese sind oft mit scharfen Spitzen ausgestattet, die Haut oder Pflanzenteile anstechen können. In diese Gruppe gehören Stechmücken, Blattläuse und Kolibris ▨.

Flüssignahrung
Stechmücken stechen die Haut an
und saugen das Blut.

Detritusfresser

Tiere, die von totem Material leben

Die Reste zerfallender, abgestorbener Pflanzen und Tiere bilden oft kleine Teilchen, die man **Detritus** nennt. Tiere, die sich von diesen Teilchen ernähren, bezeichnet man als **Detritusfresser** oder **Saprobionten**. Sie leben häufig am Meeresboden wie Seegurken ▨ und Schlangensterne ▨.

Filtrieren

Ernährung durch Aussieben der Nahrung aus dem Wasser

Wasser ist vielfach voller Nahrung. **Filtrierer** sind Tiere, die ihre Nahrung aus dem Wasser beziehen. Manche Arten, zum Beispiel Rankenfußkrebse und Seescheiden, bleiben an einer Stelle und pumpen Wasser durch ihre Siebvorrichtungen. Andere filtrieren beim Schwimmen. Bartenwale zum Beispiel fangen den Krill ▨ mit Hornplatten, die sie im Maul tragen.

Depositernährung

Nahrungsbeschaffung aus umgebenden Substanzen

Regenwürmer sind **Depositernährer**. Sie fressen beim Graben die Erde. Das Verdauungssystem schließt die darin enthaltenen Nährstoffe auf, und der Rest wird ausgeschieden. Depositernährer leben in oder auf ihrer Nahrung und überleben nur mit ausreichend Nährstoffen in ihrer Umgebung.

Bartenwal

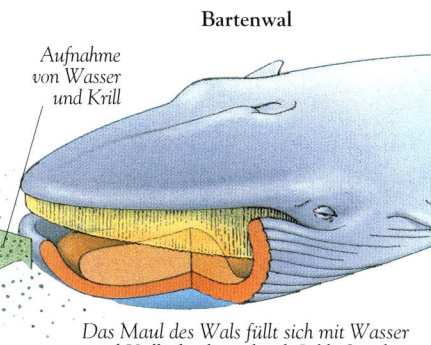

Aufnahme
von Wasser
und Krill

Das Maul des Wals füllt sich mit Wasser
und Krill, die dann durch Schließen der
Kiefer festgehalten werden.

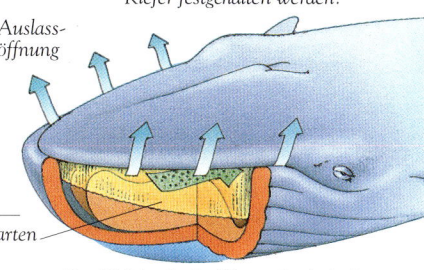

Auslassöffnung

Barten

Der Wal drückt das Wasser durch die Barten
nach außen. Der Krill bleibt in den kamm-
förmigen Platten hängen und wird gefressen.

Fangarme zur
Nahrungssuche

Fangarme

Unterwasser-Fächer
Die Fächerwürmer,
Verwandte des Regen-
wurms, leben in Röhren
im Meer. Um Nahrung
zu fangen, öffnen sie
einen »Fächer« aus
dünnen Tenta-
keln. Winzige
Haare auf den
Tentakeln
sammeln kleine
Nahrungsteilchen
und befördern sie
zum Mund.

Durch Schleim
zusammengehaltene
Röhre aus Schlamm
und Sand

Der Mund liegt versteckt
in der Mitte der Tentakel.

Zähne & Kiefer

Die Zähne dienen den Tieren zum Zerteilen und Zermahlen der Nahrung, aber auch zum Beutefang und zur Selbstverteidigung. Sie sind meist die härtesten Körperteile und fest im Kiefer verankert.

Ein menschlicher Zahn

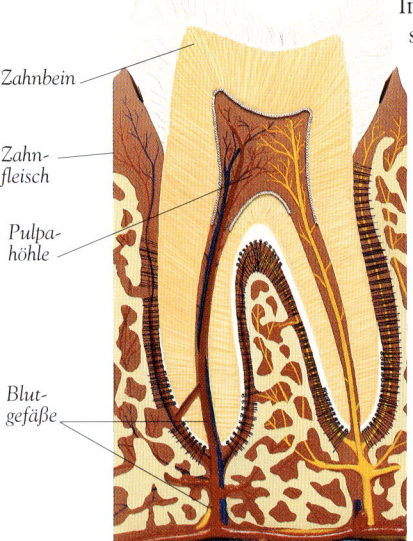

Höcker

Zahnschmelz

Zahnbein

Zahn-
fleisch

Pulpa-
höhle

Blut-
gefäße

Zahn

Ein hartes Gebilde zum Zermahlen der Nahrung

Viele Wirbeltiere ■ haben Zähne, aber nur die der Säugetiere ■ können auf Grund ihrer Gestaltung unterschiedliche Aufgaben erfüllen. Jeder Zahn ist von dem harten **Zahnschmelz** bedeckt. Darunter liegt das **Zahnbein** und ganz innen die **Pulpahöhle** mit Nerven und Blutgefäßen. Der Zahn ist durch eine oder mehrere **Zahnwurzeln** im Kiefer verankert. Bei manchen Tieren, z. B. den Haien, werden ständig neue Zähne gebildet, und bei anderen wie den Kaninchen hören sie nie auf zu wachsen. Deshalb nutzen sie sich nicht ab.

Gebiss

Zahl, Anordnung und Form der Zähne im Mund

Im Gebiss eines Tieres spiegeln sich Ernährung ■ und Lebensweise wider. Die Zähne der Menschen sind beispielsweise an die Lebensweise als Allesfresser ■ angepasst. Menschen haben zwei Zahnausstattungen. Die 20 **Milchzähne** werden später durch die 32 **Dauerzähne** ersetzt. Wie die meisten Säugetiere haben wir vier Zahntypen: Schneide- und Eckzähne, Prämolaren und Molaren.

Zahnformel

Ein Diagramm der Zahnanordnung

Die Zahnformel zeigt Art und Zahl der Zähne auf einer Seite des Kiefers.

	Schneidezähne	Eckzähne	Prämolaren	Molaren
Ober-kiefer	2	1	2	3
Unter-kiefer	2	1	2	3

Zahnformel
Die Zahlen in der Zahnformel (oben) geben von links nach rechts die Zahl der Scheidezähne, Eckzähne, Prämolaren und Molaren auf einer Seite des menschlichen Ober- und Unterkiefers an.

Schneidezähne

Zähne mit Schneidekante

Die meißelförmigen Schneidezähne stehen vorn im Kiefer. Sie dienen den Säugetieren zum Zerbeißen und Zerteilen. Nagetiere ■ knabbern sich mit den Schneidezähnen durch Nahrung und anderes Material. Viele Säugetiere kraulen sich mit den Schneidezähnen auch das Fell.

Eckzähne

Zähne zum Greifen und Stechen

Eckzähne haben eine einzige Spitze und dienen oft zum Festhalten der Beute. Raubtiere wie Katzen und Hunde durchbohren das Fleisch mit ihren langen, spitzen Eckzähnen. Die Eckzähne des Menschen sind kürzer und stumpfer.

Molaren

Zähne zum Kauen

Die Molaren stehen hinten im Kiefer. Sie tragen Vertiefungen und dicke **Höcker** zum Zermahlen der Nahrung. Die **Prämolaren** stehen vor den Molaren und sind oft ein wenig kleiner. Die letzten vier Molaren, die beim Menschen **durchbrechen**, nennt man **Weisheitszähne**. Das Milchgebiss hat keine Molaren.

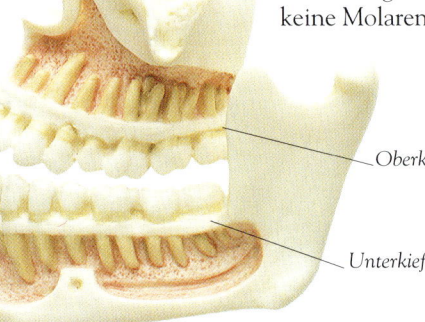

Oberkiefer

Unterkiefer

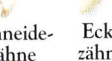

Schneide-
zähne

Eck-
zähne

Prämolaren Molaren

Ein Fleischfressergebiss

Ein Hund kann mit den Zähnen die Beute festhalten und Fleisch zerteilen. Seine Kiefer bewegen sich auf und ab, aber nicht nach der Seite.

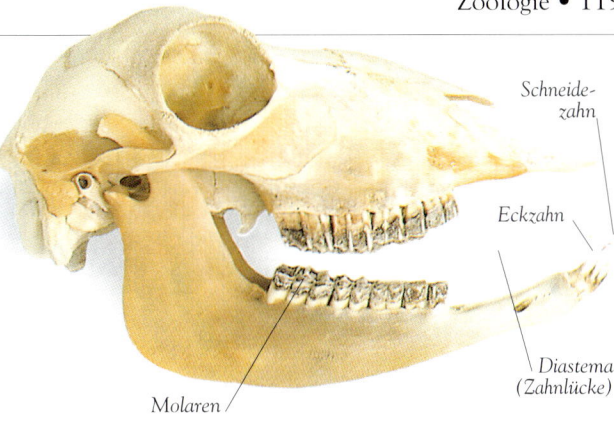

Schneidezahn

Eckzahn

Diastema (Zahnlücke)

Molaren

Schneidezahn

Molaren   Reißzahn   Eckzahn

Reißzähne

Zähne aus letztem Prämolaren und erstem Molaren

Hunde und andere Fleischfresser ■ besitzen Reißzähne, die mit einer spitzen Kante wie Scheren wirken. Im Gegensatz zu den Schneidezähnen stehen sie in der Nähe des Kiefergelenks; deshalb können sie sich mit großer Kraft schließen und Fleisch zerteilen oder Knochen zermalmen.

Stoßzähne

Weit aus dem Kiefer ragende Zähne

Die spezialisierten Stoßzähne gehen vom Ober- oder Unterkiefer aus und dienen zum Graben, zur Nahrungssuche oder zur Verteidigung. Bei Elefanten sind die Stoßzähne verlängerte Schneidezähne, beim Walross umgebildete Eckzähne. Beide bestehen aus dem harten **Elfenbein**, einer Form des Zahnbeins. Der schwertförmige Stoßzahn des **Narwals** (*Monodon monoceros*) ist ein oberer linker Schneidezahn mit spiralförmiger Kerbe.

Kiefer

Knochen zum Beißen oder Kauen

Kieferknochen tragen vielfach Zähne. Der **Unterkiefer** der Säugetiere ist an zwei Stellen, den **Kiefergelenken**, mit dem Schädel ■ verbunden und wird von kräftigen Muskeln nach oben bewegt. Bei Säugetieren besteht der Unterkiefer nur aus einem Knochen, bei anderen Wirbeltieren sind es mehrere. Die »fehlenden« Kieferknochen der Säugetiere sind in der Evolution zu den Gehörknöchelchen im Ohr ■ geworden. Der **Oberkiefer** ist unbeweglich.

Stoßzähne
Elefanten-Stoßzähne sind die größten Zähne im Tierreich. Sie dienen oft zum Abstreifen von Baumrinde.

Ein Pflanzenfressergebiss

Schafe haben im Oberkiefer weder Schneide- noch Eckzähne. Sie reißen das Gras durch Druck gegen eine harte Platte ab.

Diastema

Eine Lücke in der Zahnreihe

Bei Pflanzenfressern ■ wie den Nagetieren sind die schneidenden Vorderzähne von den kauenden Hinterzähnen durch eine Lücke getrennt, die man Diastema nennt. Dort kann sich Nahrung sammeln, bevor sie zerkleinert und gekaut wird.

Zähnchen

Zahnähnliche Schuppen auf der Haut mancher Fische

Viele Knorpelfische ■ fühlen sich rau an, weil ihre Haut mit kleinen, spitzen Schuppen besetzt ist. Diese ähneln stark den Zähnen und sind in der Evolution ■ vermutlich aus ihnen entstanden.

Verdauungssystem

Das Verdauungssystem baut die Nahrung zu einfachen, für den Organismus nutzbaren Substanzen ab. Bei Wirbeltieren besteht es aus einem langen Rohr und mehreren Organen einschließlich der Leber.

Verdauungssystem

Ein System aus Organen, die gemeinsam die Nahrung verdauen

Das Verdauungssystem ist bei allen Wirbeltieren ■ einschließlich des Menschen ähnlich. Ein Rohr, **Verdauungskanal** oder **Darm** genannt, zieht sich vom Mund bis zum **Anus**. Auf diesem Weg wird die Nahrung von Enzymen ■ zu löslichen Substanzen abgebaut. Diese Nährstoffe diffundieren ■ dann bei der so genannten **Resorption** in die Zellen ■ und werden durch den ganzen Körper transportiert.

Äußere Verdauung

Verdauung außerhalb eines Lebewesens

Eine Spinne, die eine Fliege gefangen hat, spritzt ihre Verdauungsenzyme ein. Diese bauen das Gewebe der Fliege teilweise ab, und die Spinne saugt den nährstoffreichen Saft ein. Diesen Vorgang nennt man äußere Verdauung.

Mund

Der Eingang zum Verdauungskanal

Im Mund wird die Nahrung meist von Zähnen ■ zerkleinert und zerkaut. Bei Säugetieren leitet der Speichel den Abbauvorgang ein.

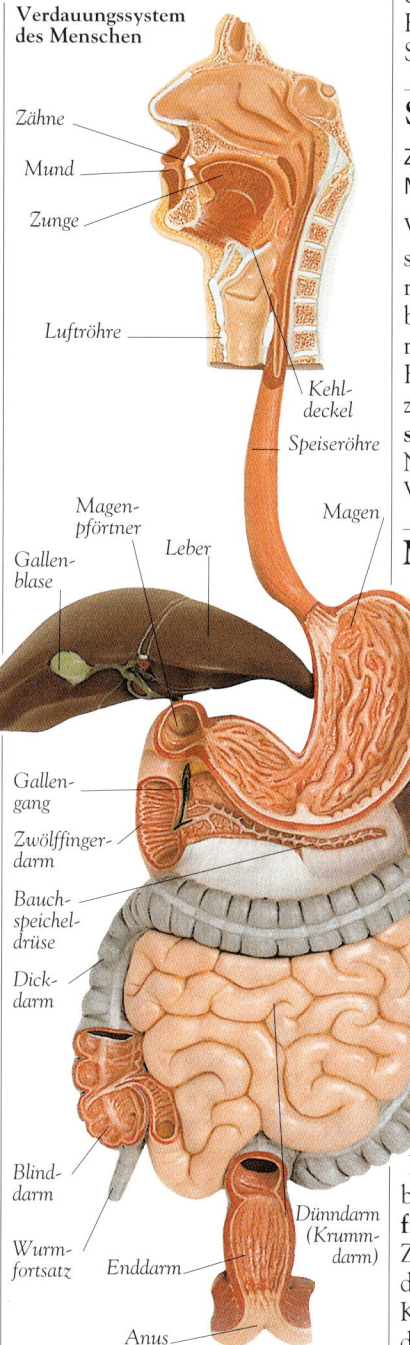

Verdauungssystem des Menschen

Zähne
Mund
Zunge
Luftröhre
Kehldeckel
Speiseröhre
Magenpförtner
Leber
Magen
Gallenblase
Gallengang
Zwölffingerdarm
Bauchspeicheldrüse
Dickdarm
Blinddarm
Wurmfortsatz
Enddarm
Dünndarm (Krummdarm)
Anus

Speicheldrüse

Eine Drüse, die Speichel produziert

Nimmt der Mund Nahrung auf, produzieren die Speicheldrüsen den **Speichel**, einen Verdauungssaft. Die wässrige Flüssigkeit erleichtert den Weitertransport der Nahrung durch den Körper. Sie enthält das Enzym **Amylase**, das mit dem Stärkeabbau ■ beginnt.

Speiseröhre

Zum Magen führender Muskelschlauch

Wenn ein Tier ein Stück Nahrung schluckt, ziehen sich die Speiseröhrenmuskeln zusammen und schieben es in den Magen. Die Speiseröhre erweitert sich vor dem Brocken und zieht sich dahinter zusammen. Dieser Vorgang, **Peristaltik** genannt, transportiert die Nahrung durch den ganzen Verdauungskanal.

Magen

Eine gebogene Kammer im Verdauungskanal

Im Magen kneten Muskeln die Nahrung durch. Die Zellen der Magenschleimhaut produzieren den **Magensaft**. Dieser enthält verdauungsfördernde **Salzsäure** und **Pepsin**, das Proteine ■ abbaut. Am unteren Ende hält ein Schließmuskel, der **Magenpförtner**, die Nahrung fest, bis sie für den Weitertransport bereit ist.

Dünndarm

Langes Rohr für Verdauung und Resorption der Nahrung

Aus dem Magen gelangt die Nahrung in den Dünndarm. Er besteht beim Menschen aus **Zwölffingerdarm** und **Krummdarm**. Die Zwölffingerdarmschleimhaut produziert Verdauungsenzyme, die Krummdarmschleimhaut nimmt die Nährstoffe auf.

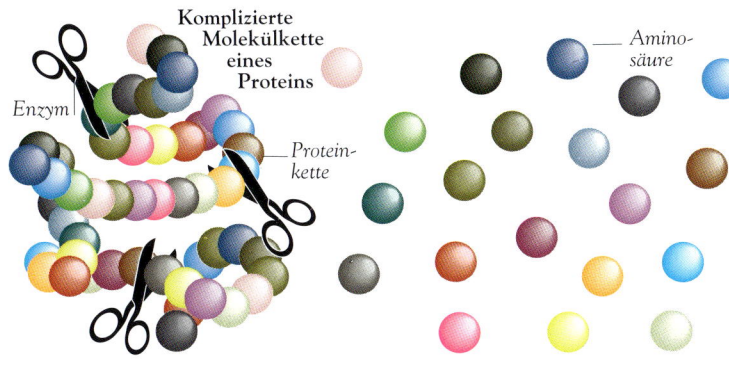

Komplizierte Molekülkette eines Proteins

Enzym

Protein-kette

Amino-säure

Zotten

Ausstülpungen der Dünndarm-schleimhaut

Als Zotten bezeichnet man Millionen winzige Ausstülpungen der Dünndarmschleimhaut. Sie verleihen der Schleimhaut eine riesige Oberfläche, mit der sie die verdauten Nährstoffe aufnehmen kann. Diese gelangen durch die Zotten ins Blut ▪ oder ins Lymphsystem ▪.

Bauchspeicheldrüse

Organ, das Hormone und Verdauungsenzyme produziert

Die Bauchspeicheldrüse (Pankreas) erzeugt den **Pankreassaft**, der Verdauungsenzyme enthält. Er ist alkalisch und wirkt der Magensäure entgegen. Außerdem produziert das Pankreas die Hormone ▪ Insulin und Glucagon, die den Blutzuckerspiegel steuern. Die Bauchspeicheldrüse ist mit dem Zwölffingerdarm verbunden.

Leber

Organ, das Nährstoffe speichert und Gallensaft produziert

Die Leber führt hunderte chemische Reaktionen aus und speichert wichtige Substanzen wie Vitamine und Glycogen ▪. Sie produziert die **Gallenflüssigkeit**, die Fette abbaut oder **emulgiert**. Die Gallenflüssigkeit wird in der **Gallenblase** gespeichert und bei Bedarf in den Dünndarm ausgeschüttet.

Der Verdauungsvorgang

Enzyme wirken wie Molekülscheren: Sie zerlegen komplexe Moleküle.

Dickdarm

Dicker Schlauch, der Wasser aus verdauter Nahrung wiedergewinnt

Aus dem Dünndarm gelangt die verdaute Nahrung in den Dickdarm. Sein größter Teil ist der Grimmdarm (**Colon**), der den unverdaulichen Resten viel Wasser entzieht. Was übrig bleibt, wird als **Stuhl** durch den Anus ausgeschieden.

Blinddarm

Ausstülpung am Anfang des Dickdarms

Bei manchen Pflanzenfressern ▪ befinden sich die zum Abbau der Cellulose ▪ nötigen Mikroorganismen ▪ im Blinddarm. Bei Menschen ist er weniger wichtig. An seinem Ende liegt ein dünner, blind endender Schlauch, der **Wurmfortsatz**.

Kropf

Eine besondere Ausstülpung in der Speiseröhre der Vögel

Der Kropf dient Vögeln als vorübergehender Vorratsbehälter, der beim Fressen die Nahrung aufnimmt. Der gefüllte Kropf leitet die Nahrung zum Magen weiter.

Muskelmagen

Eine Mahlkammer für Nahrung

Tiere, die die Nahrung ohne Kauen verschlucken, haben häufig einen Muskelmagen. Die muskulösen Wände dieser Kammer ziehen sich zusammen und zerkleinern die Nahrung, sodass sie verdaut werden kann. Manche Vögel schlucken auch kleine Steine, die im Muskelmagen bleiben und beim Zermahlen der Nahrung helfen.

Wiederkäuer

Pflanzen fressende Säugetiere mit vier Magenkammern

Wiederkäuer besitzen zur Verdauung ihrer pflanzlichen Nahrung besondere Magenkammern. Nach dem Schlucken gelangt die Nahrung in den **Pansen**, wo Mikroorganismen die Cellulose abbauen. Das teilweise verdaute Futter wird dann wieder hochgewürgt und ein zweites Mal gekaut. Danach gelangt es in die drei anderen Magenkammern (**Netzmagen, Blättermagen** und **Labmagen**), wo die Verdauung abgeschlossen wird.

Verdauungssystem einer Kuh

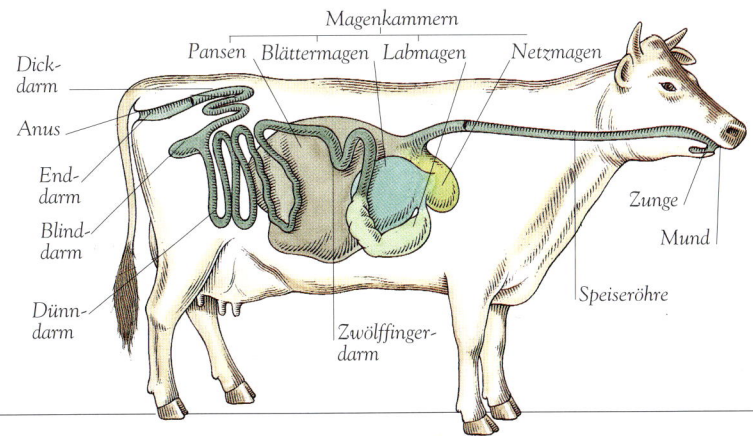

Magenkammern — Pansen · Blättermagen · Labmagen · Netzmagen

Dickdarm

Anus

Enddarm

Blinddarm

Dünndarm

Zwölffingerdarm

Speiseröhre

Mund

Zunge

Gasaustausch

Alle Tiere müssen Sauerstoff aufnehmen und Kohlendioxid abgeben. Kleine Tiere tun das über ihre Oberfläche. Größere brauchen Organe wie Lunge oder Kiemen, um mehr Gase auszutauschen.

Gasaustausch

Transport von Gasen zwischen Zellen und ihrer Umgebung

Gasaustausch umfasst die Wanderung von Kohlendioxid und Sauerstoff durch Diffusion ▪. Die Gase durchqueren die Atmungsmembranen in Richtung der geringeren Konzentration.

Verhältnis Volumen/Oberfläche

Verhältnis zwischen Oberfläche und Volumen eines Lebewesens

Je kleiner ein Tier, desto größer ist seine Oberfläche im Verhältnis zum Volumen. Ein Plattwurm hat z.B. eine relativ große Oberfläche, die ausreichenden Gasaustausch für das Leben seiner Zellen erlaubt. Beim Menschen dagegen ist die Oberfläche im Verhältnis zum Volumen kleiner. Hier stellen Atmungsorgane die erforderlichen Flächen für den Gastaustausch bereit.

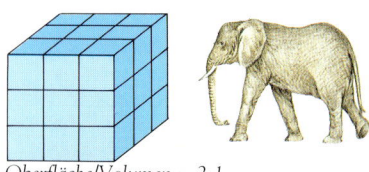
Oberfläche/Volumen = 2:1

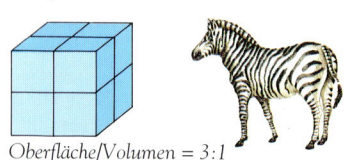
Oberfläche/Volumen = 3:1

Oberfläche/Volumen = 6:1

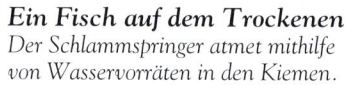

Ein Fisch auf dem Trockenen
Der Schlammspringer atmet mithilfe von Wasservorräten in den Kiemen.

Atmungsorgan

Ein Organ für den Gasaustausch

Atmungsorgane enthalten in der Regel auf kleinem Raum eine große Oberfläche. Die Oberfläche ist meist dünn, feucht und reichlich mit Blut ▪ versorgt. Sauerstoff diffundiert durch die Oberfläche ins Blut, Kohlendioxid wandert umgekehrt. Atmungsorgane sind Lunge ▪, Kiemen und die Tracheen der Insekten. Amphibien nehmen Sauerstoff durch die Haut ▪ auf, besitzen aber meist ebenfalls eine Lunge.

Immer kleiner: die Oberfläche
Die Würfel zeigen, wie die Oberfläche sich mit dem Volumen ändert. Ein großes Tier wie der Elefant hat eine relativ kleine Oberfläche.

Kiemen

Atmungsorgane, die im Wasser funktionieren

Kiemen bestehen aus dünnen Lappen, die Gase mit dem umgebenden Wasser austauschen. Die meisten im Wasser lebenden Tiere wie Weichtiere, Insekten und Fische besitzen Kiemen. Bei Fischen bestehen sie aus **Lamellen**, die an Knorpel- ▪ oder Knochenbögen ▪ befestigt sind. Der Fisch nimmt das Wasser mit dem Mund auf. Es strömt über die Lamellen, und der Sauerstoff diffundiert ins Blut. Das Kohlendioxid nimmt den umgekehrten Weg aus dem Blut ins Wasser. Bei Fischen liegen die Kiemen in einem Hohlraum hinter dem Kopf, bei anderen Tieren ragen sie jedoch aus dem Körper. Viele Filtrierer ▪, so **Muscheln, Austern** und **Walhaie**, sammeln mit den Kiemen auch Nahrung.

Kiemen eines Fisches
Die Kiemen der Fische tauschen Gase mit dem vorüberströmenden Wasser aus.

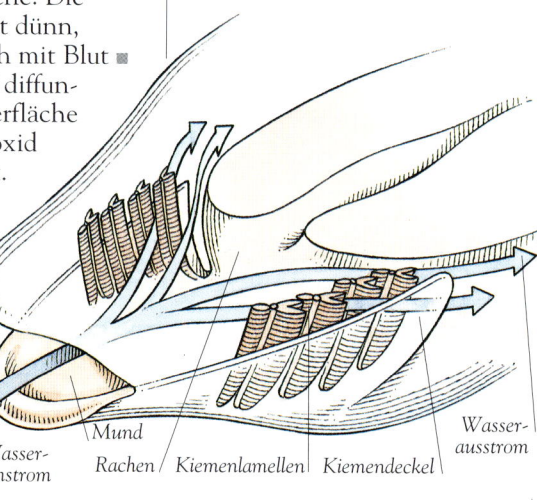
Wassereinstrom | Rachen | Kiemenlamellen | Kiemendeckel | Mund | Wasserausstrom

Siehe auch

Gegenstrom

Ein System unterschiedlich gerichteter Strömungen

In vielen Atmungsorganen fließt das Blut in einer Richtung, Luft oder Wasser in der anderen. Dieses so genannte Gegenstromprinzip gewährleistet, dass Gase wirksam und ununterbrochen ausgetauscht werden. Die Kiemen eines Fische nehmen auf diese Weise 90 % des Sauerstoffs aus dem vorüberströmenden Wasser auf.

Tracheensystem

Ein Luftkanalsystem im Insektenkörper

Bei Wirbeltieren ■ transportiert das Blut die Gase durch den Körper. Bei Insekten strömen sie jedoch durch ein System enger Luftkanäle, die **Tracheen**. Diese verzweigen sich in winzige **Tracheolen**, die einzelne Zellen versorgen. Im Tracheensystem breiten sich die Gase meist durch Diffusion aus, manche Insekten pumpen die Luft aber auch mit Muskeln ■ durch die Kanäle.

Stigma

Eine Atemöffnung bei Insekten

Als Stigmen bezeichnet man die winzigen Öffnungen, durch die Luft in die Tracheen eines Insekts gelangt. Durch einen Ringmuskel können sie sich öffnen und schließen. Landlebende Insekten besitzen seitlich an Brust und Hinterleib mehrere Stigmenpaare.

Atmungssystem eines Vogels

Durch die Luftsäcke nehmen Vögel bei jedem Atemzug die größtmögliche Sauerstoffmenge auf. Ihr Atmungssystem ist das leistungsfähigste aller Wirbeltiere.

Lunge

Luftsäcke

Luftsack

Luftspeicher im Körper eines Tieres

Ein Luftsack enthält Luft, wirkt aber nicht unmittelbar am Gasaustausch mit. Er liefert vielmehr die Luft an die Stellen, wo der Gasaustausch stattfindet. Bei Vögeln sind mehrere Luftsäcke mit der Lunge verbunden. Beim Einatmen gelangt ein Teil der Luft in die Lunge, der Rest fließt in die Luftsäcke. Atmet der Vogel aus, strömt die Luft aus den hinteren Luftsäcken durch die Lunge in die vorderen Luftsäcke und dann nach außen. Beim Atmen bewegt sich die Luft geradewegs durch die Lunge des Vogels, Sauerstoff wird ihr zum Großteil entzogen. Auch mit dem Tracheensystem mancher Insekten sind Luftsäcke verbunden.

Fächerlunge

Ein Atmungsorgan bei Spinnentieren

Spinnen und Skorpione besitzen für den Gasaustausch eine Fächerlunge an der Unterseite des Hinterleibs. Sie besteht aus dünnen Gewebelappen, ähnlich den Seiten eines Buches. Zwischen ihnen strömt Luft hindurch, und der Sauerstoff gelangt durch die Lappen ins Blut. Das Kohlendioxid wandert in der umgekehrten Richtung. In den Körper vieler Spinnen fließt Luft auch durch **Röhrentracheen**. Sie ähneln den Tracheen der Insekten, sind aber nicht so umfangreich.

Atmung unter Wasser
Wasserspinnen sammeln Luft und speichern sie unter Wasser in einer Blase.

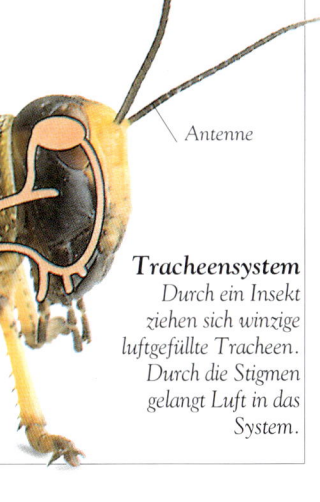

Luftsack *Brust*

Antenne

Stigma

Tracheen

Hinterleib

Tracheensystem
Durch ein Insekt ziehen sich winzige luftgefüllte Tracheen. Durch die Stigmen gelangt Luft in das System.

Lunge

Die Lunge ist das zentrale Organ des Atmungssystems. Sie bringt Luft und Blut in engen Kontakt, sodass Gase – vor allem Sauerstoff und Kohlendioxid – hin und her wandern können.

Die Lunge des Menschen

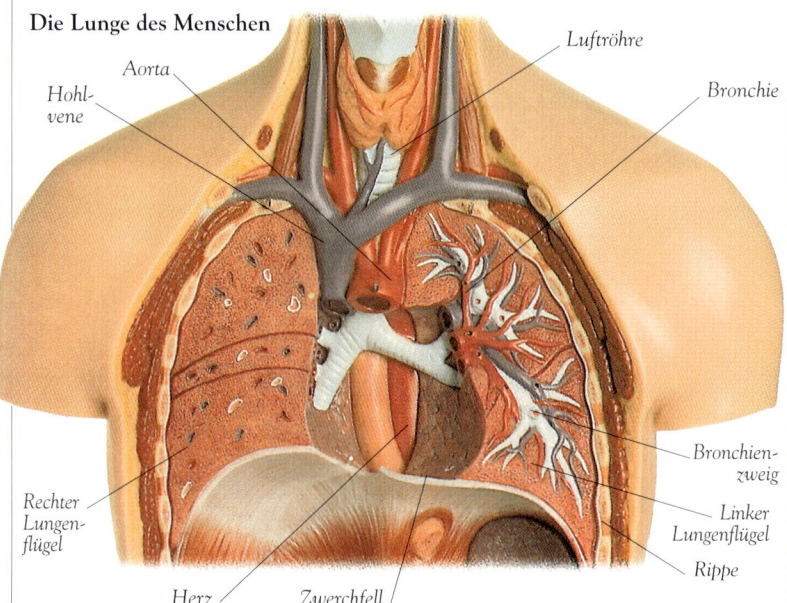

Aorta

Hohl-
vene

Luftröhre

Bronchie

Rechter
Lungen-
flügel

Bronchien-
zweig

Linker
Lungenflügel

Rippe

Herz

Zwerchfell

Luftröhre

Der Lufteinlass der Lunge

Die Luftröhre (**Trachea**) ist ein kurzes Rohr, durch das die Luft vom Rachen in die Lunge gelangt. Sie ist durch halbkreisförmige Knorpelringe ■ verstärkt und innen von winzigen Cilien ■ bedeckt. Die Cilien schlagen ständig aufwärts und entfernen so Staub oder andere eingeatmete Teilchen.

Bronchien

Verzweigungen der Luftröhre, die in die Lungenflügel führen

Die Luftröhre gabelt sich im Brustkorb in zwei Äste, die Bronchien, die Luft zu den Lungenflügeln leiten. Dort verzweigen sie sich weiter wie die Äste eines Baumes. Die kleinsten Zweige, Bronchiolen genannt, führen zu den winzigen Lungenbläschen.

Lungenbläschen

Winzige Hohlräume, in denen der Gasaustausch stattfindet

Die Lungenbläschen sind winzige, luftgefüllte Hohlräume, die in Gruppen an den Enden der Bronchiolen liegen. Die Lungenbläschen bieten die notwendige große Oberfläche für den Gasaustausch.

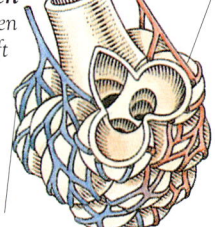

Lungenbläschen
Im Lungenbläschen sind Blut und Luft nur durch eine zwei Zellen dicke Schranke getrennt.

Sauerstoff

Kohlendioxid

Lunge

Ein Atmungsorgan

Die Lunge ist bei den meisten Wirbeltieren ■ das Organ ■ für den Gasaustausch ■. In ihrem Inneren sind Luft und Blut ■ nur durch eine zwei Zellen dicke Membran getrennt, die den Austausch von Sauerstoff und Kohlendioxid erlaubt.

Atemzüge

Die aktive Bewegung von Luft in die Lunge und nach außen

Die meisten Tiere müssen Luft in die Lunge und wieder hinaus pumpen, um genug Sauerstoff aufzunehmen. Dazu ziehen sich Muskeln rund um die Lunge zusammen, sodass die Lunge ihre Form verändert und Luft einsaugt oder ausstößt.

Luft strömt ein.

Einatmung
Beim Einatmen bewegt sich das muskulöse **Zwerchfell** *nach unten. Die Rippen heben sich nach oben und außen. Das Volumen der Brusthöhle wächst, und Luft wird in die Lunge gesaugt.*

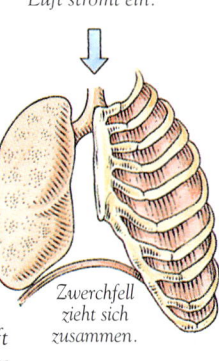

Zwerchfell zieht sich zusammen.

Luft strömt aus.

Ausatmung
Beim Ausatmen entspannen sich die Zwerchfell- und Zwischenrippenmuskeln. Das Volumen der Brusthöhle vermindert sich, und die Luft wird nach außen gedrückt.

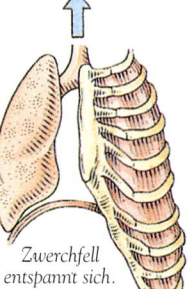

Zwerchfell entspannt sich.

Siehe auch

Blut 128 • Cilien 19
Gasaustausch 122 • Knorpel 137
Organ 23 • Wirbeltiere 104

Herz

Die Pumptätigkeit des Herzens lässt das Blut im Körper eines Tieres kreisen. Das Herz eines Menschen drückt das Blut durch 80 000 km Blutgefäße und schlägt etwa 100 000 Mal am Tag.

Herz

Ein hohler Pumpmuskel, der das Blut durch den Körper drückt

Das Herz ist ein hohles, muskulöses Organ ■ mit einer oder mehreren Kammern. Manche Tiere besitzen mehrere Herzen – bei einem Regenwurm sind es beispielsweise zehn.

Vorhof

Eine Kammer, die das zum Herzen strömende Blut aufnimmt

Das menschliche Herz hat vier muskulöse Kammern, die paarweise angeordnet sind und nebeneinander arbeiten. Die beiden oberen Kammern sind die Vorhöfe. Der linke nimmt das sauerstoffreiche Blut aus der Lunge auf, der rechte das sauerstoffarme aus dem Körper. Wenn die Vorhöfe sich zusammenziehen, drücken sie das Blut in die Herzkammern.

Herzkammer

Eine Kammer, die das Blut aus dem Herzen drückt

Mit ihrer Kontraktion drücken die Herzkammern das Blut aus dem Herzen in die Arterien ■. Beim Menschen ist die linke Herzkammer größer als die rechte, weil sie das Blut in den ganzen Köper pumpt. Die rechte befördert es nur in die Lunge.

Siehe auch
Arterie 126 • Muskel 142
Organ 23

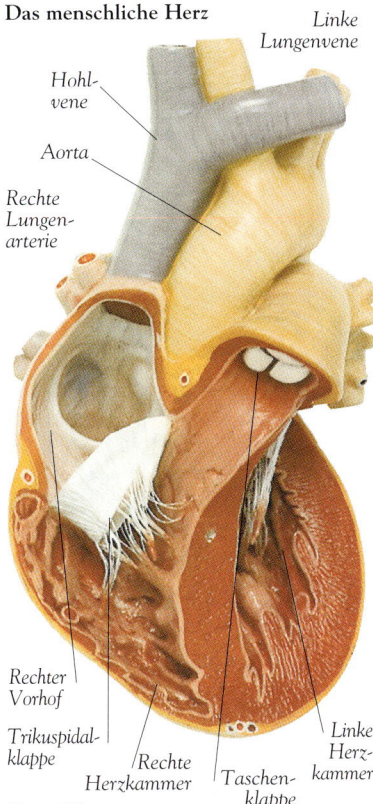

Das menschliche Herz

- Linke Lungenvene
- Hohlvene
- Aorta
- Rechte Lungenarterie
- Rechter Vorhof
- Trikuspidalklappe
- Rechte Herzkammer
- Taschenklappe
- Linke Herzkammer

Das Herz

Das Blut aus der Lunge fließt durch die Lungenvenen zum Herzen und von dort durch die Aorta in den Körper. Aus dem Körper gelangt es durch die Hohlvene zum Herzen und dann durch die Lungenarterie in die Lunge.

Pulsschlag

Die kurzfristige Erweiterung einer Arterie nach einem Herzschlag

Der Puls entsteht, weil die Arterien im Körper sich erweitern. Er ist an Handgelenk oder Hals deutlich zu spüren. Der normale **Puls** liegt zwischen 70 und 90 Schlägen in der Minute.

Herzklappe

Ein Ventil, das Blut nur in einer Richtung durchlässt

Die Herzklappen öffnen und schließen sich während der Herztätigkeit und lassen das Blut nur in einer Richtung fließen. Im menschlichen Herz gibt es zwei Klappensysteme. Die Segelklappen (**Bikuspidal-** und **Trikuspidalklappe**) verhindern den Rückstrom aus den Herzkammern in die Vorhöfe. Die **Taschenklappen** bewirken, dass kein Blut aus den Arterien zurück ins Herz gelangt.

Herzschlag

Einzelner Pumpzyklus des Herzens

Die Herzkammern ziehen sich in immer gleicher Reihenfolge zusammen. Die Kammern machen eine Kontraktionsphase oder **Systole** durch, um sich dann zu entspannen (**Diastole**). In Gang gesetzt wird der Schlag vom **Sinusknoten** oder **Schrittmacher**, einem kleinen Bereich des Herzmuskels ■. Die von ihm erzeugten elektrischen Impulse breiten sich über das Herz aus und sorgen für den richtigen Ablauf.

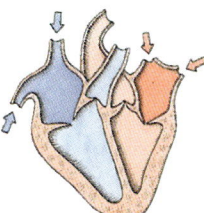

Diastole
Sauerstoffarmes Blut (blau) fließt in die rechte Herzhälfte, sauerstoffreiches (rot) in die linke.

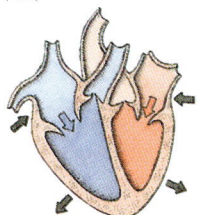

Vorhof-Systole
Beide Vorhöfe ziehen sich gleichzeitig zusammen und drücken das Blut in die Herzkammern.

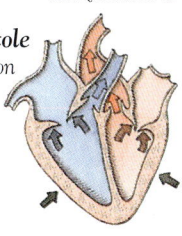

Herzkammer-Systole
Durch ihre Kontraktion drücken die Herzkammern das sauerstoffarme Blut in die Lunge und das sauerstoffreiche in den Körper.

Kreislaufsysteme

Im Kreislaufsystem strömt das Blut ständig durch den Körper eines Tieres. Das komplizierte Gefäßsystem versorgt jede Zelle mit lebensnotwendigen Substanzen.

Kreislaufsystem

Ein System, das für eine stetige Durchblutung des ganzen Körpers sorgt

Im Kreislaufsystem fließt Blut ▪ zu allen Körperteilen eines Tieres. Das Blut transportiert Nährstoffe ▪ und Sauerstoff zu den Geweben ▪ und nimmt Abfallstoffe mit. Außerdem verteilt es die Körperwärme. Meist fließt das Blut, von der Pumptätigkeit des Herzens ▪ angetrieben, durch **Blutgefäße**. Bei den kleinsten Lebewesen reicht die Diffusion ▪ für den Substanztransport.

Offenes Kreislaufsystem

Ein Kreislauf, bei dem das Blut in den Körperhöhlen zirkuliert

Die meisten Gliederfüßer ▪ und Weichtiere ▪ haben ein offenes Kreislaufsystem: Das Herz pumpt das Blut in kurze Blutgefäße, und aus diesen gelangt es in die Körperhöhlen, bevor es schließlich zum Herzen zurückfließt. In einem solchen System strömt das Blut langsam und mit geringem Druck.

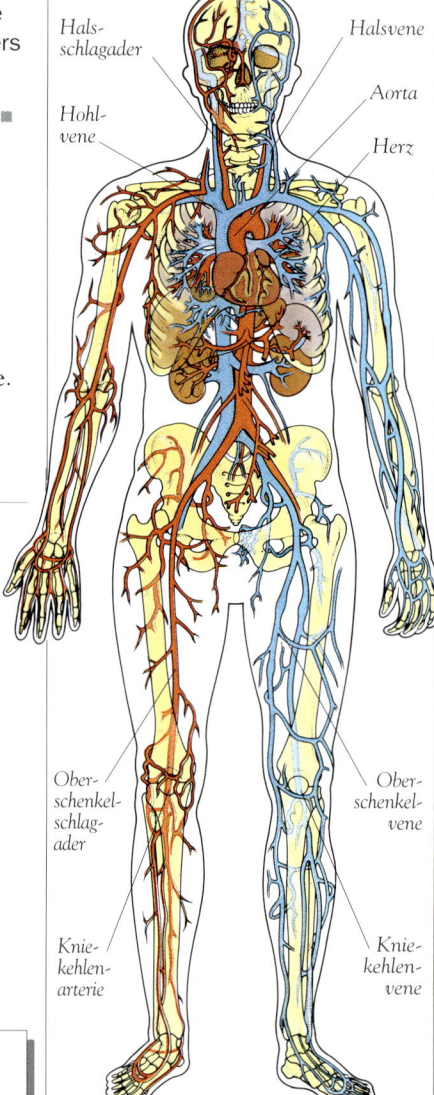

Der Kreislauf des Menschen
Das Schema zeigt die wichtigsten Blutgefäße im menschlichen Kreislaufsystem. Links sind nur die Arterien (rot) dargestellt, rechts nur die Venen (blau).

Labels in diagram: Halsschlagader, Halsvene, Aorta, Hohlvene, Herz, Oberschenkelschlagader, Oberschenkelvene, Kniekehlenarterie, Kniekehlenvene

Geschlossenes Kreislaufsystem

Ein Kreislauf, bei dem das Blut immer durch Blutgefäße fließt

Alle Wirbeltiere ▪ einschließlich des Menschen haben ein geschlossenes Kreislaufsystem: Das Herz pumpt das Blut durch ein Geflecht fein verästelter Blutgefäße, die alle lebenden Zellen ▪ des Organismus erreichen. Herz, Blut und Blutgefäße bilden zusammen das **Herz-Kreislaufsystem**.

Blutdruck

Der Druck des Blutes in einem Kreislaufsystem

Der Blutdruck schwankt im Kreislauf. In den vom Herzen kommenden Arterien ist er hoch, auf dem Weg durch die engen Kapillaren in die Venen nimmt er stark ab. Der Blutdruck ist ein wichtiges Anzeichen für den Gesundheitszustand. Mann kann ihn mit einem **Blutdruckmessgerät** feststellen.

Arterie

Ein Blutgefäß, das Blut vom Herzen weg transportiert

Arterien tragen das Blut zu allen Körperteilen. Sie verzweigen sich zu den dünnen **Arteriolen**. Arterien haben dicke, muskulöse Wände, die dem Blutdruck widerstehen. Arterienwände dehnen sich bei jedem Herzschlag ▪ und ziehen sich wieder zusammen, sodass der Pulsschlag ▪ entsteht.

Eine große Arterie im Längsschnitt

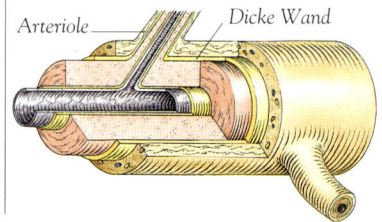

Labels: Arteriole, Dicke Wand

Kapillare

Ein sehr dünnes Blutgefäß zur Versorgung einzelner Zellen

Aus den Arteriolen gelangt das Blut in die Kapillaren. Diese sind dünner als ein menschliches Haar und liegen in der Nähe fast aller Körperzellen. Die sehr dünnen Kapillarwände erlauben den Substanztransport vom Blut in das umgebende Gewebe und umgekehrt.

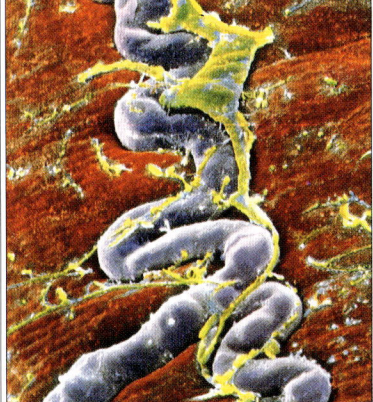

Mikroskopisch klein
Muskelgewebskapillare in der elektronenmikroskopischen Falschfarbenaufnahme

Vene

Ein Blutgefäß, das Blut zum Herzen transportiert

Aus den Kapillaren gelangt das jetzt sauerstoffarme Blut in dünne, **Venolen** genannte Gefäße und von dort in die Venen, die es wieder zum Herzen leiten. In den Venen hat das Blut einen geringen Druck, und deshalb sind ihre Wände dünner als die der Arterien. Venenklappen verhindern, dass das Blut der Schwerkraft folgt und rückwärts fließt.

Eine große Vene im Querschnitt

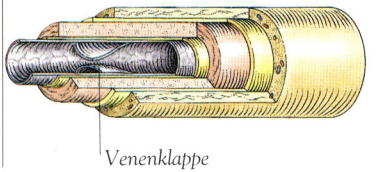

Venenklappe

Doppelter Kreislauf

Ein Kreislaufsystem mit zwei getrennten Wegen

Das Blut mancher Tiere zirkuliert in einem **Einzelkreislauf** vom Herzen durch den Körper und wieder zurück. Bei Vögeln ▪ und Säugetieren ▪ jedoch fließt es in einer Art Achterfigur abwechselnd durch die Lunge ▪ und dann durch den Körper – ein so genannter Doppelkreislauf. Aus jedem der beiden Kreisläufe kehrt es in eine andere Herzhälfte zurück. Durch die Lunge wird das Blut mit niedrigerem Druck gepumpt als durch den Körper. Beim Menschen durchlaufen die Blutzellen beide Wege in weniger als einer Minute.

Lungenkreislauf

Der Kreislauf vom Herz zur Lunge und zurück

Das Blut, das aus dem Körper zur Lunge fließt, ist dunkel-rot. Es enthält wenig Sauerstoff und viel Kohlendioxid. Auf dem Weg durch die Lunge gibt es Kohlendioxid ab und nimmt Sauerstoff auf, sodass es wieder hell-rot wird. Anschließend fließt es mit neuem Sauerstoff beladen zum Herzen, das es wieder in den Körper pumpt.

Körperkreislauf

Der Kreislauf vom Herzen durch den Körper und zurück

Das Herz pumpt das sauerstoffreiche Blut im Körperkreislauf durch den Organismus. Auf seinem Weg durch das Gewebe gibt es den Sauerstoff ab und nimmt Kohlendioxid auf. Der Körperkreislauf hat viele Verästelungen, beispielsweise die **Herzkranzgefäße**, die das Herz selbst mit Blut versorgen.

Einzelkreislauf
Bei Fischen zirkuliert das Blut in einem Kreislauf durch den Körper.

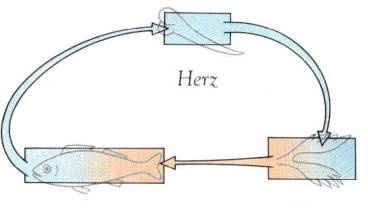

Herz

Körper *Kiemen*

Doppelter Kreislauf
Beim Menschen strömt das Blut durch zwei Kreisläufe.

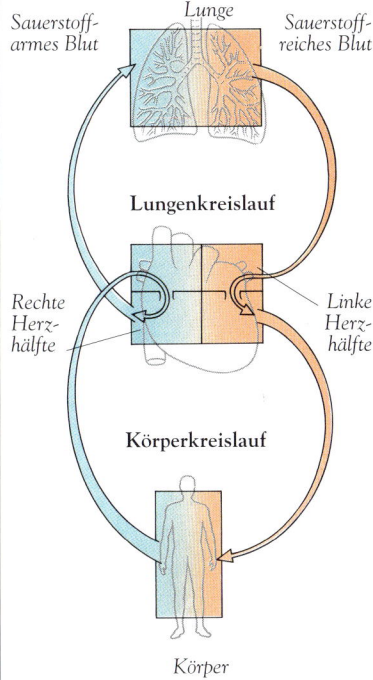

Sauerstoffarmes Blut

Lunge

Sauerstoffreiches Blut

Lungenkreislauf

Rechte Herzhälfte

Linke Herzhälfte

Körperkreislauf

Körper

Ibn an-Nafis

Arabischer Arzt und Anatom, gestorben 1228

Ibn an-Nafis zeigte als Erster, dass das Blut in einem Kreislauf durch die Lunge fließt. Seine Ideen gelangten aber nicht ins Abendland. Erst im Jahre 1628 gelang dem englischen Arzt **William Harvey** (1578–1637) der Nachweis, dass das Blut durch den ganzen Körper kreist.

Blut

Das Blut kreist durch den Organismus eines Tieres. Es trägt Sauerstoff und die Nährstoffe aus verdauter Nahrung zu den Zellen und transportiert Abfallstoffe ab. Außerdem trägt es zur Bekämpfung eingedrungener Krankheitserreger bei.

Blut

Eine komplizierte Flüssigkeit zur Versorgung und Erhaltung der Zellen

Die Zellen  des Menschen und anderer großer Tiere sind stark spezialisiert. Sie können sich weder selbst Nahrung beschaffen noch Abfälle ohne weiteres los werden. Diese Aufgaben erfüllt das Blut: Es fließt nahe an allen Körperzellen vorüber und trägt zu ihren notwendigen Lebensbedingungen bei. Blut macht knapp 10 % des Körpergewichts aus – bei einem Erwachsenen sind es 4–6 l.

Rote Blutzellen

Sauerstoff-Transportzellen

Jeder Blutstropfen enthält Millionen Zellen, in der Mehrzahl rote Blutzellen oder **Erythrocyten**, die das Protein Hämoglobin enthalten. Rote Blutzellen nehmen Sauerstoff an einer Stelle auf und geben ihn an einer anderen ab. Sie transportieren auch ein wenig Kohlendioxid, dieses löst sich aber zum größeren Teil im Blutplasma. Rote Blutzellen entstehen im Knochenmark und haben im Gegensatz zu den meisten anderen Zellen keinen Zellkern. Sie leben rund vier Monate und werden dann in der Leber abgebaut.

Rote Blutzellen
Elektronenmikroskopische Falschfarben-Aufnahme von roten Blutzellen eines Menschen

Weiße Blutzellen

Blutzellen für die Infektionsbekämpfung

Die weißen Blutzellen oder **Leukocyten** bekämpfen Infektionen. Sie umschließen Bakterien  sowie andere Fremdstoffe und produzieren Antikörper . Weiße Blutzellen sind größer als rote und können sich durch die Wände der Kapillaren  zwängen, um an einen Infektionsherd zu gelangen.

Weiße Blutzellen
*Die elektronenmikroskopische Falschfarben-Aufnahme zeigt einen **Neutrophilen**, den häufigsten Typ weißer Blutzellen. Neutrophile entstehen im Knochenmark.*

Blutplasma

Der flüssige Anteil des Blutes

Das Blut aller Wirbeltiere  enthält Zellen. Entfernt man sie, bleibt das strohgelbe, flüssige Plasma zurück. Plasma enthält Wasser, Salze, verdaute Nahrungsbestandteile und viele Proteine , darunter das an der Gerinnung beteiligte Fibrinogen, das **Albumin**, das dem Blut seine Dickflüssigkeit verleiht, und Antikörper. Beim Menschen macht das Plasma etwas mehr als die Hälfte des Blutvolumens aus.

Blutgruppe

Ein Bluttyp mit charakteristischen Proteinen

Auf der Oberfläche der roten Blutzellen und im Blutplasma befinden sich Proteine, die auch bei Tieren derselben Spezies  unterschiedlich sein können. Zwei Individuen mit gleichen Proteinen gehören zur gleichen Blutgruppe. Beim Menschen gibt es vier Hauptblutgruppen – A, B, AB und 0 – und über 200 kleinere. Mischt sich Blut unterschiedlicher Gruppen, kann es zu einer Immunreaktion kommen: Die roten Blutzellen **verklumpen**. Damit das nicht geschieht, muss der Arzt für eine **Bluttransfusion** immer Blut der richtigen Gruppe wählen.

Hämoglobin

Ein eisenhaltiges Sauerstoff-Transportprotein

Hämoglobin kommt in den roten Blutzellen der Wirbeltiere und im Blutplasma mancher Wirbellosen ■ vor. Seine Moleküle ■ verbinden sich leicht mit Sauerstoff und Kohlendioxid, sodass es diese Gase mit dem Blut transportieren kann. Hämoglobin ist eines von mehreren Transportproteinen oder **Blutfarbstoffen**.

Hämoglobin
Das Hämoglobinmolekül verbindet sich vorübergehend mit Sauerstoffmolekülen. Auf diese Weise kann das Blut weitaus mehr Sauerstoff transportieren.

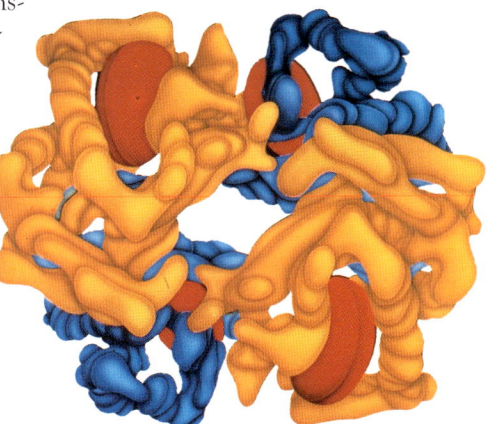

Blutplättchen

Zelltrümmer, die an der Blutgerinnung mitwirken

Die Blutplättchen oder **Thrombocyten** sind kleine Zellbruchstücke ohne Zellkern. Sie tragen zur Reparatur geschädigter Blutgefäße bei und verhindern Blutungen. Gelangen sie zu einer Verletzung, verformen sie sich und kleben zusammen.

Sauerstoffarmes Blut
Blut, das wenig Sauerstoff enthält, ist dunkel-rot.

Sauerstoffreiches Blut
Das mit Sauerstoff beladene Hämoglobin verleiht dem Blut eine hell-rote Farbe.

Blutplasma
Plasma enthält viele gelöste Substanzen.

Blutgerinnsel

Ein fester Pfropfen, der sich in einem beschädigten Blutgefäß bildet

Die **Blutgerinnung** verhindert, dass Krankheitserreger ■ in den Organismus gelangen und dass bei einer Verletzung zu viel Blut verloren geht. Dabei wird das lösliche Blutplasmaprotein **Fibrinogen** durch eine Reihe chemischer Reaktionen in das unlösliche Protein **Fibrin** umgewandelt. Das Fibrin bildet ein Fasergeflecht, den **Wundschorf**. Bei der **Bluterkrankheit** funktioniert dieses System nicht richtig, sodass schon kleine Verletzungen zu starkem Blutverlust führen.

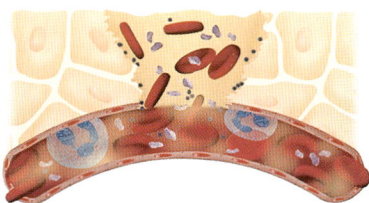

Ein Schaden am Blutgefäß
Ist ein Blutgefäß geschädigt, verkleben die Blutplättchen in der Nähe der Wunde und bilden einen vorübergehenden Verschluss.

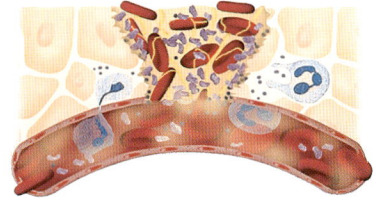

Gerinnselbildung
Die Blutplättchen lösen im Blut die Bildung des Proteins Fibrin aus, das ein Gewirr verflochtener Fäden bildet.

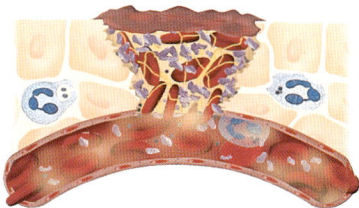

Gewebereparatur
Die Fäden verbinden sich mit den roten Blutzellen zum Wundschorf. Dieser bleibt so lange erhalten, bis Haut und Blutgefäß darunter geheilt sind.

Krankheitsabwehr

Der Körper eines Tieres ist ein biologisches Schlachtfeld. Mikroorganismen versuchen sich breit zu machen, der Organismus versucht sie abzuwehren. Mit seinen Verteidigungsmechanismen schafft es der Organismus meist, die Eindringlinge zu besiegen.

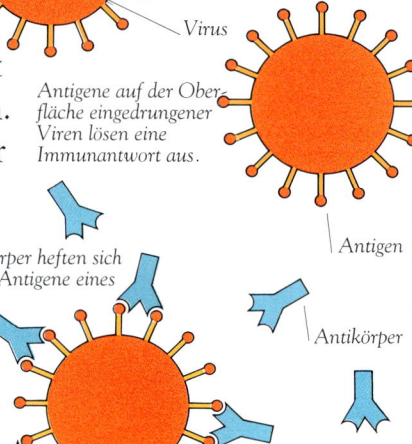

Immunantwort

Virus

Antigene auf der Oberfläche eingedrungener Viren lösen eine Immunantwort aus.

Antigen

Antikörper heften sich an die Antigene eines Virus.

Antikörper

Krankheit

Ein Zusammenbruch des stabilen Zustandes im Organismus

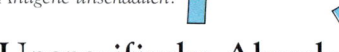

Antikörper machen Antigene unschädlich.

Der Organismus eines Tieres bleibt in der Regel durch die Steuersysteme der Homöostase ■ in einem stabilen Zustand. Manchmal bricht die Stabilität aber zusammen, und der Körper funktioniert nicht mehr normal. Eine solche Störung heißt Krankheit. **Infektionskrankheiten** wie die Masern werden durch eingedrungene Krankheitserreger ausgelöst. **Nichtinfektiöse Krankheiten** entstehen durch andere Faktoren wie Erbeigenschaften.

Krankheitserreger

Krankheiten erzeugende Mikroorganismen

Krankheitserreger sind Organismen, die in den Körper eindringen, Zellen ■ und Gewebe zerstören und so Krankheiten auslösen. Die häufigsten Krankheitserreger sind Viren ■, Bakterien ■ und Pilze ■, manchmal aber auch Protisten ■ wie der Parasit, der die Malaria hervorruft. Auch Mikroorganismen, auf der Körperoberfläche normalerweise ungefährlich, können im Organismus zu krankheitserzeugenden **Pathogenen** werden.

Siehe auch

Unspezifische Abwehr

Abwehrsysteme gegen ein breites Spektrum von Erregern

Unspezifische Abwehrsysteme reagieren auf alle eingedrungenen Organismen gleich. Sie stellen eine ganze Reihe physikalischer und chemischer Barrieren bereit. Die Tränen spülen beispielsweise Krankheitserreger aus den Augen und enthalten auch das **Lysozym**, ein Enzym ■, das die Zellwände ■ mancher Bakterien angreift. In Schweiß und Speichel kommt das Enzym ebenfalls vor. Der Körper produziert **Phagocyten**, besondere Zellen, die fremde Zellen auffressen.

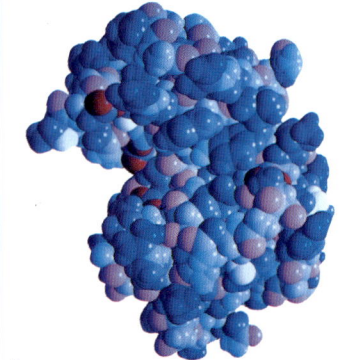

Lysozym
Die Computerdarstellung zeigt die Struktur eines einzigen Lysozymmoleküls.

Immunsystem

Spezifische Abwehr gegen Krankheitserreger

Im Gegensatz zur unspezifischen Abwehr erzeugt das Immunsystem gezielt Substanzen, die bestimmte eingedrungene Erreger angreifen. Es erkennt körperfremde Zellen und bildet zu ihrer Bekämpfung besondere Substanzen, die Antikörper. Außerdem »erinnert« sich das Immunsystem an frühere Begegnungen mit Krankheitserregern, sodass es beim zweiten Mal schneller reagieren kann.

Antikörper

Ein Protein, das an einer ganz bestimmten Fremdsubstanz andockt

Antikörper sind besondere, im Blut kreisende Proteine. Dringt eine Fremdsubstanz (**Antigen**) in den Organismus ein, heften sich die Antikörper daran fest. Diese **Immunantwort** macht den Eindringling unschädlich. Antikörper werden von besonderen weißen Blutzellen produziert, den Lymphocyten. Diese können Antikörper gegen viele Millionen verschiedene Antigene herstellen.

Immunität

Unempfindlichkeit gegenüber Krankheitserreger/Fremdsubstanz

Die Folge der Immunantwort ist die Immunität. Der Organismus »merkt« sich die Antigene eines Erregers, mit dem er schon einmal infiziert war. Greift der Erreger ein zweites Mal an, steigert der Organismus schnell seine Antikörperproduktion, sodass keine Krankheit mehr entsteht.

Lymphocyten

Ein Typ weißer Blutzellen im Lymphsystem

Lymphocyten sind weiße Blutzellen ■ und gehören zum Immunsystem. Manche von ihnen, die **Makrophagen**, umschließen bestimmte Eindringlinge und zerstören sie. Andere, die **B-Zellen**, produzieren Antikörper.

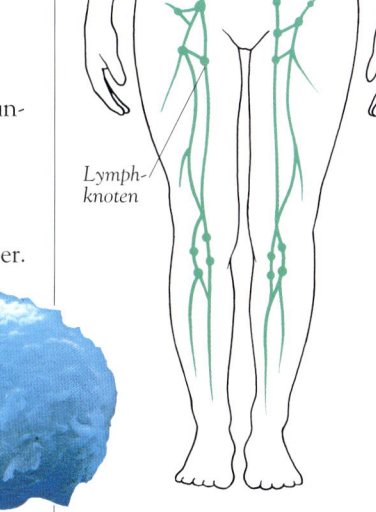

Lymphocyt
Elektronenmikroskopische Aufnahme eines Makrophagen (blau), der eine eingedrungene Hefezelle (gelb) verschlingt.

Lymphknoten

Eine bohnenförmige Verdickung eines Lymphgefäßes

Lymphknoten liegen in Abständen an den Lymphknoten und auch gehäuft in Regionen wie der Leistenbeuge. In jedem Lymphknoten filtert ein Fasergeflecht Bakterien und andere Fremdsubstanzen aus. Bei Säugetieren schwellen die Knoten oft an, wenn der Organismus eine Infektion bekämpft. Sie sind dann deutlich zu spüren.

Lymph-gefäße

Milz

Lymph-knoten

Lymphsystem

Lymphsystem

Gefäßsystem, das Flüssigkeiten ableitet und Infektionen bekämpft

Das Lymphsystem leitet Flüssigkeit aus dem Gewebe ins Blut. Außerdem beherbergt es die Lymphocyten, die Infektionen bekämpfen. Das System besteht aus blind endenden Kanälen, die sich durch den ganzen Körper ziehen. Es ist mit **Lymphe** gefüllt, einer Flüssigkeit, die aus den Blutkapillaren ■ sickert. Das Lymphsystem sammelt die Flüssigkeit und leitet sie über die **Lymphgefäße** wieder ins Blut. Die Lymphgefäße enthalten Klappen, und die Lymphe wird in ihnen durch die Körperbewegungen vorwärts geschoben.

Autoimmunkrankheiten

Krankheiten, bei denen der Organismus seine eigenen Zellen angreift

Manchmal versagt das Immunsystem, und der Körper greift sein eigenes Gewebe an. Eine der häufigsten Autoimmunerkrankungen ist die **rheumatoide Arthritis**: Antikörper greifen Antigene in den Gelenken ■ an, die so empfindlich und schwer beweglich werden.

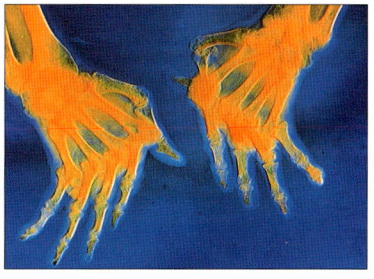

Rheumatoide Arthritis
Die Falschfarben-Röntgenaufnahme zeigt die Hände eines Menschen mit rheumatoider Arthritis.

Allergie

Eine übermäßige Immunantwort auf ein Antigen

Allergien entstehen, wenn das Immunsystem zu heftig arbeitet und den Körper schädigt. Die Substanzen, die Allergien auslösen, **Allergene** genannt, wirken unterschiedlich. Viele Allergene lösen eine Immunantwort aus, in deren Verlauf **Histamin** ausgeschüttet wird, eine Substanz, die Entzündungen und Atemnot verursacht. Eine sehr häufige Allergie ist der **Heuschnupfen**, der durch den Kontakt mit Pollen entsteht. Heuschnupfen kann man mit **Antihistaminika** bekämpfen, Medikamenten, die dem Histamin entgegen wirken. Das Spektrum allergischer Reaktionen reicht von leichten Entzündungen bis zum **anaphylaktischen Schock**, der zu Herzversagen und Tod führen kann.

Homöostase

Homöostase bedeutet »Gleich-
bleiben«. Sie wird durch körpereigene Steuerungssysteme erreicht,
die für stabile Verhältnisse im
Organismus sorgen.

Homöostase

Die Aufrechterhaltung stabiler
Verhältnisse in einem Lebewesen

Jedes Lebewesen hat eine **innere
Umwelt**, die trotz einer wechseln-
den **äußeren Umwelt** innerhalb
gewisser Grenzen gleich bleiben
muss. Nur so kann der Stoffwechsel ■ unter stabilen Bedingungen arbeiten. Für die Stabilität
sorgen Steuerungssysteme, die
unerwünschte Veränderungen im
Organismus wahrnehmen und
darauf reagieren.

Rückkopplungssystem

Steuerungssystem zur Korrektur
unerwünschter Veränderungen

Ein typisches Rückkopplungs-
system ist der mechanische Thermostat. Er reagiert auf Tempera-
turschwankungen und schaltet die
Heizung ein oder aus. Ähnliches
besitzen auch die Tiere; wie ein
Thermostat funktionieren die
meisten dieser Systeme durch
negative Rückkopplung: Sie registrieren unerwünschte Schwankun-
gen und wirken ihnen entgegen.

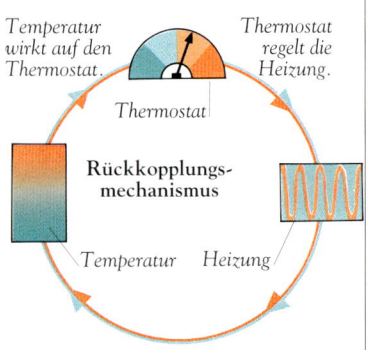

Temperatur wirkt auf den Thermostat.

Thermostat regelt die Heizung.

Thermostat

Rückkopplungs-
mechanismus

Temperatur *Heizung*

Heizung sorgt für Temperaturänderung.

Aus-
scheidung

Die Beseitigung
von Abfallstoffen

Alle Lebe-
wesen produ-
zieren Abfallstoffe
wie Kohlen-
dioxid, Wasser,
Salze und stick-
stoffhaltige Ver-
bindungen. Sie
alle müssen beseitigt
werden, damit sie
den Stoffwechsel
nicht beeinträchtigen.
Die wichtigsten **Aus-
scheidungsorgane** der
Wirbeltiere sind Haut ■,
Lunge ■ und Nieren ■. Bei manchen Wirbellosen ■ gibt es keine
Ausscheidungsorgane, bei anderen
sind sie sehr einfach wie die kontraktile Vakuole ■ der Amöbe.

Niere

Ein Ausscheidungsorgan,
das Abfall beseitigt und den
Wasserhaushalt reguliert

Die Nieren befreien das
Blut ■ von Abfallstoffen
und regulieren seinen Wassergehalt. Sie entziehen dem Blut
gleichzeitig Abfälle und Wasser.
Das Wasser fließt zum größten
Teil wieder zurück, die Abfallstoffe dagegen werden im
Urin angereichert. Die von
den Nieren ausgeschiedene
Wassermenge wird von
Hormonen ■ der Hypophyse
gesteuert.

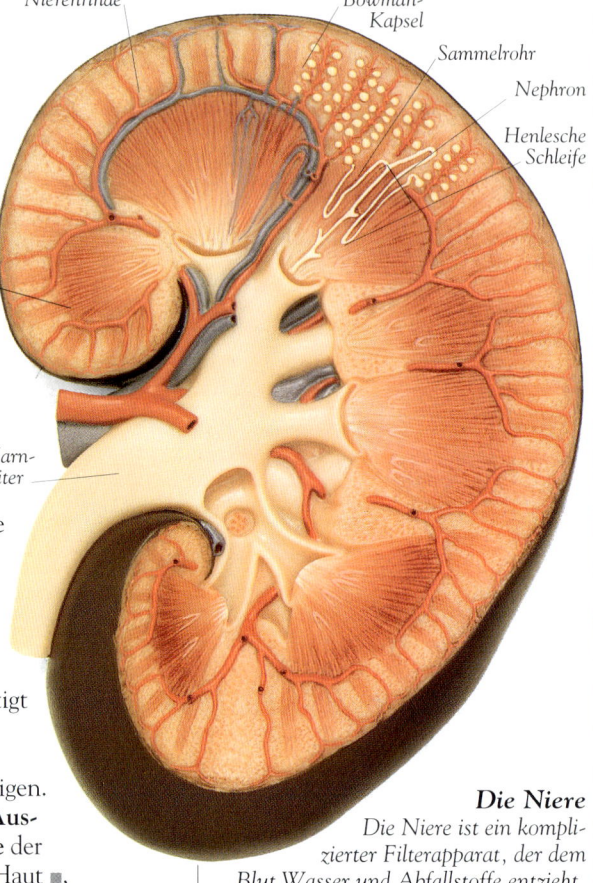

Nierenrinde

*Bowman-
Kapsel*

Sammelrohr

Nephron

*Henlesche
Schleife*

Nierenmark

*Harn-
leiter*

Die Niere
*Die Niere ist ein kompli-
zierter Filterapparat, der dem
Blut Wasser und Abfallstoffe entzieht.*

Nephron

Ein Filterelement in der Niere

Eine menschliche Niere enthält
über eine Million winzige, dicht
bei dicht stehende Filtereinheiten
oder Nephrone. Jeder dieser langen, dünnen Schläuche endet in
einer **Bowman-Kapsel**. Aus dem
Glomerulus, einem winzigen
Blutgefäßknäuel in der Kapsel,
gelangen Wasser und Abfallstoffe
ins Nephron. Sie wandern
dann durch die lange **Henlesche
Schleife**, und durch die Wände
der Schleife oder das benachbarte
Sammelrohr kehrt das Wasser
zum größten Teil ins Blut zurück.
Die Abfälle fließen durch das
Rohr in den **Harnleiter**. Dieser
mündet in die **Harnblase**, wo
der Urin bis zur Ausscheidung
gesammelt wird.

Warmblüter

Ein Tier, das durch
seinen Stoffwechsel
warm bleibt

Der Stoffwechsel aller
Tiere erzeugt Wärme. Bei
warmblütigen Arten bleibt
diese Wärme im Blut und
hält die Körpertemperatur
konstant, meist über der
Umgebungstemperatur.
Alle Säugetiere ▪ und
Vögel ▪ sind Warmblüter.
Man nennt sie auch **gleichwarme** oder **homöo-
therme** Tiere.

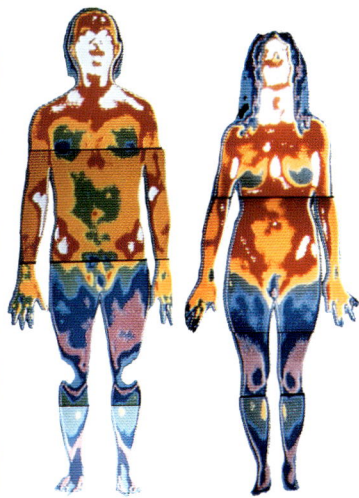

Wärmeverteilung beim Menschen
*Das Wärmebild zeigt die Oberflächen-
temperatur bei Mann und Frau. Die
wärmsten Bereiche sind rot dargestellt,
die kühlsten sind blau.*

Kaltblüter

Ein Tier, dessen Temperatur sich
je nach der Umgebung ändert

Kaltblüter haben nicht unbedingt
einen kalten Körper, aber ihre
Temperatur steigt und fällt mit
der Temperatur ihrer Umgebung.
Zu den Kaltblütern, die man
auch als **wechselwarme** oder
poikilotherme Tiere bezeichnet,
gehören Reptilien ▪, Fische ▪,
Amphibien ▪ und alle Wir-
bellosen ▪.

Wärmeregulation

Die Steuerung und Abstimmung
der Körpertemperatur

Die meisten Tiere steuern ihre
Körpertemperatur. Wechselwarme
Arten wie Echsen und Schlangen
tun das durch ihr Verhalten: Sie
legen sich in die Sonne oder ziehen
sich in den Schatten zurück.
Gleichwarme Tiere erreichen den
Zweck durch körperliche
Veränderungen wie Schwitzen,
Zittern und Erweiterung der
Blutgefäße. Der Hypothalamus ▪,
eine Region im Gehirn, überwacht
die Körpertemperatur
und sorgt für
Ausgleich, bevor
Überhitzung oder
Unterkühlung
auftreten.

Schwitzen

Flüssigkeitsausscheidung durch
die Haut zwecks Abkühlung

Viele Säugetiere einschließlich
des Menschen kühlen sich durch
Schwitzen ab. Dazu scheidet die
Haut den salzigen **Schweiß** aus,
der dann verdunstet und den
Körper kühlt. Der Schweiß,
auch **Transpiration** genannt,
wird von den **Schweißdrüsen**
in der Haut gebildet und gelangt
durch winzige **Schweißgänge**
nach außen. Hunde und andere
Säugetiere besitzen nur wenige
Schweißdrüsen und kühlen
durch **Hecheln** das durch die
Zunge fließende Blut ab.

Zittern

Schnelle Muskelkontraktionen zur
Wärmeerzeugung

Säugetiere erzeugen Körperwärme zum größten Teil durch
Muskelbewegungen ▪. Kühlt
das Tier ab, spannen sich die
Muskeln, und schließlich
zittern sie. Das erzeugt Stoff-
wechselwärme, die vom Blut
im Körper verteilt wird.

Vasodilatation

Die Erweiterung der Blutgefäße

Unter der Haut vieler Säugetiere
liegt ein Geflecht aus winzigen
Blutkapillaren, die sich bei zu
viel Körperwärme erweitern.
Durch die verstärkte Haut-
durchblutung kann der Körper
mehr Wärme abgeben. Bei
Unterkühlung wird durch
Gefäßverengung (**Vasokon-
striktion**) der umgekehrte
Effekt erzielt: Die Hautdurch-
blutung vermindert sich, sodass
weniger Wärme verloren geht.

Muskulatur
Fettschicht
Wirbelsäule

Robbe
*Eine Robbe hält sich mit
einer dicken Unterhaut-
fettschicht warm.*

Isolierung

Eine Gewebeschicht, die den
Wärmetransport vermindert

Die meisten Warmblüter halten
ihre Körperwärme durch Isolierung
fest. Viele Säugetiere haben
beispielsweise ein Fell oder eine
dicke Fettschicht unter der Haut,
und Vögel besitzen Federn. Haare
und Federn schaffen über der Haut
eine isolierende Luftschicht. Durch
Sträuben von Fell oder Federn wird
diese Schicht dicker, und es geht
weniger Wärme verloren.

Hormone

Hormone sind chemische Botenstoffe: Sie übermitteln Anweisungen von einer Zellgruppe zur anderen. Zusammen mit dem Nervensystem sorgen sie für die Koordination der Körperfunktionen.

Hormon

Ein chemischer Botenstoff

Hormone sind chemische Kommunikationsmittel. Bei Tieren gelangen sie meist mit dem Blut zu den Zellen oder Geweben ■, auf die sie wirken. Mindestens 50 Hormone werden bei Wirbeltieren ■ von verschiedenen Zellgruppen ausgeschüttet. Auch Pflanzen ■ haben Hormone, die hier vor allem das Wachstum beeinflussen.

Drüse

Eine Zellgruppe zur Produktion und Ausschüttung chemischer Substanzen

Tiere haben viele Drüsen, die man aber alle in zwei Gruppen einteilen kann. Manche, so die Schweißdrüsen, geben Substanzen an der Körperoberfläche ab und werden deshalb **exokrine Drüsen** genannt. Andere, die **endokrinen Drüsen**, schütten Hormone unmittelbar ins Blut aus. Zu den endokrinen Drüsen gehören die **Hypophyse** an der Gehirnunterseite, die **Schilddrüse**, die **Nebennieren** und die **Geschlechtsdrüsen** (Hoden ■ beim Mann, Eierstöcke ■ bei der Frau). Zusammen bilden diese Drüsen das **endokrine System** des Organismus.

Bildbeschriftungen:
Hypothalamus
Hypophyse
Zirbeldrüse
Schilddrüse
Nebennieren
Bauchspeicheldrüse
Eierstöcke
Endokrines System

Zielzelle

Zelle, von einem Hormon aktiviert

An seinen Zielzellen oder **Zielgeweben** angekommen, heftet sich das Hormon an einen **Rezeptor**, eine bestimmte Stelle an der Plasmamembran ■. Dort löst es gezielt eine Wirkung aus. Manche Hormone sorgen z. B. für eine Muskelkontraktion, andere lassen die Zielzellen schneller wachsen. Wirkt ein Hormon auf eine endokrine Drüse, kann es die Produktion eines anderen Hormons in Gang setzen.

Hormone der Wirbellosen

Hormone, erzeugt von wirbellosen Tieren

Auch bei vielen Wirbellosen ■ sorgen Hormone für Wachstum und Entwicklung. Das Hormon **Ecdyson** löst bei Insekten die Häutung aus.

Jokichi Takamine

Japanisch-amerikanischer Biochemiker, 1854–1922

Jokichi Takamine wurde in Japan geboren, lebte aber vorwiegend in den USA. Er isolierte 1901 als Erster ein Hormon: Er stellte Kristalle des Adrenalins her, das die Stoffwechselrate steigert. Den Begriff »Hormon« gibt es seit 1905: Damals entdeckte man das Secretin, das die Gallenproduktion anregt. »Hormon« kommt von dem griechischen Wort für »anregen«.

Pheromon

Eine Substanz, mit der ein Tier ein anderes beeinflusst

Pheromone wirken wie Hormone, aber nicht auf Zellen des gleichen Körpers, sondern auf einen Artgenossen. Sie werden entweder mit Schweiß und Urin ausgeschieden oder – häufig über Hautdrüsen – von einem Tier zum anderen weitergegeben. Insekten nutzen Pheromone für viele Zwecke: um Spuren zu legen, Artgenossen zu warnen oder Paarungspartner anzulocken.

Pheromonspur

Eine Spur wird gelegt
Viele Schmetterlingsweibchen locken ihre Partner mit einer Pheromonspur oder mit in die Luft abgegebenen Pheromonen an.

Adrenalin

Ein Hormon, das den Organismus auf Gefahren vorbereitet

In gefährlichen Situationen wird im Organismus eine **Alarmreaktion** ausgelöst. Die Nebennieren schütten dann das Hormon Adrenalin aus, das den Körper auf »Flüchten oder Kämpfen« vorbereitet. Anders als sonstige Hormone wirkt Adrenalin sehr schnell. Es steigert den Blutdruck, beschleunigt Puls und Atmung ■ und verlangsamt die Verdauung. Zusammen verbessern diese Veränderungen die Überlebenschancen.

Weibliche Geschlechtshormone

Hormone, die den weiblichen Organismus auf die Fortpflanzung vorbereiten

Geschlechtshormone sorgen für die Entwicklung der sekundären Geschlechtsmerkmale ■ und bereiten die Körper auf die Fortpflanzung vor. Bei Frauen steuern sie den Eisprung und die Schwangerschaft. Sie werden in der Hypophyse und den Eierstöcken gebildet. Zu den weiblichen Geschlechtshormonen gehören die **Östrogene**, die sekundäre Geschlechtsmerkmale wie die Brust entstehen lassen.

Männliche Geschlechtshormone

Hormone, die den männlichen Organismus auf die Fortpflanzung vorbereiten

Die männlichen Geschlechtshormone lassen sekundäre Geschlechtsmerkmale wie den Bartwuchs entstehen und steuern die Produktion der Samenzellen ■. Das wichtigste dieser Hormone ist das in den Hoden gebildete **Testosteron**. Für die Samenproduktion sorgt das **follikelstimulierende Hormon**, ein Produkt der Hypophyse, das bei Frauen die Produktion der Eizellen ■ in Gang setzt.

WICHTIGE HORMONE DES MENSCHEN

Drüse	Hormon	Wirkung
Zirbeldrüse	Melatonin	»Biologische Uhr«, Regulation der Körperrhythmen
Hypothalamus	Releasinghormone und Hemmfaktoren	Regulation der Hormonausschüttung durch die Hypophyse
Hypophysen-Vorderlappen	Adrenocorticotropes Hormon	Anregung der Corticosteroidproduktion durch die Nebennieren
	Wachstumshormon	Anregung des Wachstums, Steigerung des Blutzuckerspiegels
	Thyrotropin	Anregung der Hormonproduktion durch die Schilddrüse
	Follikel- stimulierendes Hormon	Mann: Anregung der Samenzellproduktion; Frau: Reifung der Eizellen
	Luteinisierendes Hormon	Anregung der Produktion von Geschlechtshormonen, bei Frauen Anregung des Eisprunges
	Prolactin	Vorbereitung des weiblichen Organismus auf die Milchproduktion
Hypophysen-Hinterlappen	Oxytocin	Fördert bei der Entbindung die Uteruskontraktion und beim Stillen die Milchproduktion
	Vasopressin (antidiuretisches Hormon)	Steigert in der Niere die Wasser-Rückresorption; steigert durch Gefäßverengung den Blutdruck
Schilddrüse	Calcitonin	Vermindert Calciumspiegel im Blut durch Calciumeinbau in Knochen
	Thyroxin	Anregung des Wachstums, Steigerung der Stoffwechselrate
Nebenschilddrüse	Parathormon	Steigerung des Calciumspiegels im Blut
Nebennierenmark	Adrenalin	Stressvorbereitung: Gefäßverengung, Pulsbeschleunigung, Steigerung des Blutzuckerspiegels
Nebennierenrinde	Corticosteroide	Steigerung des Fett-, Kohlenhydrat- und Proteinstoffwechsels
Magen	Gastrin	Anregung der Salzsäureausschüttung durch die Magenschleimhautzellen
Bauchspeicheldrüse	Glucagon	Steigerung des Blutzuckerspiegels durch erhöhte Glycogen-Glucose-Umwandlung in der Leber
	Insulin	Senkung des Blutzuckerspiegels durch erhöhte Glucose-Glycogen-Umwandlung in der Leber und erhöhte Glucoseaufnahme der Zellen
Dünndarm	Secretin	Bewirkt erhöhte Ausschüttung Bauchspeicheldrüse (Galle/Verdauungssaft)
Eierstöcke	Östrogene	Entwicklung der weiblichen sekundären Geschlechtsmerkmale
Gelbkörper	Progesteron	Bereitet auf Milchproduktion vor; erhält Gebärmutterschleimhaut
Hoden	Testosteron	Entwicklung der männlichen sekundären Geschlechtsmerkmale

Skelette

Alle Tiere brauchen ein Stützgerüst, das ihre Körperform aufrecht erhält und Bewegungen ermöglicht. Bei Wirbeltieren erfüllt ein Knochengerüst oder Skelett diese Aufgabe. Das Skelett schützt die inneren Organe und bietet den Muskeln einen Widerhalt.

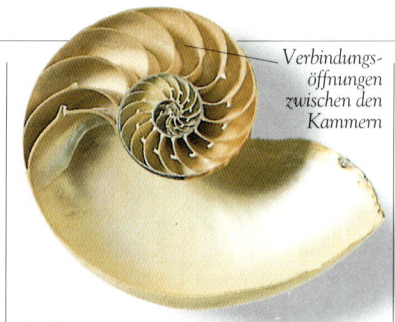

Verbindungs-öffnungen zwischen den Kammern

Gehäuse eines Nautilus
Das Gehäuse des Nautilus ist eine Spirale aus Kammern.

Skelett

Ein Stützgerüst für den Körper von Tieren

Kopf

Brust

Deck-flügel

Hinterleib

Außenskelett eines Prachtkäfers

Das Skelett stützt den Körper und ermöglicht die Veran-kerung der Muskeln ■, sodass das Tier sich bewegen kann. Meist besteht das Skelett aus hartem Material wie den Knochen, aber manche Tiere, zum Beispiel die Seeanemone, haben auch feste und gleichzeitig biegsame Außen-schichten. Häufig erfüllt das Skelett noch weitere Aufgaben: Schild-kröten sind durch den Panzer vor Feinden und Insekten durch das Außenskelett vor dem Aus-trocknen geschützt.

Hydroskelett

Ein Skelett, das seine Form durch Flüssigkeitsdruck erhält

Weiche Tiere wie der Regen-wurm ■ erhalten ihre Form durch ihre innere Flüssigkeit. Der Körper des Regenwurms ist in Abschnitte unterteilt, in deren Innenraum, dem **Coelom**, jeweils Flüssigkeit gegen die muskulöse Außenwand drückt. Wie die Luft im Auto-reifen verleiht sie dem Wurm seine Festigkeit. Genauso sind die Stummelfüße der Seesterne ■ konstruiert.

Außenskelett

Ein hartes Skelett auf der Außenseite eines Tieres

Ein Außenskelett umhüllt das ganze Tier und stützt es von außen. In seinem Inneren setzen die Muskeln an, die für Bewegung ■ sorgen. Das Außenskelett der Gliederfüßer ■, das alle Körperteile einschließ-lich der Antennen ■ und Augen ■ umschließt, besteht aus Platten, die an den Gelenken verbunden sind. Ein solcher Panzer wächst nicht und muss abgelegt werden, wenn das Tier größer wird. Nach jeder Häutung entsteht ein neues, größeres Außenskelett.

Chitin

Eine Substanz im Außenskelett der Gliederfüßer

Das leichte, widerstands-fähige Chitin kommt häufig in Außenskeletten vor. Es enthält Wasser-stoff, Kohlenstoff, Sauerstoff und Stick-stoff. Seine langen Moleküle ähneln denen der Cellulose ■ und lagern sich kreuz-weise übereinander, was das Außenskelett verstärkt. Auch in den Zellwänden ■ der Pilze ■ dient Chitin als Verstärkung.

Gehäuse

Hartes, unflexibles Außenskelett

Ein Gehäuse ist ein Außenskelett, das ein ganzes Tier oder einen Teil davon umschließt. Seine Form ändert sich nicht, aber manche, so das Gehäuse der Muscheln, haben ein Scharnier zum Öffnen und Schließen. Das Gehäuse wächst an den freien Rändern. Anders als das Außenskelett der Gliederfüßer braucht das Tier es nicht ablegen, weil der Innenraum immer größer wird.

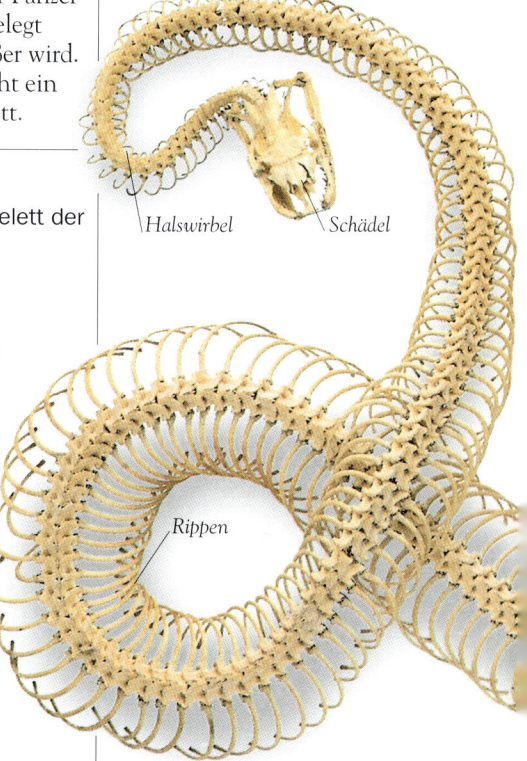

Halswirbel

Schädel

Rippen

Innenskelett

Ein hartes Skelett im Körperinneren

Das Innenskelett ist ein inneres Gerüst, das den Körper eines Tieres stützt. Es besteht meist aus Knorpel und Knochen, und seine biegsamen Gelenke machen Bewegungen möglich. Anders als die meisten Außenskelette wächst ein Innenskelett mit dem ganzen Körper heran und bleibt deshalb ebenso lange erhalten wie das ganze Tier. Alle Wirbeltiere ∎ haben ein Innenskelett. Schildkröten haben außerdem einen äußeren Panzer aus dem Strukturprotein ∎ Keratin.

Skelett einer Schlange

Der Schlangenkörper wird von einem Innenskelett gestützt, das vor allem aus der biegsamen Wirbelsäule und vielen Rippenpaaren besteht. Muskeln biegen das Rückgrat und erzeugen so die Bewegungen der Schlange.

Rumpf-
wirbel

Schwanz-
wirbel

Knochen

Hartes Material im Skelett der Wirbeltiere

Knochen sind lebendes Gewebe, stützen den Körper der Wirbeltiere und bilden eine Schutzhülle für empfindliche Organe. Knochen bestehen aus Zellen, die von harten Mineralstoffen ∎ wie Calciumphosphat umgeben sind. Außerdem enthalten sie das Protein ∎ Kollagen und sind deshalb ein wenig biegsam. Als **kompakten Knochen** bezeichnet man die dichte Außenschicht, die den lockeren **spongiösen Knochen** umgibt. Manche Knochen enthalten **Knochenmark**, das die Blutzellen ∎ bildet.

Knochen

Der Oberschenkelknochen des Menschen gleicht einem kräftigen Rohr. Innen liegt lockerer Knochen mit markgefüllten Hohlräumen.

Knorpel

Eine feste, gleitfähige Substanz im Skelett der Wirbeltiere

Knorpel besteht aus Zellen, die zwischen Kollagenfasern liegen. Er ist widerstandsfähig, biegsam und ein wenig glitschig. In den Gelenken ermöglicht er den Knochen ein leichtes Gleiten. Bei Knorpelfischen wie Haien und Rochen besteht das Skelett ausschließlich aus Knorpel.

Verknöcherung

Die Umwandlung von Knorpel in Knochen

Anfangs besteht das Skelett eines Wirbeltieres ausschließlich aus Knorpel. Durch die Verknöcherung wird es zum größten Teil **kalzifiziert**, das heißt in harten Knochen umgewandelt. Das Skelett eines Neugeborenen ist teilweise verknöchert, enthält aber noch viel Knorpel, der im Laufe der weiteren Entwicklung zu Knochen wird. Schließlich bleibt nur an wenigen Stellen wie Gelenken und Nase etwas Knorpel übrig.

Kugel des Hüftgelenks

Spongiöser Knochen mit Knochenmark

Kompakte Außenschicht verleiht Haltbarkeit.

Gelenk

Verbindungsstelle zweier Knochen

Im Wirbeltierskelett gibt es zwei wichtige Gelenktypen. An **Knorpelgelenken**, z.B. am Schädel, sind die Knochen fest verbunden. An **Synovialgelenken** wie Ellenbogen und Hüfte gleiten die Knochen übereinander, sodass das Tier sich bewegen kann. Die Knochen eines Synovialgelenks tragen eine Knorpelschicht. Das ganze Gelenk ist von einer **Gelenkinnenhaut** (Synovialis) umhüllt und wird durch **Gelenkflüssigkeit** geschmiert. Der Ellenbogen ist ein **Scharniergelenk** und kann sich nur in einer Richtung bewegen. Die Hüfte, ein **Kugelgelenk**, ist in mehrere Richtungen beweglich.

Fortsetzung nächste Seite ➤

Achsenskelett

Der zentrale Teil des
Wirbeltierskeletts

Zum Achsenskelett gehören
die Knochen in der Achse des
Wirbeltierkörpers ■ oder in ihrer
Nähe. Es umfasst die Knochen
von Schädel ■, Rückgrat und
Brustkorb. Die Zahl der Knochen im Achsenskelett ist
bei den einzelnen Tiergruppen
sehr unterschiedlich. Beim
Menschen sind es 80 ein-
schließlich der Mittelohr-
knochen. Bei einer Schlange
können es fünf Mal so
viele sein.

Wirbelsäule

Eine biegsame Knochensäule

Die Wirbelsäule, auch **Rückgrat**
genannt, besteht aus kurzen
Einzelknochen, den Wirbeln.
Die Gelenke zwischen den
Wirbeln erlauben jeweils nur
geringe Bewegungen, aber über
ihre Gesamtlänge machen sie
die Wirbelsäule sehr biegsam.

Wirbel

Die Knochen der Wirbelsäule

Ein Wirbel ist ein kurzer, säulen-
artiger Knochen, an dem ein
ringförmiger Bogen ansetzt.
Zusammen bilden die Wirbel
einen hohlen Stab, in dessen
Inneren geschützt das Rückenmark ■ liegt. Menschen haben
in der Regel 33 Wirbel. Bei
manchen Fröschen sind es
weniger als ein Dutzend, bei
Schlangen bis über 400.

Brustkorb

Ein Knochenkorb, der die Atmung
ermöglicht und Organe schützt

Der Brustkorb besteht aus den
Rippen, die durch Muskeln ■
verbunden sind. Beim Atmen ■
zieht sich ein Teil dieser Muskeln
zusammen, sodass die Rippen sich
nach oben und außen bewegen. Dadurch steigt das Brustkorbvolumen,
Luft wird in die Lunge ■ gesogen.

Extremitätenskelett

Die Knochen der Gliedmaßen

Zum Extremitätenskelett gehören
die Knochen, die der Fortbewegung ■ dienen, insbesondere die der
Gliedmaßen und ihrer Befestigung
am Achsenskelett. Wirbeltiere wie
Wale und Schlangen haben das
Extremitätenskelett in der Evolution ■ ganz oder teilweise verloren.

Extremitäten

Gliedmaßen, die der Bewegung
dienen

Arme, Beine, Paddel und
Flügel sind Extremitäten.
Sie dienen den Tieren vor
allem zur Fortbewegung.
Die Knochen sind in den
Extremitäten von Reptilien,
Vögeln, Säugetieren und Amphibien gleich angeordnet. Sie haben
meist fünf Finger und werden deshalb auch
**pentadaktyle
Gliedmaßen**
genannt.

Gürtel

Ein Knochenring zur Verankerung
der Gliedmaßen

Im Wirbeltierskelett gibt es
meist zwei Gürtel: den **Hüft-**
oder **Becken-** und den **Brust-** oder
Schultergürtel. Bei Fischen gibt
es die Gürtel nicht. Manche Wale
und Schlangen besitzen Reste
des Beckengürtels, aber ohne
Gliedmaßen.

Hintergliedmaßen

Gliedmaßen nahe dem Hinterende
des Körpers

Die Hintergliedmaßen der Wirbeltiere bestehen meist aus drei
Knochen: dem **Oberschenkelknochen** im oberen sowie **Schienbein** und **Wadenbein** im unteren
Teil. Die Knochen von oberem und
unterem Abschnitt sind am Kniegelenk verbunden.

Vordergliedmaßen

Gliedmaßen nahe dem Vorderende
des Körpers

In der Regel haben Wirbeltiere drei
Vordergliedmaßenknochen: den
Oberarmknochen im oberen sowie
Elle und **Speiche** im unteren Teil.
Die beiden Abschnitte sind am
Ellenbogengelenk verbunden.

Hand

Teil einer Extremität, der zum
Greifen dient

Echte Hände besitzen nur die
Primaten ■, die damit greifen.
In der Hand gibt es drei Knochen-
gruppen: **Handwurzel-,
Mittelhand-** und
Fingerknochen.

Paddel eines
Seelöwen

Paddel eines
Tümmlers

Fuß

Teil einer Extremität, der zur
Fortbewegung dient

Der Fuß hat meist fünf Zehen
und besteht aus drei Knochen-
gruppen: **Fußwurzel-, Mittelfuß-**
und **Zehenknochen**. Füße und
Hände tragen an den Enden
vielfach harte Hufe, Klauen
und Nägel aus dem Strukturprotein ■ Keratin.

◄ *Fortsetzung von der vorherigen Seite*

DAS MENSCHLICHE SKELETT

Schultergürtel
Die Knochen zur Befestigung der Vordergliedmaßen

Schlüsselbein
Ein Knochen, der an der Befestigung des Oberarmes beteiligt ist

Schulterblatt
Ein Knochen, der an der Befestigung des Oberarmes beteiligt ist

Rippen
Gebogene Knochen, die von der Wirbelsäule nach vorn ragen

Kreuzbein
Ein Knochen nahe dem unteren Ende der Wirbelsäule, entstanden aus fünf verschmolzenen Wirbeln

Steißbein
Ein Knochen am unteren Ende der Wirbelsäule, entstanden aus vier verschmolzenen Wirbeln

Wirbel
Knochen, aus denen die Wirbelsäule besteht

Bandscheiben
Zwischen den Wirbeln gelegene Knorpelpolster, die als Stoßdämpfer dienen und der Wirbelsäule das Beugen ohne Schäden ermöglichen

Beckengürtel
Die Knochen zur Befestigung der Hintergliedmaßen

Schädel
Eine Knochenkapsel mit Gesicht und Kiefern

Brustbein
Der Knochen, an dem die meisten Rippen ansetzen

Oberarmknochen
Der rumpfnahe Knochen der Vordergliedmaßen

Speiche und Elle
Die beiden rumpffernen Knochen der Vordergliedmaßen, am Ellenbogen mit dem Oberarmknochen verbunden

Handwurzelknochen
Knochen des Handgelenks

Mittelhandknochen
Die Knochen der Handfläche

Fingerknochen
Die Knochen in den Fingern

Oberschenkelknochen
Der rumpfnahe Knochen der Hintergliedmaßen

Kniescheibe
Kleiner, knopfartiger Knochen, der das Knie schützt

Schienbein, Wadenbein
Die beiden rumpffernen Knochen der Hintergliedmaßen, am Kniegelenk mit dem Oberschenkelknochen verbunden

Fußwurzelknochen
Die Knochen des Fußgelenks

Mittelfußknochen
Die Knochen in der Fußmitte

Schädel

Schlüsselbein

Brustbein

Brustgürtel

Schulterblatt

Rippe

Oberarmknochen

Bandscheibe

Wirbel

Speiche

Elle

Beckengürtel

Kreuzbein

Steißbein

Mittelhandknochen

Handwurzelknochen

Oberschenkelknochen

Fingerknochen

Kniescheibe

Schienbein

Wadenbein

Fußwurzelknochen

Zehenknochen

Mittelfußknochen

Schädel

Der Schädel ist ein kompliziertes Gebilde aus ineinander greifenden Knochen. Er schützt neben dem Gehirn auch die Sinnesorgane der Wirbeltiere, und er ermöglicht die Nahrungsaufnahme.

Siehe auch

Geburt 163 • Gelenk 137 • Kiefer 119
Knochen 137 • Knorpel 137 • Ohr 154
Membran 18 • Strukturprotein 30
Verknöcherung 137 • Vögel 110
Wirbeltiere 104

Schädel

Eine Knochenkapsel im Kopf der Wirbeltiere

Die dichten, harten Schädelknochen greifen ineinander und bilden ein hartes Gehäuse, das auch starke Schläge unbeschadet übersteht. Viel empfindlicher sind die Knochen ■ in seinem Inneren. Sie stützen die Membranauskleidung der Nasenhöhle. Ein menschlicher Schädel besteht ohne die Gehörknöchelchen aus 22 Knochen, die mit Ausnahme des Unterkiefers ■ alle durch unbewegliche Gelenke ■ verbunden sind.

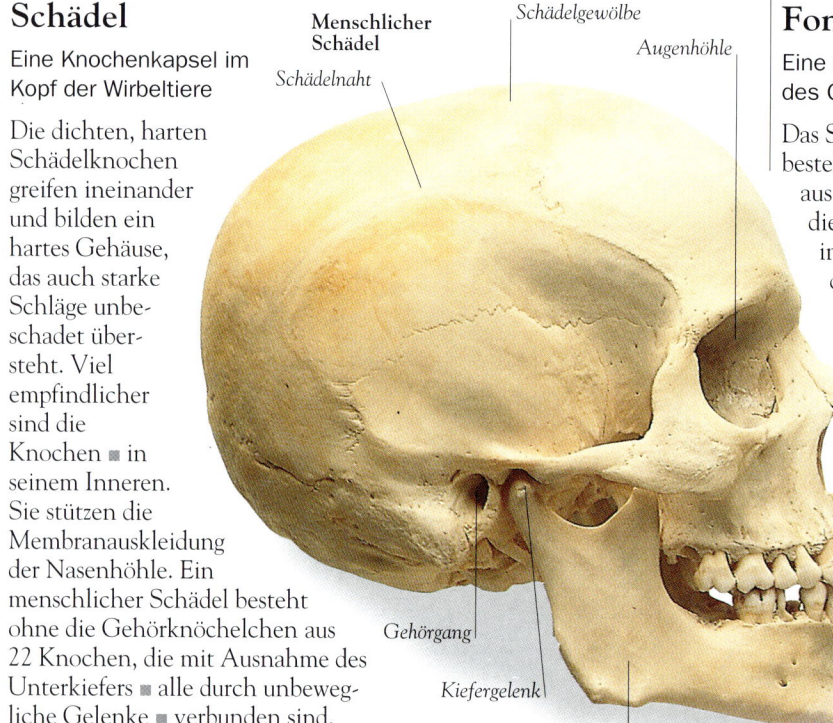

Menschlicher Schädel

Schädelgewölbe

Augenhöhle

Schädelnaht

Gehörgang

Kiefergelenk

Unterkiefer

Gehirnschädel

Die Knochenhülle des Gehirns

Der Gehirnschädel ist ein sehr widerstandsfähiges Gehäuse für das Gehirn. Er besteht aus mehreren Knochen, die an den **Schädelnähten** wie Puzzlesteine ineinander greifen. Bei Hunden und anderen Tieren hat der Gehirnschädel oben eine Knochenleiste zur Verankerung der Kiefermuskeln. Der menschliche Gehirnschädel besteht aus acht Knochen, von denen zwei die besonders harte Stirn bilden. Beim Baby ist der Schädel noch ein wenig elastisch, sodass er bei der Geburt ■ durch den Beckengürtel gleiten kann.

Gesichtsschädel

Die Knochen des Gesichts

Der Gesichtsschädel auf der Vorderseite des Kopfes beherbergt Augen und Ohren, zu ihm gehört auch der Unterkiefer. Einige Gesichtsknochen enthalten **Nebenhöhlen**, besondere Hohlräume, die den Schädel leichter machen. Bei großen Tieren ist der Schädel von vielen dieser Gewicht sparenden Löcher durchzogen.

Fontanelle

Eine Lücke zwischen den Knochen des Gehirnschädels

Das Skelett der Wirbeltiere ■ besteht zu Beginn der Entwicklung aus Knorpel ■. Dieser wird durch die Verknöcherung ■ allmählich immer härter, ein Vorgang, der beim Menschen erst im siebten Lebensmonat abgeschlossen ist. Vorher hat das Baby an manchen Stellen im Schädel weiche Stellen, die Fontanellen.

Geweih

Ein Knochenauswuchs des Schädels

Ein Geweih ähnelt Hörnern, besteht aber nicht aus dem Strukturprotein ■ Keratin, sondern aus Knochen. Hirsche legen das Geweih meist jedes Jahr ab, und ein neues, anfangs mit Haut bedecktes wächst nach.

Schnabel

Ein langes Kieferpaar ohne Zähne

Vögel ■ benutzen den Schnabel zum Fressen, Putzen und Nestbau. Ein solcher Schnabel besteht aus den beiden Kieferknochen, die mit dem Strukturprotein Keratin überzogen sind.

Schädel eines Tölpels

Große, nach vorn gerichtete Augen zum Erspähen von Fischen

Schnabel

Stromlinienförmige Spitze zum Tauchen

Haut

Die Haut ist bei den meisten Wirbeltieren das größte Organ. Sie bildet eine widerstandsfähige, wasserdichte Schranke gegen Bakterien, Verletzungen und die schädlichen Wirkungen der Sonnenstrahlung.

Haut

Die Außenhülle der Wirbeltiere

Haut ist eine Körperbedeckung (**Integument**). Sie schützt die inneren Organe eines Tieres und trägt auch dazu bei, dass der Körper nicht austrocknet. Darüber hinaus verhindert die Haut, dass Mikroorganismen ▪ in den Organismus eindringen. Bei Warmblütern ▪ spielt die Haut eine wichtige Rolle für die Temperaturregulation ▪.

Lederhaut

Der untere Teil der Haut.

Die Lederhaut liegt unter der Epidermis und ist viel dicker. Sie enthält ein dichtes Netz aus Kapillaren ▪ und winzige Nervenenden, die Druck und Temperatur registrieren. Außerdem liegen Haarbälge, Schweißdrüsen und Kollagenfasern in der Lederhaut. Kollagen ist ein Strukturprotein ▪, das die Haut elastisch macht.

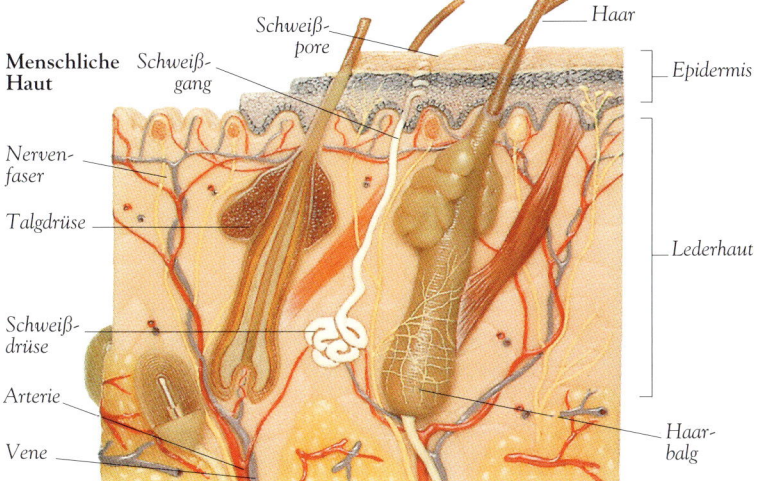

Menschliche Haut

Schweißgang
Schweißpore
Haar
Epidermis
Nervenfaser
Talgdrüse
Schweißdrüse
Arterie
Vene
Lederhaut
Haarbalg

Epidermis

Der äußere Teil der Haut

Die Epidermis hat bei den meisten Säugetieren drei Schichten. Die unterste, die **Malpighi-Schicht**, ist dünn und besteht aus lebenden Zellen, die sich ständig teilen und die an der Oberfläche abgeschilferten Zellen ersetzen. Dazu wandern sie aus der Malpighi-Schicht durch die **Körnerschicht** zur Hautoberfläche, wo abgestorbene Zellen die **Hornschicht** bilden.

Haare

Schützende Anhangsgebilde der Säugetierhaut

Ein Haar besteht aus Zellen, die mit dem Strukturprotein Keratin angefüllt sind. Jedes Haar wächst aus einer Hautgrube, dem **Haarbalg**. Dieser ist mit einer kleinen **Talgdrüse** verbunden, die das Haar mit dem öligen **Talg** geschmeidig macht. Die meisten Säugetiere wärmen sich mit Haaren, **Wolle** oder **Fell**.

Marcello Malpighi

Italienischer Biologe, 1628–1694

Malpighi untersuchte als einer der Ersten den Körperbau der Tiere mit dem Mikroskop. Er sah zum ersten Mal die Kapillaren und untersuchte auch viele andere Gewebe ▪ wie Nerven ▪ und Haut. Viele Strukturen sind nach ihm benannt, so die **Malpighi-Körperchen**, die zu den Nephronen ▪ der Niere gehören, und die Malpighi-Schicht der Haut.

Nagel

Ein harter Schutzdeckel für manche Hautbereiche

Nägel gehen aus der Epidermis hervor. Sie bestehen wie die Haare aus Keratin und wachsen ständig. Nägel schützen Finger und Zehen, und die Finger können mit ihnen kleine Gegenstände greifen. **Hufe, Klauen** und **Hörner** bestehen ebenfalls aus Keratin und wachsen ununterbrochen.

Schuppen

Kleine Schutzplatten auf der Haut

Viele Tiere tragen Schuppen, kleine Platten aus Keratin oder Knochensubstanz. Die Schuppen überlappen sich wie Dachziegel und schützen die darunter liegende Haut.

Schuppen eines Schuppentiers

Muskeln

Muskeln dienen den Tieren zur Bewegung, sind aber auch aus anderen Gründen wichtig. Ohne Muskeln würde das Herz nicht schlagen, es würde kein Blut durch den Körper kreisen, und keine Nahrung würde den Verdauungskanal passieren.

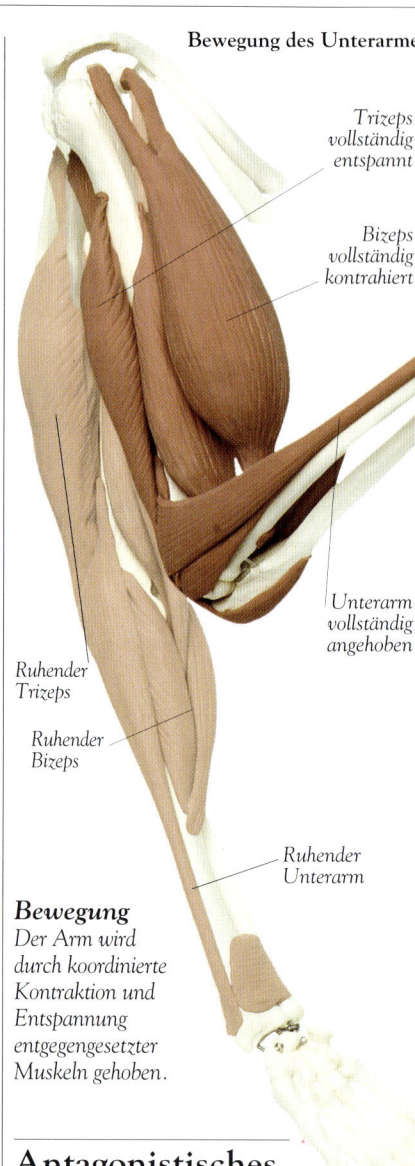

Bewegung des Unterarmes

Trizeps vollständig entspannt

Bizeps vollständig kontrahiert

Unterarm vollständig angehoben

Ruhender Trizeps

Ruhender Bizeps

Ruhender Unterarm

Bewegung
Der Arm wird durch koordinierte Kontraktion und Entspannung entgegengesetzter Muskeln gehoben.

Muskeln

Ein Gewebe, das sich zusammen-zieht und damit Bewegung erzeugt

Muskeln bestehen aus den **Muskel-fasern**, zylindrischen Zellen, die oft mehrere Zentimeter lang sind und sich zusammenziehen (kontra-hieren) können. Ein einziger Muskel enthält tausende oder Millionen solche Fasern, die ihm gemeinsam seine Kraft verleihen. Die nötige Energie beziehen die Muskeln aus der Zellatmung ■. Die Kontraktion der meisten Muskelfasern wird durch Nerven-impulse ■ ausgelöst.

Unwillkürliche Muskulatur

Muskeln, die nicht vom Willen kontrolliert werden

Die unwillkürliche oder **glatte Muskulatur** wird nicht bewusst kontrolliert. Unter dem Mikroskop sieht sie **nicht gestreift** aus. Unwill-kürliche Muskeln ziehen sich zu-sammen, wenn das vegetative Ner-vensystem ■ oder Hormone ■ sie dazu veranlassen. Diese Muskeln sind meist mit weichen Körper-teilen verbunden und verändern durch ihre Tätigkeit die Form eines Organs ■ oder einer anderen Struk-tur. Bedeutsam sind die unwillkür-lichen Muskeln für die Homöo-stase ■. Sie sorgen für die richtigen Bedingungen im Organismus und befördern die Nahrung durch den Verdauungskanal. Viele unwillkür-liche Muskeln kontrahieren und entspannen sich rhythmisch, wobei ein stetiger leichter Zug entsteht.

Herzmuskulatur

Das Muskelgewebe des Herzens

Der Herzmuskel arbeitet unwill-kürlich, nimmt aber eine Sonder-stellung ein. Er kontrahiert und entspannt sich nach einem inneren Rhythmus, der aber durch Nerven und Hormone wie das Adrenalin ■ beeinflusst werden kann.

Willkürliche Muskulatur

Muskeln, die unter der Kontrolle des Willens stehen

Die willkürliche Muskulatur, auch **Skelettmuskulatur** ge-nannt, wird bewusst gesteuert. Unter dem Mikroskop sehen solche Muskeln **gestreift** aus. Willkürliche Muskeln sind bei Wirbeltieren größer als unwill-kürliche und mit den Knochen durch Gewebebänder ■ oder die sehr festen **Sehnen** verbunden. Zieht ein willkürlicher Muskel sich zusammen, bewegt sich ein Teil des Skeletts ■. Die über 600 Skelettmuskeln des mensch-lichen Körpers machen zwei Fünftel des Körpergewichts aus.

Willkürliche Muskulatur
In vergrößerter Ansicht erkennt man helle und dunkle Streifen.

Antagonistisches Paar

Zwei gegenläufig arbeitende Muskeln

Muskeln können ziehen, aber nicht drücken. Deshalb sind sie oft paar- oder gruppenweise angeordnet: Zieht ein Muskel sich zusammen, entspannt sich der andere. Der Arm des Menschen wird z. B. vom **Bizeps** und **Brachialismuskel** gehoben, aber vom **Trizeps** gesenkt. Weiche Tiere wie der Regenwurm ■ werden durch die Kontraktion von Ring-muskeln länger und durch die von **Längsmuskeln** kürzer.

Muskel-kontraktion

Die Verkürzung eines Muskels

Ein Muskel zieht sich zusammen, weil seine Fasern kürzer werden; kehren sie zur ursprünglichen Länge zurück, entspannt er sich. Bei der **isotonischen** Kontraktion wird der Muskel mit stetigem Zug merklich kürzer. Dabei entstehen die für Körperbewegungen nötigen Kräfte. Bei **isometrischer** Kontraktion dagegen übt der Muskel eine starke Zugkraft oder **Spannung** aus, ohne sich nennenswert zu verkürzen. Mit isotonischer Kontraktion wird ein Gewicht angehoben, mit isometrischer wird es auf einer Höhe gehalten.

Muskeltonus

Die ständige teilweise Kontraktion eines Muskels

Oft sind die Muskeln selbst dann teilweise zusammengezogen, wenn der Muskel zu ruhen scheint. Diese Teilkontraktion gibt dem Muskel Festigkeit und ist deshalb für die Aufrechterhaltung der äußeren Körperform wichtig. Besonders gilt das für Landtiere einschließlich des Menschen. Ohne Muskeltonus würden wir unter der Schwerkraft zusammenbrechen.

1 Entspannter Muskel
Im entspannten Muskel überlappen sich Actin- und Myosinfilamente nur teilweise.

Actin   Myosin

2 Kontrahierter Muskel
Bei der Kontraktion gleiten die Myosinfilamente durch eine chemische Veränderung an den Actinfilamenten entlang.

Gleitfilament-Theorie

Eine Theorie über die Funktionsweise der Muskeln

Muskeln enthalten die Proteine ■ **Actin** und **Myosin**. Ihre Moleküle bilden lange Fäden (**Filamente**), die parallel wie ineinander geschobene Kartenstapel angeordnet sind. Nach der Gleitfilament-Theorie ziehen Muskeln sich zusammen, weil Actin- und Myosinfilamente aneinander vorbeigleiten. Je stärker sie sich überlappen, desto kürzer wird der Muskel. Gleiten sie wieder auseinander, tritt die Entspannung ein.

Krampf

Die unwillkürliche Kontraktion willkürlicher Muskeln

Ein Krampf ist eine plötzliche, unerwünschte Muskelkontraktion. Er entsteht, weil viele Fasern im Muskel sich gleichzeitig zusammenziehen. Bei der normalen Muskelkontraktion tut das immer nur eine begrenzte Zahl von Fasern.

Muskelermüdung

Das allmähliche Nachlassen der Zugkraft eines Muskels

In jedem Muskel sammelt sich bei längerer Tätigkeit Milchsäure an, sodass er nicht mehr richtig funktioniert: Die Muskelermüdung setzt ein. Die Milchsäure entsteht durch Sauerstoffmangel im Muskel als Folge anaerober Zellatmung ■ und wird erst abgebaut, wenn wieder Sauerstoff zur Verfügung steht. Solange diese »Sauerstoffschuld« ■ nicht zurückgezahlt ist, arbeitet der Muskel nicht mit voller Kraft. Der Herzmuskel wird sehr gut mit Sauerstoff versorgt und ermüdet nie.

Schließmuskel

Ein Muskel, der sich zusammenzieht und dann stillhält

Viele Weichtiere ■ halten ihre Schalen mit einem Schließmuskel stundenlang geschlossen, um bei Ebbe nicht auszutrocknen. Diese Muskeln bestehen aus einem besonderen Gewebe, das Energie zur Kontraktion braucht, dann aber mit sehr geringem Energieaufwand zusammengezogen bleibt.

Luigi Galvani

Ital. Anatom, 1737–1798

Luigi Galvani entdeckte im Zusammenhang mit der Muskelkontraktion etwas Wichtiges. Froschbeine, die er mit Messinghaken an ein Eisengestell hängte, zuckten plötzlich. Galvani erkannte, dass Elektrizität im Spiel war, glaubte aber, sie käme aus den Froschmuskeln. In Wirklichkeit hatte er aus zwei Metallen einen Stromkreis hergestellt, und der elektrische Strom ließ die Muskeln zucken.

Bewegung bei Tieren

Bewegung ist im Tierreich ein Zeichen von Leben. Viele Tiere bewegen sich fort, um Nahrung zu suchen und vor Feinden zu fliehen. Manche suchen so auch Partner und ziehen die Jungen groß.

Bewegung

Bewegungen des ganzen Körpers oder seiner Teile

Bewegung ist ein Merkmal aller Tiere. Wirbeltiere ▪ sind sehr **mobil**: Sie bewegen sich häufig fort. Manche Wirbellosen ▪ sind sesshaft, das heißt, sie bleiben während ihres ganzen Lebens oder eines Teils davon an einem Ort.

Fortbewegung

Die Bewegung eines Tieres von einem Ort zum anderen

Bei der Fortbewegung begibt sich ein Tier von Ort zu Ort. Sehr einfache Lebewesen tun das häufig mit schlagenden Cilien ▪ und Flagellen ▪ oder durch amöboide Bewegung ▪. Größere Tiere setzen zu diesem Zweck ihre Muskeln ▪ ein. Alle Fortbewegungsarten erfordern Koordination, damit das Tier sich in die richtige Richtung begibt und Gefahren meidet.

Fortbewegung durch Cilien

Fortbewegung, angetrieben durch schlagende Cilien

Die Oberfläche vieler Einzeller ist mit winzigen Haaren (Cilien) besetzt. Diese treiben die Zelle durch koordinierte Schlagbewegungen in Wasser oder auf feuchten Oberflächen vorwärts. Manche Plattwürmer nutzen Cilien, um über Oberflächen zu kriechen.

Fortbewegung durch Flagellen

Fortbewegung, angetrieben durch schlagende Flagellen

Flagellen oder Geißeln sind peitschenartige Fortsätze, die in seitlicher Richtung schlagen und so für Fortbewegung sorgen. Mit Flagellen bewegen sich viele Einzeller fort, so die pflanzenähnlichen Dinoflagellaten ▪ und einzellige Parasiten ▪.

Zum Schwimmen erzeugt der Dornhai eine wellenförmige Bewegung.

Waagerechte Flossen halten den Dornhai im Wasser auf der gleichen Höhe.

Longitudinalbewegung

Fortbewegung, angetrieben durch wellenförmige Muskelkontraktion

Viele weiche Tiere bewegen sich mithilfe wellenförmiger Muskelbewegungen, die von einem Körperende zum anderen laufen. Solche Kontraktionswellen wandern beispielsweise durch den Fuß einer Schnecke, und das Tier kommt in derselben Richtung voran. Auch Regenwürmer ▪ verlängern und verkürzen ihre Segmente durch Muskelwellen.

Schwimmen

Fortbewegung im Wasser

Die kleinsten Arten schlagen mit winzigen Cilien oder Flagellen, große Tiere bedienen sich ihrer Flossen oder Paddel. Knorpelfische ▪ wie die Haie krümmen den ganzen Körper, der dann mit seinen Flossen das Wasser seitwärts und nach hinten drückt, sodass der Fisch vorwärts getrieben wird. Knochenfische bleiben meist ziemlich gestreckt und kommen voran, weil sie mit der Schwanzflosse von einer Seite zur anderen schlagen. Ähnlich schwimmen auch Wale, nur schlagen bei ihnen die Schwanzflossen von oben nach unten.

Am Ende jeder Welle schnellt der Schwanz nach hinten durch das Wasser.

Düsenantrieb

Eine Art der Fortbewegung mancher Weichtiere

Wenn ein Tintenfisch schnell weiterkommen will, presst er einen Körperhohlraum zusammen, die **Mantelhöhle**. Durch eine Öffnung, die man als Sipho ▪ bezeichnet, schießt daraufhin ein Wasserstrahl, der das Tier in die entgegengesetzte Richtung treibt. Um die Richtung zu ändern, kann der Tintenfisch den Sipho schwenken.

Nachgezogene Tentakel

Düsenantrieb
Der Tintenfisch schwimmt rückwärts und zieht die Tentakel hinter sich her. Mit seiner Stromlinienform kommt er im Wasser gut voran.

Schlängelbewegung

Fortbewegung durch seitliche Schlängelbewegungen

Hierbei biegt sich der Körper von einer Seite zur anderen. Die Biegungen drücken nach hinten, und das Tier bewegt sich vorwärts. Diese Art der Fortbewegung eignet sich für Wasser, feste Oberflächen und lockeren Untergrund (zum Beispiel Sand). Die meisten Schlangen bedienen sich der Schlängelbewegung.

Mit Sprüngen vorwärts
Eine Klapperschlange springt über Sandboden und hinterlässt eine Spur aus parallelen Linien.

Springen

Fortbewegung über kurze Strecken durch die Luft

Viele Tiere, beispielsweise Flöhe, Frösche und Kängurus, bewegen sich durch Springen fort. Am weitesten im Verhältnis zur Körpergröße springen kleine Tiere, weil sie relativ zum Gewicht mehr Kraft aufbringen. Frösche springen mit den kräftigen Streckmuskeln der Hinterbeine. Flöhe haben eine andere Technik: Sie pressen Polster aus dem gummiähnlichen **Resilin** zusammen, und wenn die Spannung gelöst wird, schnellen die Hinterbeine nach hinten, sodass der Floh rückwärts in die Luft geschleudert wird. Dabei hält der Floh die stärkste Beschleunigung aus, die im Tierreich vorkommt.

Am Ende einer Welle weist der Kopf nach links.

Gehen

Fortbewegung durch Heben und Bewegen der Beine

Ein Tier geht, indem es sich mit den Beinen vom Boden abstößt und so nach vorn geschoben wird. Der genaue Bewegungsablauf, den man als **Gang** bezeichnet, ist dabei häufig je nach der Geschwindigkeit unterschiedlich. Ein Pferd, das Schritt geht, hat beispielsweise immer drei Füße auf dem Boden. Im Galopp dagegen geht der Bodenkontakt vorübergehend völlig verloren.

Sohlengänger

Säugetiere, die den Fuß beim Gehen flach auf den Boden setzen

Die meisten Amphibien und Reptilien gehen mit flach aufgesetzten Füßen. Ebenso war es bei den ersten Säugetieren, und manche, darunter Bären und Menschen, machen es noch heute so. Es vermindert aber die Geschwindigkeit, weil eine große Fläche mit dem Boden in Kontakt kommt. In der Evolution vieler anderer Säugetiere hat sich eine Art des Gehens mit geringerem Bodenkontakt entwickelt. Solche Tiere können sich schneller fortbewegen.

Ein großer Sprung
Die Hinterbeine eines Frosches erzeugen genügend Kraft für einen weiten Sprung durch die Luft.

Zehengänger

Säugetiere, die auf den Zehen gehen

Zehengänger gehen auf den Zehen. In diese Gruppe gehören viele Raubtiere ▪ wie Katzen und Hunde. Sie sind schneller, weil eine geringere Fläche mit dem Boden in Berührung kommt.

Zu Beginn der nächsten Welle dreht sich der Kopf nach rechts.

Der Dornhai dreht sich um einen Punkt knapp hinter dem Kopf.

Beim Schwimmen
Die Fotoserie zeigt, wie der Dornhai beim Schwimmen eine Reihe S-förmiger Bewegungen macht.

Hufgänger

Säugetiere, die auf den Zehenspitzen gehen

Bei Hufgängern berühren nur die Hufe mit ihrer geringen Oberfläche den Boden, sodass das Tier sich schnell und effizient fortbewegen kann. Zu den Hufgängern gehören Pferde, Antilopen, Rinder und andere Huftiere ▪.

Fortsetzung nächste Seite ➤

Der Flug der Käfer

Die flachen Hinterflügel des Maikäfers liefern den Vortrieb zum Fliegen, die gebogenen Vorderflügel sorgen für Auftrieb.

Fliegen

Fortbewegung mit Unterstützung durch die Luft

Über kurze Distanzen können sich viele Tiere durch die Luft bewegen, aber nur Insekten ■, Vögel ■ und Fledermäuse ■ sind zum **aktiven Fliegen** in der Lage. Diese Tiere bewegen unter Energieaufwand ihre Flügel. Damit wirken sie der Schwerkraft entgegen, sodass das Tier in der Luft bleibt.

Flügelschlag

Eine Auf- und Abbewegung der Flügel

Um in der Luft voranzukommen oder zu schweben, schlagen Tiere mit den Flügeln. Vögel benutzen dazu ihre kräftige **Brustmuskulatur**, welche die Flügelknochen mit dem Brustkorb und dem **Kiel**, einem Teil des Brustbeins, verbindet. Mücken und andere kleine Insekten treiben nicht direkt die Flügel an, sondern diese bewegen sich durch eine Verformung des Brustkorbs auf und ab.

Flughörnchen

Ein Flughörnchen, das sich von einem hohen Ast fallen lässt, kann fast 100 m weit gleiten.

Gleiten

Passiver Flug schräg nach unten

Das Gleiten ist eine Art passives Fliegen: Ein Tier fällt zu Boden, fängt den Sturz aber mit flügelähnlichen Hautfalten ab, sodass es sich gleichzeitig vorwärts bewegt. Flughörnchen gleiten auf dehnbaren, zwischen den Beinen aufgespannten Hautfalten durch die Luft. Fliegende Fische gleiten mit großen, wie Fächer geöffneten Flossen über dem Wasser durch die Luft.

Flügel schwingen nach oben und berühren sich fast.

Gespreizte Federn bieten eine große Oberfläche.

Brustmuskeln ziehen die Flügel nach unten.

Flügel heben sich wieder.

Federn schnellen zum nächsten Flügelschlag nach vorn.

Vogelflug

Die breiten, stromlinienförmigen Flügel der Taube erzeugen Auftrieb und treiben den Vogel auch in der Luft vorwärts.

Flügel

Eine Auftrieb liefernde Oberfläche

Flügel funktionieren unterschiedlich. Bei Vögeln sind sie von vorn nach hinten gebogene **Tragflächen**. Strömt Luft an dem Flügel vorüber, entsteht **Auftrieb**. Insektenflügel sind vielfach flacher und wirken wie Paddel. Sie drücken gegen den Luftwiderstand, sodass das Tier sich vom Boden erhebt.

Segelflug

Flug in aufsteigender Luft

Luft steigt auf, wenn sie erwärmt wird oder auf Hindernisse wie Klippen oder Berge trifft. Auf warmen Luftsäulen, **Thermik** genannt, legen manche Tiere große Entfernungen zurück. Raubvögel ■ sind darauf spezialisiert, auf einer Thermik hochzusteigen und auf der nächsten abwärts zu gleiten. Auch Wanderinsekten wie Schmetterlinge und Blattläuse lassen sich in aufsteigender Luft treiben.

Schwirren

Fliegen über einer festen Stelle

Schwirren ist sehr anstrengend und erfordert viel Energie. Viele Insekten können das gut, weil sie leicht sind. Die meisten Vögel sind nur mit Unterstützung des Windes zum Schwirren in der Lage, Kolibris ■ schwirren allerdings beim Fressen.

Siehe auch

Fledermäuse 112 • Insekten 102
Kolibris 111 • Raubvögel 111 • Vögel 110

◄ *Fortsetzung von der vorherigen Seite*

Nerven

Nervenzellen arbeiten wie Telegrafenleitungen:
Sie übermitteln Nachrichten blitzartig
von einem Körperteil
zum anderen.

Siehe auch

Aktiver Transport 22 • Ion 24
Nervensystem 148
Plasmamembran 18 • Zelle 18

Nerv

Ein Zellbündel, das Signale
übermittelt

Durch die Nerven kann ein Tier
einheitlich funktionieren. Sie
tragen Nachrichten von einem
Körperteil zum anderen.

Neuron

Eine einzelne Nervenzelle

Ein Neuron ist eine Zelle ■, die
elektrische Nervensignale übertragen kann. Neuronen sind bei
Tieren die längsten Zellen und
bilden häufig bündelweise die
Nerven. Sie sind also die Elemente
des Nervensystems ■. Im Gegensatz
zu den meisten anderen Zellen
teilen Neuronen sich nach ihrer
Entstehung nicht mehr.

Axon

Ein langer Nervenzellfortsatz

Ein Axon ist der lange Fortsatz
eines Neurons. Es kann bis zu 1 m
lang werden und überträgt Nerven-
impulse. Solche Signale wandern
immer in derselben Richtung durch
das Axon.

Myelin

Eine Isoliersubstanz der Neuronen

Bei Wirbeltieren sind die Axone
der Nervenzellen vielfach von
anderen Zellen umhüllt, die sich
wie eine Scheide um die Nervenzelle legen und eine Fettsubstanz
namens Myelin enthalten. Myelin
wirkt wie der Kunststoffmantel
eines Elektrokabels und beschleunigt außerdem die Übertragung
der Nervenimpulse.

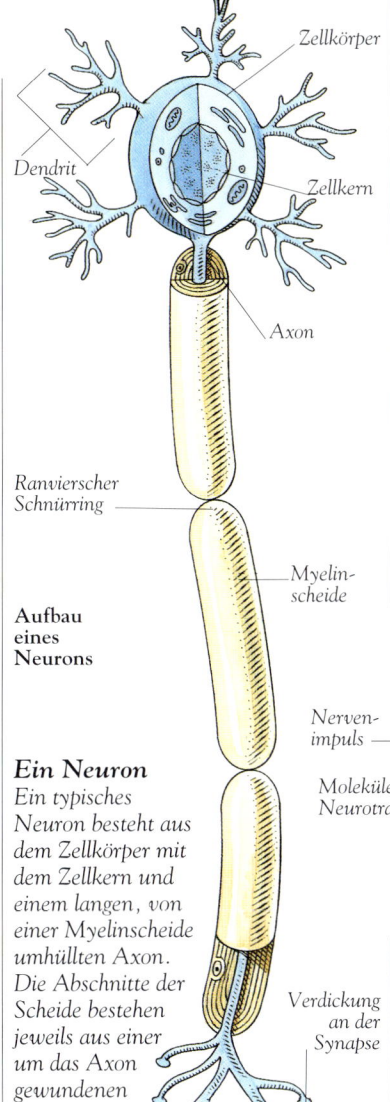

Aufbau eines Neurons

Zellkörper
Dendrit
Zellkern
Axon
Ranvierscher Schnürring
Myelin-scheide

Ein Neuron
*Ein typisches
Neuron besteht aus
dem Zellkörper mit
dem Zellkern und
einem langen, von
einer Myelinscheide
umhüllten Axon.
Die Abschnitte der
Scheide bestehen
jeweils aus einer
um das Axon
gewundenen
Zelle.*

*Verdickung
an der
Synapse*

Dendrit

Ein fein verzeigter, kurzer
Fortsatz eines Neurons

Dendriten ähneln den Axonen,
sind aber kürzer und vielfach
verzweigt. Sie nehmen über
Synapsen die Nervensignale
der Nachbarzellen auf.

Nervenimpuls

Ein Signal, das durch ein Neuron
wandert

Durch aktiven Transport ■ werden
ständig positive Natriumionen ■
aus den Neuronen gepumpt, sodass
an der Plasmamembran ■ der Zelle
eine winzige elektrische Ladung
entsteht. Kommt ein Signal beispielsweise von einer Nachbarzelle
an, strömen die Ionen wieder ins
Zellinnere, und die Ladung kehrt
sich um. Dadurch entsteht ein
Aktionspotenzial, der Nervenimpuls, der sich am Axon entlang
fortsetzt. Nervenimpulse wandern
bei Wirbeltieren mit rund 100 m
pro Sekunde. Bei Wirbellosen
sind sie viel langsamer.

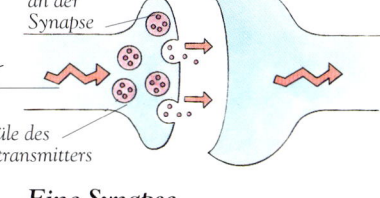

*Verdickung
an der
Synapse*
Synapse
*Nerven-
impuls*
*Moleküle des
Neurotransmitters*

Eine Synapse
*Eine Substanz, der Neurotransmitter,
wandert von einer Nervenzelle zur anderen.*

Synapse

Eine Verbindungsstelle zwischen
Neuronen

An einer Synapse gehen Signale
von einem Neuron zum nächsten
über. Sie besteht aus einer winzigen
Verdickung, die dem anderen Neuron sehr nahe kommt. Trifft an der
Synapse ein Nervenimpuls ein,
wird eine **Transmittersubstanz** ausgeschüttet, die in der Nachbarzelle
einen Impuls auslöst. Manche Neuronen sind durch über 10 000 Synapsen mit ihren Nachbarn verbunden. Die Signale wandern in jeder
Synapse nur in einer Richtung.

Nervensystem

Mit seinem Nervensystem kann ein Tier Informationen sammeln und dann schnell auf seine Umwelt reagieren. Das Nervensystem großer Tiere besteht meist aus mehreren Milliarden untereinander verknüpften Zellen.

Nervensystem

Ein Geflecht aus Nervenzellen

Schwämme ■ und andere einfache Tiere haben kein Nervensystem. Bei manchen Wirbellosen ist es als **Nerven-netz** sehr einfach gebaut, andere besitzen ein komplizierteres Nervensystem. Das Nerven-system der Wirbeltiere ■ gliedert sich in zwei Teile: Zentral- und peripheres Nervensystem.

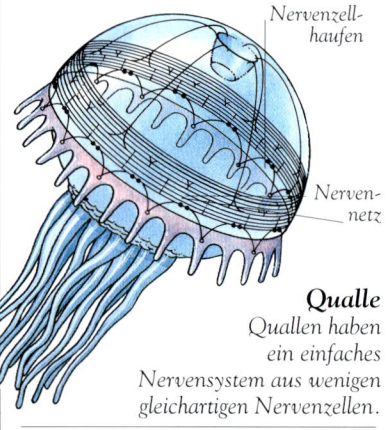

Nervenzell-haufen

Nerven-netz

Qualle
Quallen haben ein einfaches Nervensystem aus wenigen gleichartigen Nervenzellen.

Sinnesrezeptor

Eine Zelle oder Nervenendigung, die auf innere oder äußere Einflüsse reagiert

Sinnesrezeptoren versorgen ein Tier mit Informationen über das Körperinnere und die Umgebung. Jeder Rezeptor reagiert auf einen ganz bestimmten Reiz wie Druck, Licht oder Schall und wandelt ihn in einen Nervenimpuls ■ um. Manche Rezeptoren sind über den Körper verteilt, andere liegen gehäuft in **Sinnesorganen** wie Auge ■ oder Ohr ■.

Effektor

Eine Zelle oder ein Organ, das von einem Nerven beeinflusst wird

Mit den Effektoren kann ein Tier auf einen Nervenimpuls **ansprechen**. Die wichtigsten Effektoren der Wirbeltiere sind die Muskeln ■.

Zentral-nervensystem

Gehirn und Rückenmark

Das Zentralnervensystem (**ZNS**) eines Wirbeltiers besteht aus Gehirn ■ und Rückenmark. Es ordnet die ankommenden Nerven-impulse und steuert die Signale an Muskeln und andere Effektoren. Außerdem speichert es Information, sodass ein Tier aus Erfahrungen lernen kann.

Rückenmark

Ein Nervenstrang in der Wirbelsäule

Das lange, weiche Rückenmark ist durch die Wirbel ■ geschützt. Es übermittelt Nachrichten zum Gehirn und wirkt bei vielen Reflexen mit. Das Rückenmark besteht aus Neuronen ■; in seiner Mitte verläuft ein dünner, mit dem flüssigen **Liquor** gefüllter Kanal. Die Flüssigkeit umspült Rücken-mark und Gehirn und wirkt wie ein Flüssigkeitsstoßdämpfer.

Peripheres Nervensystem

Die Nerven, die Gehirn und Rückenmark mit dem übrigen Körper verbinden

Das periphere Nervensystem zieht sich durch den ganzen Körper. Es besteht aus zweierlei Nervenzellen: Sensorische Neuronen nehmen Informationen von den Rezeptoren auf und übermitteln sie zum Zentralnervensystem. Motorische Neuronen tragen Anweisungen zu den Effektoren.

Rezeptoren für Nahrung

Einfaches Gehirn

Senso-risches Neuron

Ein Neuron, das Signale zum Zentralnerven-system bringt

Sensorische (**affe-rente**) Neuronen übermitteln Ner-venimpulse von den Rezeptoren zu Hirn und Rückenmark. Manche haben empfindliche Enden, andere sind mit Rezeptoren für Licht und chemische Stoffe verbunden.

Nerven-strang

Nervensystem eines Plattwurms mit Gehirn

Motorisches Neuron

Ein Neuron, das einen Effektor anregt

Motorische oder **efferente Neuronen** übermitteln Impulse vom Zentralnervensystem an Effektoren wie Muskeln oder Drüsen ■. Ein Muskel, bei dem ein solcher Impuls ankommt, zieht sich zusammen.

Zentralnervensystem

Das Zentralnervensystem verarbeitet Informationen. Es besteht aus zwei Teilen: Gehirn und Rückenmark.

Interneuron

Ein Neuron, das Signale von einer Nervenzelle zur anderen überträgt

Interneuronen gibt es nur in Gehirn und Rückenmark. Sie verbinden sensorische und motorische Neuronen, sodass Nervenimpulse übermittelt und koordiniert werden. Im Gehirn dienen die Interneuronen zum Denken und Erinnern. Sie haben meist viele Synapsen ▪ zu Nachbarzellen.

Vegetatives Nervensystem

Der Teil des Nervensystems, der unwillkürliche Abläufe steuert

Das vegetative Nervensystem trägt dazu bei, dass der Organismus reibungslos funktioniert. Es steuert die Tätigkeit der unwillkürlichen Muskulatur ▪ und vieler Drüsen. Das vegetative System hat zwei Teile: **sympathisches** und **parasympathisches Nervensystem**. Beide wirken entgegengesetzt: Das sympathische System beschleunigt zum Beispiel den Puls ▪, das parasympathische verlangsamt ihn.

Peripheres Nervensystem

Das periphere Nervensystem besteht aus einem verzweigten Nervengeflecht, das sich durch den ganzen Körper zieht.

Zentral- und peripheres Nervensystem des Menschen

Gehirn

Gehirnnerven

Rückenmark

Spinalnerven

Rita Levi-Montalcini

Italienische Neurophysiologin, geboren 1909

Die wissenschaftliche Untersuchung der Nerven nennt man **Neurophysiologie**. Rita Levi-Montalcini ging der Frage nach, wie die Nerven sich zu Beginn des Lebens entwickeln. Wie sie feststellte, besitzt ein Tierembryo mehr Neuronen als nötig, aber viele davon sterben während der Entwicklung des Nervensystems. Außerdem entdeckte sie den **Nervenwachstumsfaktor**, ein Hormon ▪, das Nervenzellen zum Wachsen anregt. Durch ihn erhält ein Tier so viele Nerven, dass es ordnungsgemäß funktioniert.

Reflex

Eine schnelle Reaktion auf einen Reiz

Pickt ein Vogel einen Regenwurm, zieht dieser sich sofort zurück – eine lebensrettende Reaktion, die man als Reflex bezeichnet. Solche einfachen Reflexe sind im Nervensystem eingebaut und müssen nicht erlernt werden. Anders der bedingte Reflex: Ihn lernt ein Tier während seines Lebens. Bei den meisten Tieren kommen beide Typen vor.

Siehe auch

Das Gehirn

Das Gehirn ist die Steuerzentrale des Nervensystems. Es empfängt und analysiert Informationen aus dem ganzen Organismus und sendet Nachrichten, die über die körperlichen Abläufe bestimmen.

Siehe auch

Axon 147 • Atmung 124
Gleichgewicht 155 • Hormon 134
Interneuron 149 • Myelin 147
Nervensystem 148 • Neuron 147
Puls 125 • Rückenmark 148
Sehen 152 • Willkürliche Muskulatur 142

Gehirn

Ein Organ zur Informationsverarbeitung

Das Gehirn ist eine Masse aus Neuronen ■. Fast ausschließlich handelt es sich um Interneuronen ■, die Informationen verarbeiten und die Körpertätigkeit steuern. Wirbellose haben ein einfacheres Gehirn, bei Wirbeltieren ist es komplizierter und enthält abgegrenzte Bereiche. Das menschliche Gehirn wiegt rund 1,3 kg und enthält etwa 1000 Mia. Neuronen.

Ein menschliches Gehirn von außen

Großhirn

Der für willkürliches Handeln zuständige Teil des Gehirns

Bei Säugetieren liegt das Großhirn als gefurchte Masse über den anderen Gehirnteilen. Es ist in zwei Hälften oder **Hemisphären** unterteilt. Jede Hemisphäre steuert die Abläufe der gegenüber liegenden Körperhälfte: Die rechte Hemisphäre ist für die linke Körperseite zuständig und umgekehrt. Das Großhirn koordiniert willkürliche Bewegungen wie Laufen oder Springen und ist auch an Gedächtnis, Lernen und Sinneswahrnehmung beteiligt. Beim Menschen ist es größer als alle anderen Gehirnteile zusammen. Einfachere Wirbeltiere wie die Fische haben ein kleineres, nicht gefurchtes Großhirn.

Weiße Gehirnsubstanz

Gewebe vorwiegend aus Axonen

Das Innere des Großhirns besteht vor allem aus Axonen ■, die umgeben sind von Myelinschichten ■. Das Myelin verleiht ihnen die weiße Farbe. Weiße Substanz findet man auch in der Außenschicht des Rückenmarks ■.

Graue Gehirnsubstanz

Gewebe vorwiegend aus den Zellkörpern von Neuronen

Die Außenschicht des Großhirns (**Hirnrinde**) besteht vorwiegend aus den grau aussehenden Zellkörpern der Neuronen. Graue Substanz gibt es auch innen im Rückenmark.

Sensorisches Feld

Ein Großhirnbereich, der Sinnesinformationen analysiert

Sensorische Felder empfangen Signale von allen Körperteilen, wobei jedes Feld für die Informationen eines Körperteils zuständig ist. Zusammen ermöglichen sie dem Tier, Eindrücke wahrzunehmen und darauf zu reagieren.

Motorisches Feld

Ein Großhirnbereich, der willkürliche Bewegungen steuert

Motorische Felder steuern die willkürliche Muskulatur ■. Jedes Feld schickt Nervenimpulse zu den Muskeln eines anderen Körperteils. Ein motorisches Feld steuert beispielsweise die Fingerbewegungen, ein anderes die Bewegungen der Augen.

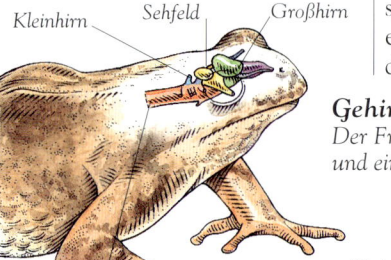

Kleinhirn — *Sehfeld* — *Großhirn*
Verlängertes Mark

Gehirn eines Frosches
Der Frosch hat ein kleines Großhirn (grün) und ein großes verlängertes Mark (orange).

Kleinhirn — *Sehfeld* — *Großhirn*
Verlängertes Mark

Gehirn der Reptilien
Das Schlangengehirn ähnelt dem des Frosches. Das Großhirn (grün) ist klein und hat keine Furchen.

Verlängertes Mark — *Kleinhirn* — *Sehfeld* — *Großhirn*

Gehirn eines Vogels
Vögel haben ein großes Kleinhirn (blau). Dieser Teil koordiniert die Flugbewegungen.

Gehirnwellen

Von den Nervenzellen erzeugte
elektrische Wellen

Das menschliche Gehirn enthält
über 1000 Mia. Neuronen, die
durch ihre Tätigkeit ein wechseln-
des **elektrisches Feld** erzeugen.
Dieses Feld kann man als **Elektro-
enzephalogramm (EEG)** messen.
Das EEG zeigt die schwankende
Stärke des elektrischen Feldes.

Sehfeld

Ein Gehirnteil, der Signale von den
Augen analysiert

Das Sehen ▪ erfordert eine Riesenzahl von Neuronen, und bei vielen
Tieren werden optische Signale in
besonderen Gehirnabschnitten
verarbeitet. Bei Säugetieren erfüllt
das Sehfeld im Großhirn diese
Aufgabe.

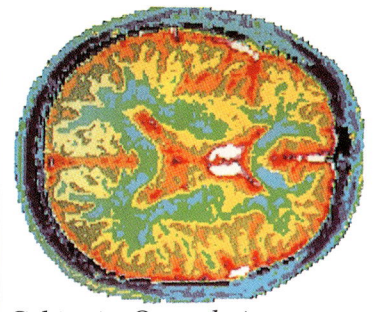

Gehirn im Querschnitt
*Die Kernspintomographie zeigt
ein menschliches Gehirn
im Querschnitt.*

**Schnitt durch
das menschliche
Gehirn**

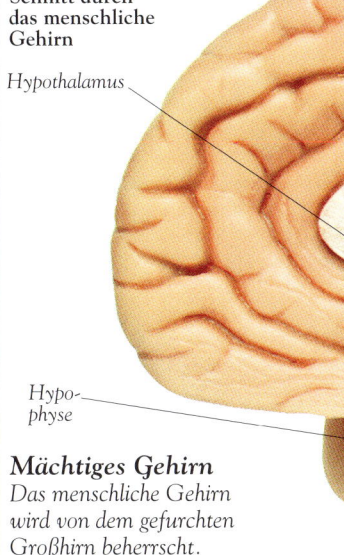

Hypothalamus

*Hypo-
physe*

Thalamus

Großhirn

Kleinhirn

Mittelhirn

*Verlängertes
Mark*

Rückenmark

Mächtiges Gehirn
*Das menschliche Gehirn
wird von dem gefurchten
Großhirn beherrscht.*

Hypothalamus

Ein Gehirnbereich, der den
Zustand des Körpers überwacht

Der Hypothalamus, ein kleiner
Bereich an der Gehirnunterseite,
überwacht ständig Faktoren wie
Körpertemperatur, Wassergehalt
und Nährstoffversorgung, um
Ungleichgewichten sofort mit
entsprechenden Anweisungen
entgegenzuwirken. Manche dieser
Anweisungen werden vom Nervensystem ausgeführt, andere durch
Hormone ▪, welche die benachbarte Hypophyse anregen. Unmittelbar mit dem Hypothalamus
ist der **Thalamus** verbunden, der
sensorische Signale vom Rückenmark an das Großhirn und motorische Signale in umgekehrter
Richtung übermittelt.

Verlängertes
Mark

Der Gehirnteil für die Steuerung
unwillkürlicher Vorgänge

Das verlängerte Mark (**Medulla
oblongata**), eine Verlängerung
des Rückenmarks, steuert
lebenswichtige Vorgänge wie
Atmung ▪ und Puls ▪. Bei einfachen Wirbeltieren wie den
Fröschen macht es einen großen
Teil des Gehirns aus. Bei Säugetieren und anderen höher entwickelten Arten ist es kleiner als
die für willkürliche Handlungen
zuständigen Gehirnteile.

Kleinhirn

Der Teil des Gehirns,
der unterbewusste
Tätigkeiten koordiniert

Bei Bewegungen müssen viele
Muskeln zusammenwirken:
Jeder muss sich im richtigen
Augenblick mit der richtigen
Kraft zusammenziehen. Bei
Menschen und anderen Wirbeltieren koordiniert das Kleinhirn
die Muskeln. Es empfängt ständig
Informationen von Muskeln,
Gelenken und Gleichgewichts-
organen ▪, um dann Signale
zur Koordination von Bewegungen und **Körperhaltung**
auszusenden. Die Körper-
haltung ist die relative Lage
der beweglichen Körperteile.

Sehen

Nur mit den Sinnesorganen können Tiere etwas über ihre Umwelt erfahren. Und der wichtigste Weg, sich solche Informationen zu beschaffen, ist für viele Tiere des Sehsinn.

Sehen

Sinneswahrnehmung von Licht

Mit den **Sinnen** kann ein Tier etwas über seine Umwelt erfahren. Einer der wichtigsten Sinne ist der Sehsinn. Den Unterschied zwischen Licht ■ und Dunkelheit nehmen die allermeisten Tiere wahr. Arten mit einem höher entwickelten Sehsinn können ein genaues **Abbild** ihrer Umwelt aufbauen.

Auge

Ein Sinnesorgan für Licht

Das Auge ist ein Organ ■, welches das von einem Gegenstand abgestrahlte oder reflektierte Licht wahrnimmt. Die Zellen, mit denen es auf Licht anspricht, **Photorezeptoren** genannt, liegen im Auge der Wirbeltiere ■ meist dicht bei dicht in der Netzhaut. Das Licht wird von einer **Linse** auf der Netzhaut gebündelt. Die Signale der Photorezeptoren gelangen über die **Sehnerven** ins Gehirn ■, wo sie zu einem Bild verarbeitet werden. Manche Wirbeltiere können die Augen mit besonderen Muskeln ■ drehen. Viele andere haben aber unbewegliche Augen und müssen den Kopf bewegen, um das **Gesichtsfeld** zu ändern.

Siehe auch

Bakterien 60 • Gehirn 150
Insekten 102 • Krebstiere 100
Licht 84 • Molekül 25 • Muskel 142
Nervenimpuls 147 • Organ 23 • Protein 30
Reflex 149 • Säugetiere 112
Wirbeltiere 104

Augapfel

Ein kugelförmiges Auge, das sich in einer Augenhöhle dreht

Der menschliche Augapfel hat drei Schichten: außen die Lederhaut (**Sklera**), darunter die pigmentierte **Aderhaut** und innen die Netzhaut (**Retina**). An der Augenvorderseite liegt die durchsichtige **Bindehaut** über der **Hornhaut**. Der Innenraum ist mit dem gallertartigen **Glaskörper** gefüllt. Zwischen Linse und Hornhaut befindet sich das flüssige **Kammerwasser**. Der ganze Augapfel liegt in der **Augenhöhle** des Schädels und wird von **Tränenflüssigkeit** feucht gehalten. Die Tränen töten auch Bakterien ■ ab.

Netzhaut

Eine Haut mit lichtempfindlichen Zellen

Die gewölbte, lichtempfindliche Netzhaut enthält mehr als 100 Mio. dicht gepackte Photorezeptoren. Die Nervenverbindungen der Rezeptoren liegen bei Säugetieren ■ über der Netzhautoberfläche, sodass das Licht sie durchdringen muss und dann erst wahrgenommen wird. Bei vielen anderen Tieren liegen die Nerven hinter der Netzhaut. Die Netzhaut der Säugetiere hat an der Ansatzstelle des Sehnerven einen **blinden Fleck**; ihr mittlerer Bereich heißt Sehgrube oder **Fovea**.

Iris

Ein Steuerungsmechanismus für die ins Auge fallende Lichtmenge

In der Iris verändern zwei gegenläufig arbeitende Muskelgruppen die Größe des Loches (**Pupille**), das Licht ins Auge fallen lässt. Die Pupillen einer nachts jagenden Katze sind weit geöffnet, damit die Augen möglichst viel Licht aufnehmen. Bei hellem Tageslicht verengen sie sich zu schmalen Schlitzen. Die Veränderung erfolgt automatisch: Sie ist ein Reflex ■.

Das menschliche Auge

Das Auge des Menschen hat eine einzelne flexible Linse, die sich verformt und das Licht auf der Netzhaut sammelt. Bei hellem Licht verkleinern Muskeln in der Iris die Pupille, damit weniger Licht auf die Netzhaut fällt. Bei Dämmerlicht geschieht das Umgekehrte.

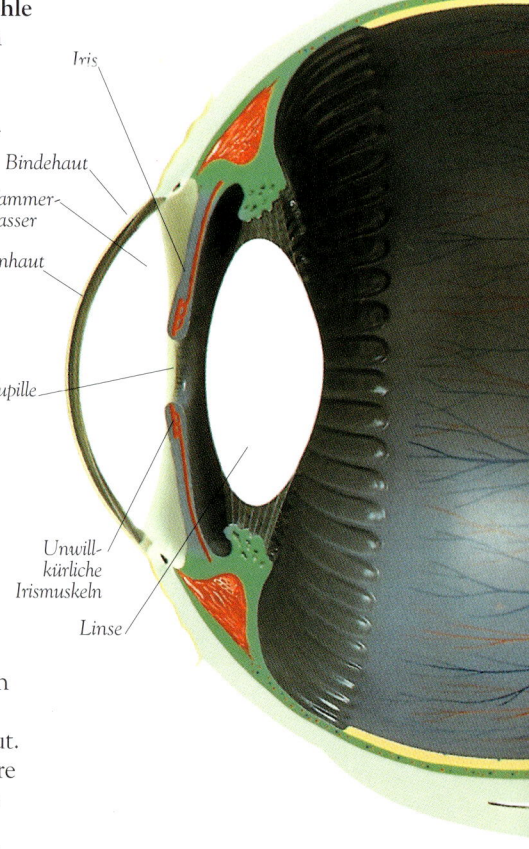

Iris

Bindehaut

Kammerwasser

Hornhaut

Pupille

Unwillkürliche Irismuskeln

Linse

Sehpigment

Licht absorbierende Substanz im Auge

Das auf den Photorezeptor treffende Licht wird von den Molekülen ▪ eines Pigments absorbiert und verändert vorübergehend die Form der Pigmentmoleküle; sind ausreichend viele Moleküle davon betroffen, wird ein Nervenimpuls ▪ ausgelöst. Das Sehpigment des Menschen und vieler Tiere ist ein Protein ▪ namens **Rhodopsin**.

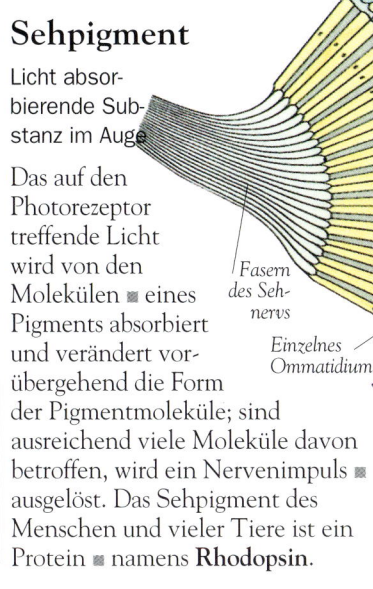

Komplexauge

Fassette

Kegelförmige Linse

Fasern des Sehnervs

Einzelnes Ommatidium

Glaskörper

Sehnerv

Netzhaut

Aderhaut

Lederhaut

Komplexauge

Ein Auge aus vielen Einzelelementen mit jeweils eigener Linse

Ein Komplexauge besteht aus vielen Einzelelementen, den **Ommatidien** (Einzahl **Ommatidium**). Jedes Ommatidium bezieht Licht aus einem kleinen Teil des Gesichtsfeldes, und im Gehirn werden alle diese Eindrücke zu einem Bild zusammengesetzt. Die meisten Krebstiere ▪ und Insekten ▪ besitzen Komplexaugen. Wirbeltiere haben **einfache Augen** mit einer einzigen großen Linse.

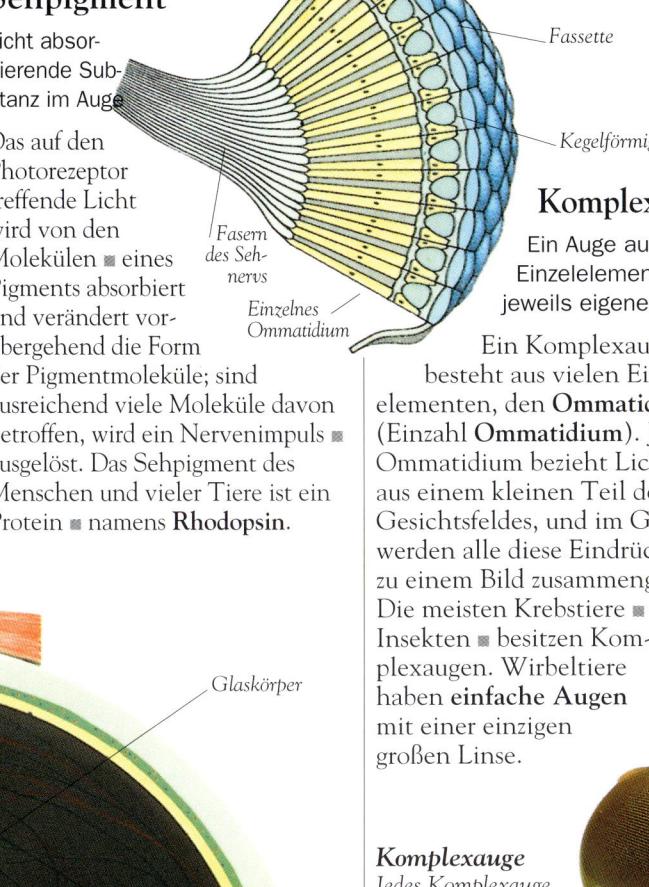

Komplexauge
Jedes Komplexauge der Segellibelle besteht aus bis zu 5000 Ommatidien.

Farbensehen

Fähigkeit, verschiedene Lichtwellenlängen zu unterscheiden

Um Farben zu sehen, muss man verschiedene Lichtwellenlängen unterscheiden können. Dazu dienen im Auge Photorezeptoren, die **Zapfen**. Sie enthalten drei leicht unterschiedliche Rhodopsinformen und sprechen auf rotes, grünes oder blaues Licht an. Das Gehirn setzt die Signale dann zu einem farbigen Bild zusammen. Die **Stäbchen** reagieren auf schwaches Licht, unterscheiden aber nicht zwischen Wellenlängen.

Hermann von Helmholtz

Deutscher Physiker, Physiologe und Mathematiker, 1821–1894

Helmholtz leistete zu vielen Wissenschaftsgebieten wichtige Beiträge. Insbesondere interessierte er sich für das Farbensehen. Mit anderen erfand er den **Augenspiegel**, ein Instrument, das einen Lichtstrahl ins Auge lenkt und die Netzhaut sichtbar macht. Es wird von Augenärzten bis heute benutzt.

Räumliches Sehen

Raumwahrnehmung mit zwei Augen

Jedes Auge sieht einen Gegenstand aus einem etwas anderen Winkel. Das Gehirn vergleicht die beiden Signale und ermittelt aus dieser Information die Entfernung des Objekts. Vor allem Raubtiere und Baumbewohner können sehr gut räumlich sehen.

Fehlsichtigkeit

Ein Defekt, durch den das Auge kein scharfes Bild erzeugen kann

Damit man einen Gegenstand scharf sieht, muss die Augenlinse sich verformen (**Akkomodation**). Bündelt die Linse das Licht nicht genau an der richtigen Stelle, erscheint das Bild verschwommen. Bei der **Kurzsichtigkeit** oder Myopie beugt die Linse das Licht zu stark, sodass sein Brennpunkt vor der Netzhaut liegt. Bei **Weitsichtigkeit (Hyperopie)** treffen die Lichtstrahlen schon vor dem Brennpunkt auf die Netzhaut. Beide Defekte lassen sich mit einer Linse vor dem Auge ausgleichen.

Hören

Mit dem Gehör können Tiere Geräusche wahrnehmen, kommunizieren und Gefahren bemerken. Die meisten Tiere tun das mit den Ohren.

Hören

Die Wahrnehmung von Geräuschen

Schall besteht aus Druckwellen oder Schwingungen, die durch Luft und Flüssigkeiten wandern. Die Lautstärke entspricht der Stärke der Wellen, die **Tonhöhe** ihrem Abstand, das heißt ihrer **Frequenz**. Die höchsten für einen Menschen wahrnehmbaren Töne haben etwa 20 000 Hz (Schwingungen je Sekunde). Fledermäuse ▪ hören Frequenzen bis 100 000 Hz.

Außenohr

Der äußere Teil des Säugetierohres

Das Außenohr sammelt den Schall. Bei Menschen und anderen Landsäugetieren leitet eine **Ohrmuschel** aus Knorpel ▪ die Schallwellen in den **Gehörgang**, der sich im Schädelknochen befindet. Dort treffen sie auf eine Membran, das **Trommelfell**. Dieses wird von den Schallwellen in Schwingungen versetzt.

Mittelohr

Luftgefüllter Hohlraum im Schädel mit den Gehörknöchelchen

Im Mittelohr der Säugetiere liegen drei winzige **Gehörknöchelchen**: der **Malleus** oder **Hammer**, der **Incus** oder **Amboss** und der **Stapes** oder **Steigbügel**. Sie übertragen wie ein Hebelsystem die Schwingungen vom Trommelfell auf das **ovale Fenster** des Innenohres. Über die **eustachische Röhre** ist das Mittelohr mit dem Rachen verbunden.

Innenohr

Kammersystem mit Sinneszellen

Das Innenohr oder **Labyrinth** besteht aus der mit Flüssigkeit gefüllten **Schnecke** und dem **Gleichgewichtsorgan** mit **Vestibulum** und Bogengängen. Die Schwingungen wandern aus dem Mittelohr durch die Schnecke und an einer Membran entlang, wo sie von den als **Haarzellen** bezeichneten Rezeptoren wahrgenommen werden. Jede dieser Zellen spricht auf Schwingungen einer bestimmten Frequenz an und gibt entsprechende Signale an den **Hörnerven** weiter. Das Gehirn nimmt die Signale als Geräusch wahr.

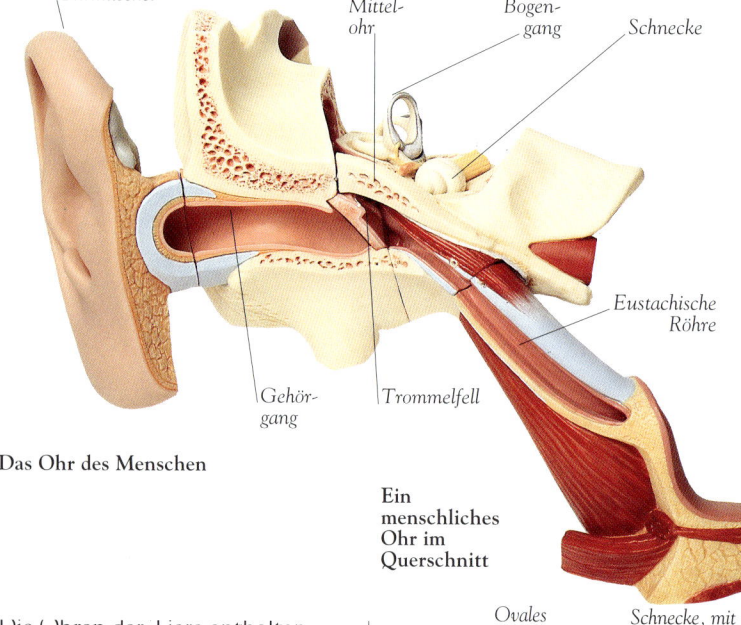

Ohrmuschel

Mittelohr

Bogengang

Schnecke

Eustachische Röhre

Gehörgang

Trommelfell

Das Ohr des Menschen

Ein menschliches Ohr im Querschnitt

Die Ohren der Tiere enthalten besondere Rezeptoren ▪, die auf Schwingungen ansprechen und entsprechende Signale zum Gehirn ▪ senden. Die Ohren liegen bei allen Wirbeltieren ▪ im Kopf, bei Wirbellosen dagegen häufig an anderen Körperteilen. Heuschrecken z. B. haben die Ohren seitlich an Brust oder Beinen.

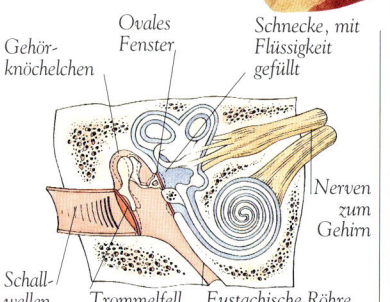

Gehörknöchelchen

Ovales Fenster

Schnecke, mit Flüssigkeit gefüllt

Nerven zum Gehirn

Schallwellen

Trommelfell

Eustachische Röhre

Echolotung

Die Erkundung der Umgebung mit hochfrequenten Schallwellen

Manche Tiere, vor allem Fledermäuse, Delfine und bestimmte Walarten, machen sich mit hochfrequenten Schallwellen ein Bild von ihrer Umgebung. Sie geben hohe Töne ab, deren Echo sie anschließend auffangen. Aus der Analyse des Echos konstruiert das Gehirn ein Bild der Umwelt.

Siehe auch

Gehirn 150 • Knorpel 137 • Rezeptor 148
Fledermäuse 112 • Wirbeltiere 104

Tasten & Gleichgewicht

Durch Tasten und Gleichgewichtssinn erfährt ein Tier etwas über seine unmittelbare Umgebung und über seine Körperhaltung.

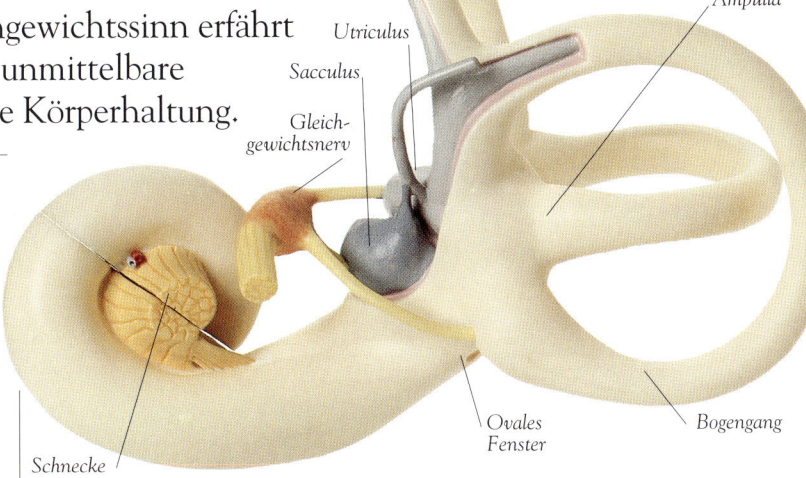

Utriculus

Sacculus

Gleich-
gewichtsnerv

Ampulla

Schnecke

Ovales
Fenster

Bogengang

Tasten

Die Wahrnehmung von Druck

Der Tastsinn dient der Wahr-
nehmung von Dingen, die
den Körper unmittelbar berüh-
ren. Diese Aufgabe erfüllen
Mechanorezeptoren und freie
Nervenenden ▪ in der Haut. Die
Nervenenden registrieren in der
Regel leichte Berührungen. Auf
stärkeren Druck sprechen andere
Rezeptoren an, beispielsweise die
Pacini-Körperchen.

Pacini-Körperchen

Ein ovaler Druckrezeptor in tieferen
Hautschichten

Die Pacini-Körperchen sehen wie
winzige Zwiebeln aus. Sie bestehen
jeweils aus einem Nervenende mit
einer Hülle aus anderen Zellen. Sie
liegen in der Lederhaut ▪ und nehmen starken Druck wahr.

Gleichgewichtssinn

Ein Sinnesorgan für Schwerkraft
und Bewegung

Der Gleichgewichtssinn nimmt
wahr, wo oben ist und ob sich der
Körper in Bewegung befin-
det. Bei Säugetieren
liegt er im Laby-
rinth des
Innenohrs.

Balanceakt
Der Seiltänzer braucht
einen sehr guten
Gleichgewichtssinn.

Gleichgewichtsorgan
Die drei Bogengänge gehören zum
Innenohr, dem Labyrinth. Sie sind
von Knochen umgeben.

Bogengänge

Ein Organ der Säugetiere, das
Lageveränderungen wahrnimmt

In jedem Innenohr der Säugetiere
liegen drei Bogengänge. Sie sind
mit Flüssigkeit gefüllt und von
Haarzellen ausgekleidet. Bewegt
das Tier den Kopf, gerät die Flüssigkeit in Bewegung, die so entstehende Biegung der Haarzellen löst
Nervensignale aus, die das Gehirn ▪
über die Bewegungsrichtung infor-
mieren. Die Bogengänge nehmen
Beschleunigung wahr, nicht aber
gleichmäßige Bewegungen.

Sacculus

Ein Organ der Säugetiere, das die
Schwerkraft wahrnimmt

Der Sacculus ist ein kleiner Teil
des Innenohres von Säugetieren.
Er gehört zum Vestibulum und
enthält Haarzellen, welche die Lage
von Mineralkristallen wahrnehmen
und das Gehirn daraufhin über eine
Änderung der Kopfhaltung infor-
mieren. Genauso funktioniert der
neben dem Sacculus gelegene
Utriculus.

Statocyste

Ein Organ der Wirbellosen, das die
Schwerkraft wahrnimmt

Eine Statocyste ist eine kleine,
runde, mit Sinneshaaren ausge-
kleidete Kammer. Sie enthält ein
frei bewegliches Steinkügelchen,
den **Otolithen**. Von der Schwerkraft gezogen, drückt der Otolith
gegen die Kammerwand, und an
den Haaren, die er dabei berührt,
kann das Tier Oben und Unten
unterscheiden.

Seitenlinienorgan

Ein Sinnessystem für Druckwellen
im Wasser

Das Seitenlinienorgan ist eine
Reihe von Rezeptoren an den
Körperseiten. Die Rezeptoren
registrieren Druckveränderungen
im Wasser und nehmen so Bewegungen in der Umgebung wahr.
Seitenlinienorgane findet man
bei den meisten Fischen und auch
im frühen Lebensstadium vieler
Amphibien. Bei Reptilien, Vögeln
und Säugetieren gibt es sie nicht.

Siehe auch
Gehirn 150 • Lederhaut 141 • Nerv 147

Geschmack & Geruch

Mit den chemischen Sinnen
Geschmack und Geruch können
Tiere kommunizieren, Nahrung
finden und gefährliche Dinge meiden.

Geschmack

Sinneswahrnehmung gelöster
Substanzen

Mit dem Geschmackssinn kann ein
Tier zwischen gut essbaren und
gefährlichen Dingen unterscheiden.
Beim Schmecken sprechen besondere Zellen ▪, die man **Chemorezeptoren** nennt, auf gelöste
Stoffe an. Säugetiere schmecken
mit Chemorezeptoren auf der
Zunge. Bei manchen anderen
Tieren liegen die Chemorezeptoren
auf den Füßen, den Antennen oder
auf dem ganzen Körper.

Geschmacksknospen

Kleine Organe zur Wahrnehmung
gelöster Substanzen

Die meist auf der **Zunge** gelegenen
Geschmacksknospen sind kleine
Sinnesorgane. Sie enthalten jeweils
eine Gruppe von Chemorezeptoren
und anderen Zellen. Die im Speichel gelösten Substanzen gelangen
durch eine kleine Öffnung, die
Geschmackspore, in die Knospe
und regen dort die Chemorezeptoren an, die daraufhin Signale an
das Gehirn ▪ senden. Die rund
2000 Geschmacksknospen der
menschlichen Zunge sprechen
nur auf vier Geschmacksrichtungen
an: süß, sauer, salzig und bitter.
Das **Aroma** der Speisen ergibt sich
durch das Zusammenwirken von
Geschmack und Geruch.

Siehe auch

Gehirn 150 • Molekül 25 • Organ 23
Organische Verbindung 24 • Pheromon 134
Schlangen 109 • Zelle 18

Geruch

Sinneswahrnehmung von
Substanzen in der Luft

Die meisten organischen
Verbindungen ▪ sind flüchtig:
Sie geben ständig Moleküle ▪
in die Luft ab. Diese
Moleküle nehmen
landlebende Tiere mit
dem **Geruchssinn** wahr.
Er hat eine viel niedrigere
Empfindlichkeitsschwelle als der
Geschmackssinn, das heißt, er
spricht schneller an. Außerdem
kann er eine viel größere Palette
von Substanzen unterscheiden.

Riechschleimhaut

Eine Zellschicht zur Wahrnehmung
von Substanzen in der Luft

Ein schnuppernder Hund saugt Luft
durch die **Nasenöffnungen** in die
Nasenhöhle. Dort strömen die in
der Luft befindlichen Stoffe über
die feuchte Riechschleimhaut, in
der dicht bei dicht die Chemorezeptoren mit **Riechhaaren** am
Ende stehen. Die Haare nehmen
die Substanzen in der Luft wahr
und senden entsprechende Signale
an das Gehirn des Hundes, das die
Gerüche identifiziert. Genauso
funktioniert auch der menschliche Geruchssinn.

Puffotter

Die Luft riechen
*Mit ihrer gespaltenen Zunge
sammelt die Schlange Moleküle
aus der Luft und drückt sie
gegen ein Organ im Mund.*

Jacobson-Organ

Ein besonderes Geruchsorgan der
Schlangen

Schlangen ▪ können sehr gut riechen. Dazu benutzen sie neben der
Nase auch ihre sehr bewegliche
Zunge: Sie sammelt Substanzen aus
der Luft, die dann zu Sinneszellen
am Gaumen, die man Jacobson-
Organ nennt, transportiert werden.
Das Organ riecht oder schmeckt die
von der Zunge gelieferten Stoffe.

Antenne

Ein Fühler zur Sinneswahrnehmung

Die Antennen am Kopf der Gliederfüßer registrieren Luftbewegungen, Erschütterungen und Gerüche
und übermitteln die Information
zur Verarbeitung an das Gehirn.
Viele Schmetterlingsmännchen
besitzen gefiederte, mit winzigen
Haaren besetzte Antennen, mit
denen sie Locksubstanzen (Pheromone ▪) in der Luft wahrnehmen.

Sinnesantennen
*Die Antennen des Maikäfer-
männchens tragen Blätter,
die nach Gebrauch wie ein
Fächer zusammengefaltet werden.*

Antennen-
fächer

Auge

Kommunikation

Durch Kommunikation halten Tiere den Kontakt zu ihren Artgenossen, und sie fordern Rivalen oder Feinde auf, sich fern zu halten.

Kommunikation

Informationsaustausch

Tiere müssen häufig Informationen austauschen. Manchmal geht es um einfache Mitteilungen wie »füttere mich« oder »bleib' weg«. Andere sind komplizierter: **Honigbienen** (*Apis mellifica*) zum Beispiel zeigen anderen Bienen mit einem Tanz, wo und wie weit entfernt eine Nahrungsquelle liegt.

Tastkommunikation

Kommunikation durch Berührung

Die einfachste Form der Kommunikation sind Berührungen. Viele Elterntiere treten so mit den Jungen in Kontakt, und erwachsene Tiere nutzen sie zur Kommunikation bei der Partnerwerbung ▪. Besonders wichtig ist Tastkommunikation für unterirdisch lebende Arten wie den **Präriehund** (*Cynomys ludovicianus*) und für soziale Tiere ▪ wie die Termiten ▪.

Freundliche Berührung
Katzenjunge reiben sich zur Begrüßung.

Chemische Kommunikation

Kommunikation durch chemische Substanzen

Manche Tiere kommunizieren über große Entfernungen mit Substanzen, die sie in Luft oder Wasser abgeben. Viele Schmetterlingsweibchen scheiden Pheromone ▪ aus, um Männchen anzulocken. Soziale Insekten warnen mit Pheromonen vor Gefahren und legen Spuren. Säugetiere ▪ erkennen einander am **Duft** und kennzeichnen mit solchen persönlichen Markierungen auch ihr Revier ▪. Manche chemischen Nachrichten bleiben sehr lange erhalten.

Akustische Kommunikation

Kommunikation durch Geräusche

Viele Tiere kommunizieren mit Geräuschen. Heuschrecken ▪ **zirpen**, indem sie verschiedene Körperteile aneinander reiben. Vögel ▪ erzeugen Geräusche mit der **Syrinx**, einer Kammer am unteren Ende der Luftröhre ▪. Säugetiere haben **Stimmbänder** oben in der Luftröhre, die durch vorüberströmende Luft zum Schwingen gebracht werden und durch Muskelspannung unterschiedliche Klänge hervorbringen.

Sprache

Ein komplexes Kommunikationssystem

Menschen kommunizieren durch Sprache. Mit den Stimmbändern formulieren wir Sinn tragende Worte. Obwohl die Wörter unterschiedlich sind, funktionieren alle Sprachen ähnlich. Tiere können meist nur einzelne Nachrichten übermitteln, die menschliche Sprache eignet sich auch für die Mitteilung langer Informationen.

Visuelle Kommunikation

Kommunikation durch Formen, Farben oder Bewegungen

Tiere mit gutem Sehvermögen können visuell kommunizieren. Viele Männchen locken mit bunten Farben und Mustern ihre Partnerinnen an. Bei anderen wie den Wespen ▪ dient eine Warnfärbung ▪ zur Abschreckung von Feinden. Primaten ▪ und andere Säugetiere kommunizieren mit Gesichtsausdrücken und Körperhaltung. Diese **Körpersprache** ist für Tiere, die in Gruppen leben, besonders wichtig.

Warnung
Das Drosselmännchen singt, um andere Männchen aus dem Revier zu vertreiben.

Drossel

Verhalten

Das Verhalten eines Tieres besteht aus den Dingen, die es tut, und der Art, wie es sie tut. Tiere überleben und vermehren sich mit unterschiedlichen Verhaltensweisen. Manche davon sind erlernt, andere ererbt.

Verhalten

Ein Muster von Reaktionen auf die Umwelt

Alle Lebewesen reagieren auf ihre Umwelt. Seeanemonen ▪ beispielsweise strecken die Tentakel aus, wenn sie Nahrung wahrnehmen, und **Igel** (*Erinaceus*) rollen sich bei Gefahr zusammen. Durch solche Reaktionen kann ein Tier überleben und sich fortpflanzen. Sie machen sein Verhalten aus und sind zum Teil angeboren, zum Teil auch während des Lebens erlernt.

Instinktverhalten

Ein ererbtes Verhaltensmuster

Eine Spinne ▪ weiß ganz automatisch, wo sie ihr Netz bauen soll und wie es aussehen muss. Der Netzbau ist also eine instinktive oder **angeborene** Verhaltensweise. Sie ist im Nervensystem ▪ des Tieres vorprogrammiert und wird genetisch ▪ von Generation zu Generation weitergegeben.

Erlerntes Verhalten

Verhalten als Folge von Erfahrungen

Erlerntes Verhalten wird nicht vererbt, sondern das Tier erwirbt es während seines Lebens als Reaktion auf die Umwelt. Erlerntes Verhalten ist wandelbarer als instinktives und ermöglicht es dem Tier, sich an wechselnde Bedingungen anzupassen ▪.

Prägung

Verhalten, das von jungen Tieren erlernt wird

Manche Jungtiere merken sich Form, Geräusche oder Geruch der Eltern oder den Geburtsort. Diese besondere Form des Lernens, Prägung genannt, ist nur in einem kurzen Lebensabschnitt möglich.

Circadianer Rhythmus

Ein rund 24 Stunden langer Zyklus

Das Verhalten vieler Tiere richtet sich nach einem rund 24 Stunden langen, so genannten circadianen Rhythmus. Dabei sind **nachtaktive** Tiere bei Tag untätig, **tagaktive** ruhen in der Nacht. Über den circadianen Rhythmus bestimmt nicht nur das Tageslicht, sondern auch eine **biologische Uhr**, die durch chemische Reaktionen ▪ nach einem angeborenen Rhythmus angetrieben wird.

Aggressives Verhalten
Die Kragenechse stellt bei Gefahr ihren breiten Halskragen hoch, um den Feind zu beeindrucken.

Je weiter die Kragenechse den Mund öffnet, desto stärker spreizt sich der Kragen.

Schwanz schlägt vorwärts und rückwärts.

Biegsame Füße und ausgestreckte Klauen geben Gleichgewicht.

Iwan Pawlow

Russ. Physiologe,
1849–1936

Viele Verhaltens-
aspekte gründen sich auf
angeborene Reflexe ◼. Pawlow
stellte fest, dass Reflexe sich auch
durch Lernen verändern können.
So produzieren Hunde viel Speichel, wenn sie Futter erhalten.
Bevor sie zu fressen bekamen,
ließ Pawlow eine Glocke läuten.
Die Hunde lernten, das Klingeln
mit Nahrung zu assoziieren und
entwickelten einen **bedingten
Reflex**: Am Ende produzierten
sie beim Klingeln Speichel, auch
wenn es nichts zu fressen gab.

Winterschlaf

Ein winterlicher Ruhezustand

Viele Kleintiere, so der
Siebenschläfer (*Glis glis*), aber
auch manche Bären halten
Winterschlaf. Sie verfallen in
eine Starre, die Körpertemperatur sinkt, und die Stoffwechselrate ◼ geht stark zurück.
Im Frühjahr werden sie wieder
aktiv. In Gebieten mit heißem,
trockenem Sommer halten
manche Tiere auch einen
Sommerschlaf.

Wanderung

Der jahreszeitliche Umzug in eine
besser geeignete Region

Mit den Jahreszeiten ändert sich
die Nahrungsversorgung. Viele
Tiere wandern mit den Jahreszeiten, um bessere Bedingungen
zu finden. Die Jungen werden in
Gebieten mit reichlich Nahrung
aufgezogen, ansonsten leben sie
anderswo. Viele Vögel ◼, Säugetiere ◼, Fische ◼ und Insekten ◼
legen weite Strecken zurück.
Die **Küstenseeschwalbe** (*Sterna
paradisaea*) fliegt jedes Jahr über
40 000 km.

Revier

Ein von einem Tier beanspruchtes
Gebiet

Häufig müssen Tiere um Nahrung, Partner oder Orte zum
Großziehen der Jungen kon-
kurrieren. Viele Tiere
beanspruchen deshalb ein
Revier für sich und verteidigen es gegen Rivalen.
Dringt ein Konkurrent in
das Revier ein, reagiert der
Besitzer mit **Drohgebärden**,
und unter Umständen
kommt es zum Kampf.
Reviere sind sehr unter-
schiedlich groß – beim **Tiger**
(*Panthera tigris*) sind es mehrere Quadratkilometer, der
Basstölpel (*Sula bassana*)
bewacht nur den Umkreis
seines Nestes.

Partnerwerbung

Verhalten, das eine Bindung
zwischen Männchen und Weibchen
schafft

Viele Tiere zeigen ein ausgeprägtes
Werbeverhalten. Männchen und
Weibchen stellen sich dabei aufeinander ein und vergewissern sich,
dass sie den richtigen Partner gefunden haben. Bei manchen Arten,
so bei der **Kreuzspinne** (*Aranaeus
diadematus*) sind Männchen und
Weibchen unterschiedlich groß,
und das Werbeverhalten sorgt
dafür, dass ein Partner den anderen
nicht angreift oder auffrisst.

Partnerwerbung bei Spinnen
*Mit geeigneten Signalen verhindert
das Spinnenmännchen, dass es vom
Weibchen angegriffen wird.*

*Treu sorgende
Eltern*
*Das
Kaiserpinguin-
weibchen legt
nur ein Ei,
das vom
Männchen
den ganzen
Winter
über
bebrütet
wird. Das
Weibchen
lebt
während-
dessen am
Meer und
kommt nach
dem
Schlüpfen
mit Futter
zurück.*

Vater hält das
Küken warm.

Brutpflege

Elterliche Fürsorge

Manche Tiere bringen viele Junge
hervor, helfen ihnen aber nicht
beim Überleben. Andere haben
weniger Nachkommen, die sie aber
füttern und versorgen, sodass mehr
von ihnen durchkommen. Die
meisten Vögel und Säugetiere
versorgen ihre Jungen. Vögel
brüten in der Regel: Sie sitzen auf
den Eiern und halten sie warm.
Auch manche Wirbellose, z. B.
Spinnentiere ◼, betreiben
Brutpflege.

Soziale Tiere

Tiere, die in Gruppen leben

Soziale Tiere leben in Gruppen
und arbeiten bei Nahrungssuche,
Verteidigung und Brutfürsorge
zusammen. Sozialverhalten hat sich
bei vielen Arten entwickelt, so bei
Gliederfüßern ◼, Fischen, Vögeln
und Säugetieren. Die kompliziertesten Gruppen gibt es bei den
Staaten bildenden Insekten wie
Wespen ◼ und Termiten ◼.

Fortpflanzung bei Tieren

Bei Tieren haben sich vielfältige Fortpflanzungs-
strategien entwickelt, aber es gibt nur zwei Grund-
typen. Manche Tiere bringen ohne Paarung ihre
Nachkommen hervor, bei den meisten aber produzieren zwei Eltern gemeinsam die befruchtete Eizelle.

Fortpflanzung

Die Produktion
von Nachkommen

Alle Organismen haben eine
begrenzte Lebensdauer und
müssen sich fortpflanzen, um
den Fortbestand der Spezies ■
zu sichern. Alle Lebewesen können
ihre Zahl grundsätzlich steigern,
aber Nahrungsknappheit und
Feinde setzen dieser
Bestrebung Grenzen.

Ei

*Kopf der
Raupe kommt
zum Vorschein.*

Eine Raupe schlüpft aus dem Ei.

Parthenogenese

Fortpflanzung durch unbefruchtete
weibliche Geschlechtszellen

Parthenogenese, eine Form der
asexuellen Fortpflanzung, kommt
bei Insekten ■ häufig vor. Die
weiblichen Geschlechtszellen
werden gebildet und entwickeln
sich ohne Befruchtung weiter.
Blattläuse zum Beispiel bringen
bei reichlichem Nahrungsangebot
durch Parthenogenese viele
Junge hervor. Ist Nahrung knapp,
pflanzen sie sich sexuell fort.

*Raupe befreit sich
mit windenden
Bewegungen.*

Kopf

Samenzelle

Die männliche Geschlechtszelle

Das **Spermatozoon** (Mehrzahl
Spermatozoen), die Samenzelle,
ist die männliche Geschlechtszelle. Sie hat einen Kopf und
einen oder mehrere Schwänze,
die mit seitlichen Schlägen
die Zelle vorantreiben. Die
Samenzellen schwimmen zur
Eizelle und befruchten sie.
Viele Tiere produzieren Millionen Samenzellen, aber nur
eine einzige befruchtet eine
einzige Eizelle.

*Raupe hat das Ei
fast vollständig
verlassen.*

Asexuelle Fortpflanzung

Fortpflanzung mit nur einem
Elternteil

Viele einfache Tiere pflanzen sich
ohne Paarung fort: Bei manchen
Hohltieren ■ schnürt sich einfach
ein Körperteil ab, andere Tiere
entstehen aus unbefruchteten
Eiern. In beiden Fällen ist die
Fortpflanzung ungeschlechtlich.
Sie läuft oft einfach und schnell ab,
aber der Genotyp ■ der Nachkommen gleicht dabei in der Regel
genau dem der Eltern. Die Nachkommen bilden einen **Klon**, das
heißt eine Gruppe von Zellen ■
oder Organismen mit genau den
gleichen Genen ■.

Sexuelle Fortpflanzung

Fortpflanzung mit zwei Eltern

An der sexuellen Fortpflanzung sind
immer zwei Eltern beteiligt. Sie
produzieren mit ihren Geschlechtsdrüsen (**Gonaden**) die Geschlechtszellen ■ (Gameten). Männliche und
weibliche Geschlechtszelle treffen
zusammen und bilden die befruchtete Eizelle (**Zygote**), die sich dann
zu einem neuen Individuum entwickelt. Durch sexuelle Fortpflanzung entstandene Nachkommen
tragen jeweils eine einzigartige Genkombination. Wegen dieser Variation ■ sind stets einige von ihnen
besonders gut ausgestattet.

Eizelle

Die weibliche Geschlechtszelle

Die Eizelle ist die weibliche
Geschlechtszelle. Sie entsteht
während der **Oogenese** im Eierstock ■. Die Eizelle enthält neben
dem Zellkern ■ das **Dotter**, einen
Nährstoffspeicher. Die Eizellen
der Säugetiere ■ sind klein und
besitzen nur wenig Dotter, bei
Vögeln ■ und Reptilien ■ sind sie
jedoch viel größer. Bei Säugetieren
entstehen die Eizellen schon vor
der Geburt; während des Erwach-
senenlebens werden sie in regel-
mäßigen Abständen freigesetzt.

Ein Vogelei im Querschnitt

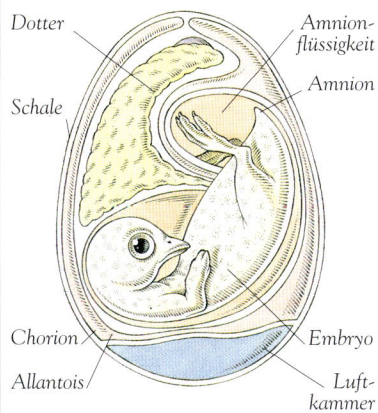

Dotter · Amnionflüssigkeit · Amnion · Schale · Chorion · Embryo · Allantois · Luftkammer

Ei

Die befruchtete Eizelle

Ein Ei ist eine Zelle, die sich zu einem neuen Tier entwickelt. Manche Eier entwickeln sich im mütterlichen Körper, andere werden außerhalb davon abgelegt. In den Eiern von Reptilien, Vögeln und Säugetieren entwickeln sich drei Schichten, die **Eihäute**. Die Innerste, **Amnion** genannt, umhüllt den Embryo ▪. Sie ist mit Flüssigkeit gefüllt und verhindert das Austrocknen des Embryos; außerdem dient sie als Stoßdämpfer. Die **Allantois** nimmt Abfallstoffe auf, und das **Chorion**, eine kräftige Außenhaut, umhüllt das ganze Ei. Bei Vögeln, Reptilien und Kloakentieren ▪ ist es außerdem von einer harten Schale umschlossen.

Paarung

Zusammentreffen von Männchen und Weibchen zwecks Befruchtung

Bei der sexuellen Fortpflanzung muss es durch das Zusammentreffen der männlichen und weiblichen Geschlechtszelle zur Befruchtung kommen. Die Männchen der meisten landlebenden Tiere spritzen ihre Samenzellen mit einem Penis ▪ in die Fortpflanzungsorgane des Weibchens. Tintenfischmännchen benutzen dazu einen besonderen Arm.

Befruchtung

Die Vereinigung von männlicher und weiblicher Geschlechtszelle

Bei der Befruchtung heftet sich eine Samenzelle an die Außenseite der Eizelle, und die Membranen beider Zellen verschmelzen. Der Kern der Samenzelle dringt in die Eizelle ein und vereinigt sich mit deren Zellkern. Die so entstehende befruchtete Zelle oder Zygote ist diploid ▪: Sie enthält von jedem Elternteil einen Chromosomensatz ▪. Von jetzt an verhindert eine **Befruchtungsmembran**, dass weitere Samenzellen eindringen. Landtiere führen meist im weiblichen Organismus eine **innere Befruchtung** aus. Bei den meisten Wasserbewohnern dagegen findet die **äußere Befruchtung** außerhalb des Weibchens statt.

Lebend gebären

Fortpflanzung durch Gebären lebender Nachkommen

Lebend gebärende Tiere speichern die Eizellen im Körperinneren, und die Nachkommen werden während ihrer Entwicklung häufig durch eine Plazenta ▪ ernährt. Diese Form der Entwicklung beobachtet man bei den meisten Säugetieren, aber auch bei manchen Reptilien und Knorpelfischen ▪.

Eierlegen

Fortpflanzung durch das Ablegen von Eiern

Bei **Eier legenden** Tieren entwickeln sich die Jungen außerhalb des mütterlichen Organismus, und schließlich schlüpfen sie aus dem Ei. Die Eier werden vor oder nach der Ablage befruchtet. Bei **ovoviviparen** Tieren entwickeln sich die Eier in der Mutter, werden aber nicht von ihr ernährt.

Frösche bei der Paarung
Das Männchen klammert sich während der Eiablage an das Weibchen und befruchtet die Eier mit einer Samendusche.

Froschweibchen

Froschmännchen

Eier

Fortpflanzung des Menschen

Anders als viele Tiere pflanzen sich Menschen sehr langsam fort. Erst nach neun Monaten ist das Baby bereit für die Geburt, und viele Jahre vergehen, bis es selbst Kinder haben kann.

Empfängnis

Die Befruchtung einer Eizelle

Menschen vermehren sich wie alle Säugetiere durch sexuelle Fortpflanzung ■. Am Anfang steht die Empfängnis, das heißt die Befruchtung einer Eizelle ■ durch eine männliche Samenzelle ■. Anschließend ist die Frau **schwanger**: In ihrer Gebärmutter entwickelt sich ein Kind. Die Zeit, bis das Baby zur Geburt bereit ist, nennt man **Schwangerschaft**. Sie dauert bei Menschen rund 280 Tage.

Hoden

Das männliche Organ für die Samenzellproduktion

Die Hoden sind zwei kleine, bohnenförmige Organe, in denen die männlichen Geschlechtszellen ■ (die Samenzellen) entstehen. Die Samenzellen werden in winzigen **Hodenkanälchen** gebildet und wandern von dort in die **Nebenhoden**, wo sie heranreifen. Beide Hoden zusammen produzieren über 250 Mio. Samenzellen pro Tag. Außerdem erzeugen die Hoden das männliche Geschlechtshormon ■ Testosteron.

Penis

Das männliche Organ, das Samenzellen in den weiblichen Körper bringt

Die Befruchtung findet bei Menschen im Inneren des weiblichen Körpers statt. Beim **Geschlechtsverkehr** gelangen die Samenzellen mithilfe des Penis in die weiblichen Fortpflanzungsorgane. Vor dem Geschlechtsverkehr füllt sich das Gewebe ■ der Schwellkörper im Penis mit Blut, sodass der Penis steif wird und in die Scheide eingeführt werden kann. Später pumpen Muskeln die Samenzellen aus den Nebenhoden in einen Schlauch, den **Samenleiter** oder **Vas deferens**. Dort werden sie mit einer Nährflüssigkeit vermischt, die ihnen die Bewegungen erleichtert. Diese **Samenflüssigkeit** wird aus dem Penis in den Körper der Frau ausgestoßen.

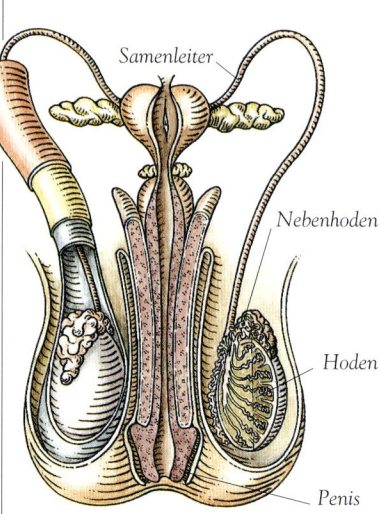

Männliche Fortpflanzungsorgane

(Bildbeschriftungen: Samenleiter, Nebenhoden, Hoden, Penis)

Scheide

Ein Teil der weiblichen Fortpflanzungsorgane

Die Scheide, ein muskulöses Rohr, mündet in die Gebärmutter. Sie nimmt beim Geschlechtsverkehr den Samen auf und ermöglicht bei der Geburt dem Baby den Durchtritt.

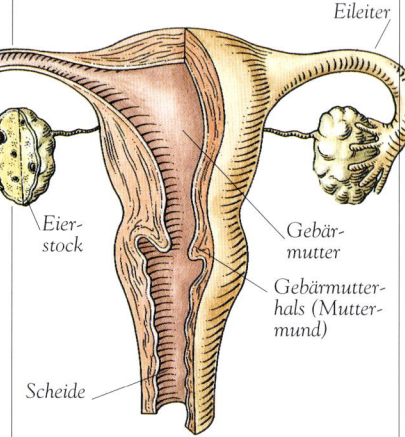

Weibliche Fortpflanzungsorgane

(Bildbeschriftungen: Eileiter, Eierstock, Gebärmutter, Gebärmutterhals (Muttermund), Scheide)

Gebärmutter

Das weibliche Organ, in dem sich das Baby entwickelt

Die Gebärmutter (**Uterus**) ist der muskulöse Hohlraum, in dem das Baby sich entwickelt. Der **Gebärmutterhals** führt an ihrem unteren Ende in die Scheide. Oben münden die von den Eierstöcken kommenden **Eileiter**.

Eierstock

Das weibliche Organ zur Produktion der Eizellen

Die beiden Eierstöcke liegen links und rechts im Bauch der Frau. Sie enthalten schon bei der Geburt den Eizellvorrat für das ganze Leben. Von der Pubertät an wird ungefähr jeden Monat eine Eizelle freigesetzt, ein Vorgang, den man als Eisprung bezeichnet. Außerdem produzieren die Eierstöcke auch die weiblichen Geschlechtshormone Östrogen ■ und Progesteron ■.

Eisprung

Die Freisetzung einer Eizelle aus einem Eierstock

Durch den Eisprung (Ovulation) wird eine Eizelle aus einem Eierstock freigesetzt, und der Organismus bereitet sich auf eine Schwangerschaft vor. Der Eisprung gehört zu dem rund 28 Tage langen **Menstruationszyklus**. Dieser beginnt mit einer Verdickung der Gebärmutterschleimhaut, die sich damit auf die Aufnahme einer befruchteten Eizelle einstellt. Gleichzeitig entsteht in einem Eierstock ein kugelförmiger **Graaf-Follikel**, der eine Eizelle enthält. Beim Eisprung platzt der Follikel, und die Eizelle wandert durch den Eileiter in die Gebärmutter. Wird sie nicht befruchtet, stößt die Gebärmutter in der **Menstruation** ihre Schleimhaut ab, und der Zyklus beginnt von vorn.

Einnistung

Anheftung der Blastocyste an die Gebärmutterschleimhaut

Nach der Befruchtung teilt die Eizelle sich immer wieder. So entsteht eine winzige Kugel aus Zellen ■: die Blastocyste, die sich dann in der Gebärmutterschleimhaut einnistet. Die Schleimhaut ist stark durchblutet und bildet eine Oberfläche, auf der die Entwicklung des Embryos ablaufen kann. Bei der Einnistung löst die Blastocyste das Gewebe der Gebärmutterschleimhaut teilweise auf, sodass sie schließlich von einer dünnen Schicht aus Schleimhautzellen umgeben ist. Von nun an wird sie von der Mutter mit Blut und Sauerstoff versorgt.

Ein neun Monate alter Fetus unmittelbar vor der Geburt

Plazenta

Ein Organ, das den Substanzaustausch zwischen kindlichem und mütterlichem Blut ermöglicht

Die Plazenta, eine schwammartige Gewebemasse, verbindet den Embryo, der später zum Fetus wird, mit der Gebärmutterwand. Kindliches und mütterliches Blut kommen in der Plazenta in engen Kontakt, vermischen sich aber nicht. Sauerstoff, Kohlendioxid und Nährstoffe werden jedoch ausgetauscht. Das Blut des Babys fließt durch die **Nabelschnur** in die Plazenta.

Geburt

Die Austreibung des Babys aus der Gebärmutter

Bevor ein Baby geboren wird, dreht es sich in der Gebärmutter mit dem Kopf nach unten zum Muttermund. Das Hormon Oxytocin ■ löst in der Gebärmuttermuskulatur kräftige **Kontraktionen** aus, die sich als **Wehen** bemerkbar machen und immer stärker werden. Schließlich reißt die Amnionhaut rund um das Baby, und das umgebende Fruchtwasser fließt ab. Dann drücken Muskeln das Kind mit dem Kopf voran durch Muttermund und Scheide. Sobald es im Freien ist, tut es seinen ersten Atemzug, und sofort beginnt das Blut durch seine Lunge zu kreisen. Kurz darauf wird die Plazenta als **Nachgeburt** ausgetrieben.

Wirbelsäule

Fruchtwasser

Fetus

Gebärmutterwand

Gelbkörper

Eine Drüse, die sich im Eierstock nach Freisetzung der Eizelle bildet

Nachdem der Graaf-Follikel seine Eizelle abgegeben hat, bildet er einen Gelbkörper (**Corpus luteum**). Dieser scheidet Hormone aus, unter anderem Progesteron, das die Gebärmutter auf die befruchtete Eizelle vorbereitet. Findet keine Befruchtung statt, verschwindet der Gelbkörper.

Durch die vergrößerte Gebärmutter zusammengedrückte Harnblase

Muttermund und Scheide

Enddarm

Embryonalentwicklung

Jedes Tier, das durch sexuelle Fortpflanzung entsteht, ist anfangs eine einzige Zelle, aus der sich dann in einer Reihe komplizierter Wandlungen der vollständige Organismus entwickelt.

Embryonalentwicklung

Zunahme der Komplexität

Während seiner Embryonalentwicklung wird ein Lebewesen immer komplexer. Dieser Vorgang ist in der Regel mit Wachstum ■ verbunden, er kann aber auch ohne Größenzunahme ablaufen. Während des Wachstums stellen Zellen ■ normalerweise identische Kopien ihrer selbst her. In der Entwicklung jedoch differenzieren ■ sich die Zellen: Sie verändern sich und passen sich an ganz bestimmte Aufgaben an. Außerdem wechseln sie ihre Lage.

Embryonalentwicklung eines Frosches
Froscheier werden beim Ablegen befruchtet. Jedes Ei ist eine einzige Zelle, umgeben von einer geleeartigen Substanz.

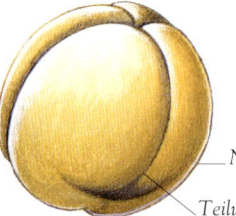

Geleeartige Substanz

Befruchtete Zelle

Morphogenese

Die Entwicklung der Form eines Lebewesens

Durch die Morphogenese entsteht die ausgewachsene Form eines Lebewesens. Bei Tieren gehören dazu Zellteilung ■, Differenzierung und die Wanderung von Zellgruppen. Das alles ist in den Genen ■ der Zellen programmiert.

Embryo

Ein Lebewesen in einem frühen Entwicklungsstadium

Als Embryo bezeichnet man ein Lebewesen von dem Augenblick an, wenn die befruchtete Eizelle ■ zu wachsen beginnt, bis zur Geburt ■ oder dem Schlüpfen. Bei den meisten Tieren befindet sich der Embryo in einem Ei oder – bei den Säugetieren – in der Gebärmutter ■. Beim Menschen spricht man in den ersten beiden Entwicklungsmonaten vom Embryo, danach vom **Fetus**.

Die Furchungsteilung beginnt. Hier sind durch zweimalige Teilung vier neue Zellen entstanden.

Neue Zelle

Teilungsfurche

Furchungsteilung

Die Teilung der befruchteten Eizelle in viele Zellen

Die Furchungsteilung, das erste Entwicklungsstadium, setzt meist kurz nach der Befruchtung ■ ein. Die befruchtete Eizelle teilt sich immer wieder, bis eine kleine Zellkugel entstanden ist, die **Morula**. Bei manchen Tieren sind alle Zellen der Morula gleich groß, bei anderen ist die Größe unterschiedlich – ein erstes Anzeichen der Differenzierung.

Blastula

Eine Hohlkugel aus Zellen

Aus der Morula bildet sich die hohle Blastula. Ihr Hohlraum, das **Blastocoel**, ist mit Flüssigkeit gefüllt. Ob ein Blastocoel entsteht, hängt von der Dottermenge ab. Vogeleier enthalten so viel Dotter, dass sich bei ihnen keine Hohlkugel bildet. Stattdessen entsteht auf der Dotteroberfläche in einem Vogelei eine **Keimscheibe**. Bei Säugetieren heißt die Blastula auch **Blastocyste**; in diesem Stadium nistet sich der Embryo in der Gebärmutter ein.

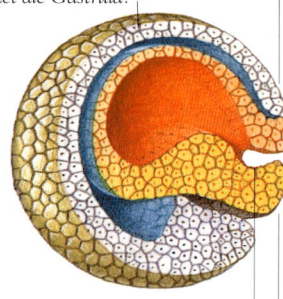

Die Hohlkugel stülpt sich ein und bildet die Gastrula.

Blastocoel

»Lippe« der Gastrula

Aus der einzelnen Zelle ist eine flüssigkeitsgefüllte Hohlkugel geworden, die Blastula.

Gastrulation

Entstehung einer eingestülpten, mehrschichtigen Gastrula

Bei der Gastrulation stülpt sich die Blastula ein. Aus den Schichten der dabei entstehenden **Gastrula** werden später die Organe. Bei Wirbeltieren ■ bringt die Außenschicht (**Ektoderm**) Haut und Nerven hervor. Aus dem innen gelegenen **Endoderm** werden Darmschleimhaut, Lunge und andere Organe. Eine mittlere Schicht, das **Mesoderm**, entwickelt sich zu Knochen, Muskeln, Blut und den Organen, die Geschlechtszellen ■ produzieren.

Regeneration

Ersatz eines fehlenden Körperteils

Bei Seesternen wächst ein verlorener Arm langsam nach, weil die verbliebenen Zellen sich teilen und den Körperteil wiederherstellen. Nicht alle Tiere können so große Körperteile regenerieren. Beim Menschen heilen Hautverletzungen und gebrochene Knochen, aber fehlende Gliedmaßen werden nicht ersetzt.

Reihe winziger Zähne

Schwanz ist länger als der Körper.

Gewundener Darm

Zwei Wochen nach der Befruchtung ist die Kaulquappe vollständig entwickelt. Zuerst frisst sie die Geleehülle der Eizelle.

Im Körper bildet sich die Wirbelsäule.

Kopf

Augen

Die Gastrula wird länger. Die Wirbelsäulenanlage bildet sich. Entwicklung von Kopf und Augen beginnt.

Die Wissenschaft von der Embryonalentwicklung

Embryologen untersuchen, wie es zur Embryonalentwicklung kommt. Bei manchen einfachen Tieren kann man dabei den Weg jeder einzelnen Zelle verfolgen. Wie sich in Experimenten gezeigt hat, wird die Entwicklung einer Zelle in der Regel von ihren Nachbarn beeinflusst. Dies nennt man **Induktion**, weil die Nachbarn die Entwicklung der Zelle »induzieren«.

Geschlechtsmerkmale

Merkmale, die nur bei einem Geschlecht vorkommen

Bei Tieren, die zwei Geschlechter haben, entwickeln sich Männchen und Weibchen unterschiedlich. Am auffälligsten sind die **primären Geschlechtsmerkmale**. Das Weibchen hat Organe für die Eizellenproduktion, das Männchen solche für die Bildung der Samenzellen ■. **Sekundäre Geschlechtsmerkmale** betreffen andere Körperteile. Männliche Hirsche haben z. B. ein Geweih, weibliche nicht. Bei Menschen gehören der Bartwuchs des Mannes und die Brust der Frau zu den sekundären Geschlechtsmerkmalen.

Bunte Signale
Bei Vögeln erkennt man die sekundären Geschlechtsmerkmale meist leicht. Die Männchen locken mit bunten Farben ihre Partnerin an.

Weibchen

Männchen

Ein Dominikanerwitwenpaar

Altern

Der allmähliche Funktionsverlust der Zellen und ganzer Lebewesen

In einem alternden Tier gehen die Zellen allmählich zu Grunde. Manche Zellen, vor allem im Nervensystem ■, sterben und werden nicht ersetzt. Im Laufe der Zeit führt das zur **Alterung** des ganzen Organismus. In freier Wildbahn sterben Tiere meist recht jung, aber Menschen, die vielen natürlichen Gefahren nicht mehr ausgesetzt sind, können sehr alt werden. Warum wir altern, weiß man nicht genau. Vielleicht sammeln sich schädliche Stoffwechselprodukte ■ an, oder die Alterung ist in den Genen programmiert.

Ontogenie

Die Entwicklung eines Individuums

Ein Lebewesen macht während seiner Entwicklung charakteristische Formveränderungen durch. Der menschliche Embryo hat anfangs beispielsweise Kiemen und einen Schwanz, sodass er eine Zeit lang fast wie ein Fisch aussieht. Früher glaubte man, in jedem Schritt der Embryonalentwicklung müsse sich ein Schritt der Evolutionsgeschichte (Phylogenie ■) widerspiegeln. Diese Theorie nannte man **Rekapitulationsprinzip**. Heute wissen wir, dass das nicht stimmt. Neben gemeinsamen Entwicklungsstufen sind in der Evolution auch Unterschiede entstanden.

Metamorphose

Ein junger Marienkäfer sieht ganz anders aus als seine Eltern, aber beide befinden sich nur in verschiedenen Stadien desselben Lebenszyklus. Den Wandel vom Jungtier zur ausgewachsenen Form bezeichnet man als Metamorphose .

Metamorphose

Ein Wandel der äußeren Gestalt

Alle Tiere verändern während des Heranwachsens ihre Form. Manche Arten jedoch, insbesondere Wirbellose ▪ und Amphibien ▪, machen auf dem Weg zum erwachsenen Tier viel größere Wandlungen durch. Solche Veränderungen nennt man Metamorphose.

Nymphe

Ein junges Insekt, das sich durch unvollständige Metamorphose weiter entwickelt

Eine Nymphe ähnelt den Eltern, ist aber kleiner, ungeflügelt und nicht zur Fortpflanzung fähig. Nymphen besiedeln meist den gleichen Lebensraum ▪ wie ihre Eltern und fressen auch das Gleiche. Eine Ausnahme bilden die Libellen: Ihre Nymphen leben im Wasser und fressen Wassertiere, die ausgewachsene Form jagt im Flug. Nymphen werden durch unvollständige Metamorphose zur erwachsenen Form.

Unvollkommene Metamorphose

Allmählicher Wandel der Körperform

Viele Insekten ▪, darunter Wanzen, Libellen, Termiten und Heuschrecken, machen den allmählichen Wandel der unvollkommenen Metamorphose durch. Eine Heuschreckennymphe sieht beim Schlüpfen aus dem Ei wie eine verkleinerte Erwachsenenform aus. Die Flügel sind aber nur kleine Knospen, und Fortpflanzungsorgane fehlen. Später bringt die Nymphe mehrere **Häutungen** hinter sich, bei denen sie jedes Mal die Außenhaut ablegt; dazwischen liegen verschiedene **Larvenstadien**. Mit jeder Häutung werden die Flügel größer, und die inneren Organe entwickeln sich weiter. Nach dem fünften und letzten ist das Tier ausgewachsen. Arten mit unvollständiger Metamorphose nennt man auch **hemimetabol**.

Tödliche Larven
Die Larven des Gelbrandkäfers sind räuberische Fleischfresser. Sie greifen sogar kleine Fische an.

Larve

Jungtier, das sich durch vollständige Metamorphose weiter entwickelt

Eine Larve sieht ganz anders aus als ihre Eltern. Sie lebt häufig in einem anderen Lebensraum und frisst etwas anderes. Larven sorgen für sich selbst: Sie filtern beispielsweise mit gefiederten Beinen Nahrung aus dem Wasser oder fressen mit kräftigen Kiefern frische Blätter. Sesshafte Tiere wie die Korallen ▪ haben häufig bewegliche Larven, so dass die Spezies ▪ sich verbreiten kann. Als **Maden** bezeichnet man Insektenlarven, insbesondere von Käfern, Wespen und Bienen. Durch vollständige Metamorphose wird die Larve zum erwachsenen Tier.

Schützende Warnfärbung

Ausgereifte Larve

Larve schlüpft aus dem Ei.

Entstehende Puppe

Larve heftet sich an ein Blatt.

Eier des Marienkäfers

Metamorphose eines Marienkäfers
Erwachsene Marienkäfer und ihre Larven ernähren sich von Blattläusen. Die Larve bewegt sich langsam, der erwachsene Käfer dagegen kann schnell von Pflanze zu Pflanze fliegen und in großer Entfernung neue Nahrungsquellen und Eiablageplätze finden.

Vollkommene Metamorphose

Eine vollständige Verwandlung

Die meisten Wirbellosen sowie viele Fische ◾ und Amphibien sind anfangs frei lebende Larven und verwandeln sich später in ganz anders geformte erwachsene Tiere. Bei Fischen und Amphibien ist es meist eine allmähliche Veränderung, bei Insekten erfolgt sie recht plötzlich. Zellen ◾ der Larve werden durch Lysosomen ◾ abgebaut, und aus neuen Zellen entsteht der ausgewachsene Körper. Tiere, die eine vollkommene Metamorphose durchmachen, nennt man **holometabol**.

Kaulquappe

Eine Frosch- oder Krötenlarve

Kaulquappen leben ausschließlich im Wasser und atmen durch Kiemen ◾. Sie haben einen Schwanz statt der Beine und fressen Pflanzen. Während der weiteren Entwicklung schrumpfen die Kiemen und werden von Hautlappen bedeckt. Das Tier wird zum Fleischfresser ◾ und bekommt eine Lunge ◾. Ungefähr gleichzeitig wachsen kleine Beine. Im letzten Stadium wachsen Beine und Lunge heran, der Schwanz verschwindet, und der Frosch oder die Kröte kann nun an Land leben.

Raupe

Eine Schmetterlingslarve

Eine Raupe ist die ungeflügelte Larve eines Schmetterlings ◾. Sie ist lang und trägt drei echte Beinpaare sowie vier Paar kurzer **Bauchfüße** am hinteren Körperabschnitt. Der große Kopf trägt kräftige Kiefer. Die meisten Raupen ernähren sich von Pflanzen oder totem Material wie Wolle. Viele Arten sind durch ein dem Hintergrund entsprechendes Muster **getarnt**, andere tragen eine leuchtende Warnfärbung ◾ oder Haare zur Verteidigung.

Puppe

Ruhestadium mancher Insekten während der Formveränderung

Insekten, die eine vollständige Metamorphose durchmachen, **verpuppen** sich. Die Puppe ist das Stadium, in dem sich die Verwandlung vollzieht. Sie ist vielfach durch eine harte Hülle geschützt. Um sich zu verpuppen, stellt die Raupe das Fressen ein und heftet sich an einen festen Gegenstand. Sie legt die Haut ab, und darunter bildet sich eine neue Haut, die häufig hart und glänzend wird: Die **Chrysalis** ist entstanden. Die meisten Zellen der Raupe werden im Puppenstadium aufgelöst; nur kleine Zellgruppen bleiben erhalten, teilen sich und werden in der weiteren Entwicklung zur ausgewachsenen Form, der **Imago**.

Kokon

Eine Schutzhülle aus Seide

Viele Insektenpuppen schützen sich mit einem Kokon aus Seide, die sie mit besonderen Drüsen ◾ erzeugen. Die großen Kokons des **Seidenspinners** (*Bombyx mori*) kann man abwickeln und zu Seidenstoff verarbeiten. Ameisen stellen winzige Kokons her, die oft fälschlich als »Ameiseneier« bezeichnet werden.

Hypermetabolie

Eine körperliche Verwandlung mit mehreren Larvenformen

Zum Lebenszyklus mancher Tiere gehören mehrere Larvenformen. Verbreitet ist dies bei parasitischen ◾ Insekten und Tieren, die im Plankton ◾ heranwachsen. Krebstiere ◾ wie die Rankenfußkrebse schlüpfen beispielsweise als **Naupliuslarve** mit einem Auge und drei Beinpaaren. Der Nauplius lebt im Plankton. Aus ihm entsteht die runde **Cypris-Larve** und erst dann der erwachsene Krebs, der eine harte Schale hat und sich an Felsen festheftet.

Marienkäfer schlüpft aus der Puppe.

Puppe

Weiche gelbe Deckflügel trocknen später aus und werden rot.

Rote Deckflügel

Ausgewachsener Marienkäfer

Ökologie

Die Welt des Lebendigen besteht aus vielfältigen Wechselbeziehungen zwischen Pflanzen, Tieren und ihrer Umgebung. Damit beschäftigt sich die Ökologie. Sie hilft uns zu verstehen, wie die Lebewesen aufeinander angewiesen sind.

Ökologie

Die Wissenschaft von den Wechselbeziehungen zwischen Lebewesen und ihrer Umwelt

Das Wort »Ökologie« kommt von dem griechischen *oikos* (Haus) und *logos* (Wissen). Ökologie ist die Wissenschaft von der Heimat der Lebewesen, das heißt von ihrem Platz in der Natur. Die Fachleute dieses Gebietes, die **Ökologen**, haben bewiesen, dass Umweltverschmutzung ■ schädlich ist und dass wir die Umwelt durch Naturschutz ■ bewahren müssen.

Umwelt

Die Umgebung eines Lebewesens mit allen ihren Elementen

Zur Umwelt gehört alles, was die Umgebung eines Lebewesens ausmacht: unbelebte Dinge wie Luft, Wasser und andere Stoffe, aber auch andere Lebewesen wie Beutetiere oder Räuber ■. Auch die Welt des Lebendigen in Teilen oder als Ganzes bezeichnet man in einem weiteren Sinn als Umwelt. Die innere Umwelt eines Tieres besteht aus den Verhältnissen in seinem Körper oder seinen Zellen.

Biosphäre

Alle Teile der Erde, die zur Welt des Lebendigen gehören

Zur Biosphäre gehören alle von Lebewesen bewohnten Gebiete der Erde, von den Tiefen der Ozeane bis zu den unteren Atmosphärenschichten. Alle Teile der Biosphäre sind durch Nährstoffzyklen ■ verbunden.

Ökosystem

Eine Lebensgemeinschaft und ihre Umwelt

Um die Biosphäre besser untersuchen zu können, unterteilt man sie häufig in einzelne Ökosysteme. Ein Stück verrottendes Holz kann ebenso ein Ökosystem sein wie ein riesiger See. Jedes Ökosystem besteht aus einer Gemeinschaft von Lebewesen und ihrer Umgebung.

Lebensgemeinschaft

Die Gesamtheit aller Lebewesen in einem bestimmten Gebiet

Eine Lebensgemeinschaft besteht aus den Pflanzen, Tieren und Mikroorganismen, die in demselben Gebiet oder Lebensraum zu Hause sind. In einfachen Lebensgemeinschaften sind das nur wenige Arten, in komplizierteren viele hundert. Die Arten sind durch ein Nahrungsnetz ■ verknüpft, und oft ist jede Spezies ■ zum Überleben auf viele andere angewiesen. Die Individuen jeder Spezies bilden eine **Population**.

Lebensraum

Der Ort, an dem eine Spezies lebt

Ein Lebensraum ist in Merkmalen wie Temperatur oder Niederschlagsmenge einheitlich. Manche Arten kommen in vielen Lebensräumen vor, meist eignet sich aber einer davon für sie am besten. Andere sind stärker spezialisiert und überleben nur in einem Lebensraum. Tiere, die sich durch Metamorphose ■ entwickeln, besiedeln während ihres Lebenszyklus häufig verschiedene Lebensräume.

Schrumpfender Lebensraum
Der Riesenpanda lebt ausschließlich in den Bambuswäldern Chinas. Er ist heute gefährdet, weil immer mehr große Waldgebiete abgeholzt wurden.

Nische

Die Funktion eines Lebewesens in seiner Umwelt

Eine Nische ist ein Ort, in den etwas hineinpasst. Als ökologische Nische bezeichnet man die Art, wie ein Lebewesen in seine Umwelt passt. Sie wird von seinem Lebensraum ebenso bestimmt wie von seiner Ernährung, seinen natürlichen Feinden und seiner Temperaturtoleranz. Auch wenn zwei Arten den gleichen Lebensraum besiedeln, besetzen sie niemals die gleiche Nische.

Ernst Haeckel

Deutscher
Zoologe,
1834–1919

Erst Haeckel
prägte den Begriff
»Ökologie«. Er war ein eifriger
Naturforscher und interessierte
sich besonders für das Leben
im Meer. Als die meisten
Zoologen noch einzelne Arten
studierten, erkannt Haeckel
die große Bedeutung ihrer
Wechselbeziehungen. Er be-
wunderte Charles Darwin ■,
aber anders als dieser war er
überzeugt, dass die Lebewesen
durch Evolution immer größer
und besser werden. Den
Menschen hielt er für das
»Endziel« der Evolution.

Sukzession

Ein geordneter Wandel der Arten in
einer Lebensgemeinschaft

Ein gerodetes Stück Land bleibt
nicht lange leer. Es wird schon bald
von Pflanzen und dann von Tieren
genutzt. Allmählich ändern sich die
Arten in der Lebensgemeinschaft.
Die zuerst Angekommenen werden
von anderen Arten verdrängt.
Diese so genannte Sukzession ist
irgendwann zu Ende, und eine
stabile **Klimaxgesellschaft**
entsteht.

Opportunistische Spezies

Eine Spezies, die schnell
neue Möglichkeiten nutzt

Opportunistische Arten sind
meist klein und haben einen
kurzen Lebenszyklus. Deshalb
können sie sich schnell
verbreiten und eine neue
Umwelt früher als
andere Arten nutzen.
Setzen diese Arten sich
dann aber durch, wird
die opportunistische
Spezies vielfach
verdrängt. Man nennt
sie auch **vagabun-
dierende Art**, weil sie
von Ort zu Ort
»vagabundiert«.

Sukzession
*Das Schema zeigt die drei Stadien
der ökologischen Sukzession.
In diesem Beispiel entsteht am
Ende ein Waldgebiet.*

Sperber

Ausgewachsene
Eiche

Specht

Eichhörnchen

Reh

Schwalbe

Wiesenkerbel

Adlerfarn

Eichenschössling

Gras

Schmetterling

Kaninchen

Löwenzahn

Hirten-
täschelkraut

Spinne

Mohn

Gras

Pioniere
*Opportunistische Pflanzen
und Tiere besiedeln als
Pioniere das Brachland.*

Klimaxgesellschaft
*Am Ende der Sukzession ist eine
Klimaxgesellschaft entstanden, in
diesem Beispiel ein Wald. Die Bäume halten
das Licht ab und verhindern, dass andere Pflanzen
Fuß fassen. Die Klimaxgesellschaft ist nicht immer ein
Wald – sie unterscheidet sich je nach dem Ökosystem.*

Nährstoffkreisläufe

Lebewesen stehen in ständigem Stoffaustausch mit ihrer Umgebung. Die Substanzen wandern in stetigen Zyklen zwischen Belebtem und Unbelebtem.

Nährstoff

Ein Stoff, den ein Lebewesen zur Lebenserhaltung aufnimmt

Nährstoffe sind alle von Lebewesen aufgenommenen Substanzen: Mineralstoffe ■ wie Phosphor, oder organische Verbindungen ■ wie Kohlenhydrate.

Nährstoffe zum Leben
Pflanzen beziehen Nährstoffe aus Luft und Boden. Von den Pflanzen gelangen sie in die Tiere.

Nährstoffkreislauf

Der Kreislauf eines chemischen Elements zwischen Umwelt und Lebewesen

Die organischen Verbindungen in den Lebewesen bestehen aus rund 25 chemischen Elementen ■, deren Vorrat die Lebewesen ständig durch ihre Nahrung auffüllen. Später kehren die Elemente in die Umwelt zurück. Dabei schlägt jedes Element einen eigenen Weg ein: seinen **Mineralstoffzyklus** oder Nährstoffkreislauf. Manche Teile eines solchen Zyklus laufen schnell ab, andere dauern Jahrtausende.

Kohlenstoffkreislauf

Der Zyklus des Kohlenstoffs

Alle Lebewesen enthalten das Element Kohlenstoff ■, das auch im Kohlendioxid der Atmosphäre enthalten ist. Pflanzen und Bakterien ■ entziehen der Luft durch Photosynthese ■ das Kohlendioxid und machen daraus organische Verbindungen wie die Kohlenhydrate, die dann Bestandteil ihres Gewebes werden. Wenn Tiere die Pflanzen fressen, wandert auch der Kohlenstoff weiter. Tiere nutzen die pflanzlichen Kohlenhydrate für die Zellatmung ■, und dabei wird wieder Kohlendioxid in die Atmosphäre abgegeben. Diese Vorgänge bilden den schnellen Teil des Kohlenstoffkreislaufs.

Kohlenstoffspeicher

Vorräte an Kohlenstoff

Gewaltige Kohlenstoffmengen nehmen nicht unmittelbar am Kohlenstoffkreislauf teil: Im Meer ist Kohlendioxid gelöst, im Gestein ist Kohlenstoff als Calciumcarbonat gebunden, und ein Teil befindet sich in fossilen Brennstoffen.

Fossile Brennstoffe

Brennstoffe aus den Überresten von Lebewesen

Kohle, Öl und Erdgas sind fossile Brennstoffe. Ihr Kohlenstoff gehörte früher zu Lebewesen, die sich im Laufe der Jahrmillionen in kohlenstoffreiche Fossilien ■ verwandelten. Durch das Verfeuern solcher Brennstoffe gelangt Kohlendioxid in die Atmosphäre.

Stickstoffkreislauf

Der Zyklus des Stickstoffs

Lebewesen brauchen Stickstoff: Er ist in Proteinen ■ und Nucleinsäuren ■ enthalten. Die Atmosphäre besteht zu rund 80 % aus Stickstoffgas, aber das können nur Bakterien nutzen. Alle anderen Lebewesen sind auf Stickstoffverbindungen wie die **Nitrate** angewiesen. Die meisten Nitrate werden von Bodenbakterien erzeugt. In andere Lebewesen gelangt der Stickstoff über Pflanzen, die Nitrate aus dem Boden aufnehmen. Tiere nehmen ihn entweder durch pflanzliche Nahrung auf oder indem sie Pflanzen fressende Tiere verzehren. Aus toten Lebewesen kehrt der Stickstoff durch Denitrifizierung in die Atmosphäre zurück.

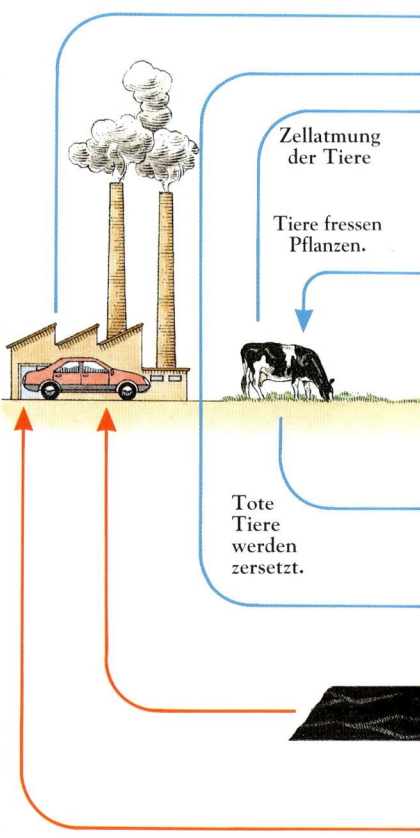

Verbrennung fossiler Brennstoffe in Fabriken und Autos

Zellatmung der Tiere

Tiere fressen Pflanzen.

Tote Tiere werden zersetzt.

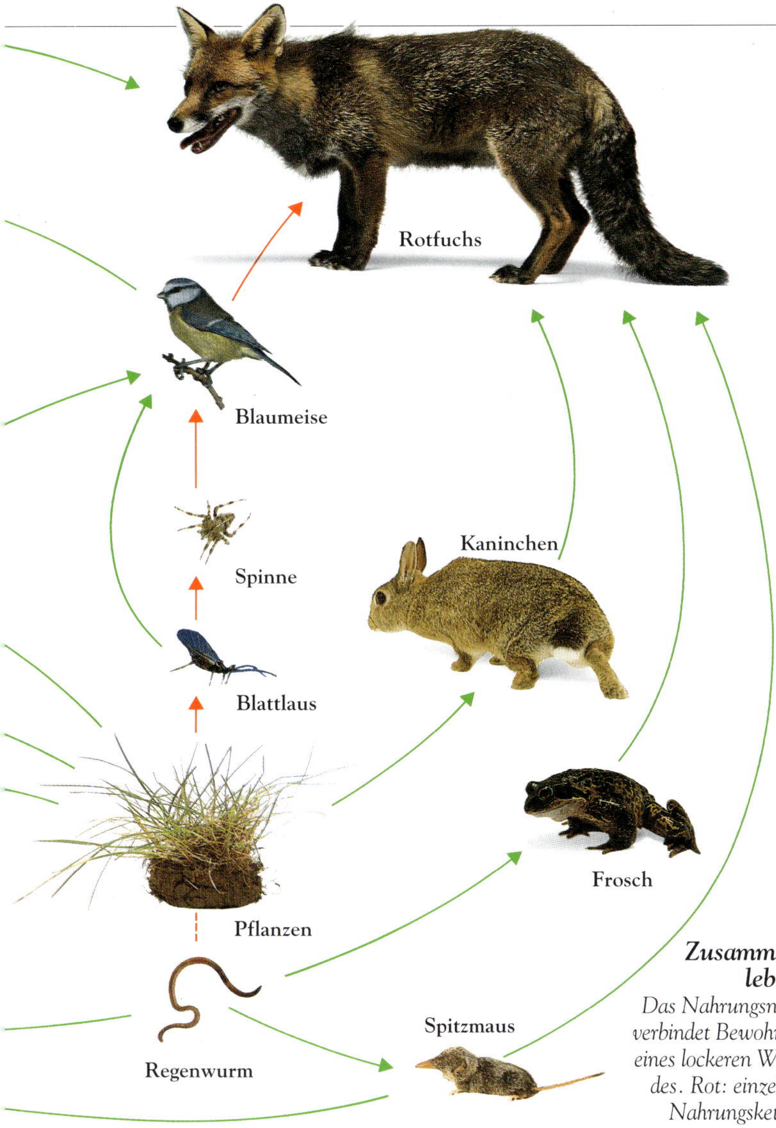

Rotfuchs

Blaumeise

Spinne

Kaninchen

Blattlaus

Frosch

Pflanzen

Zusammen leben
Das Nahrungsnetz verbindet Bewohner eines lockeren Waldes. Rot: einzelne Nahrungskette.

Spitzmaus

Regenwurm

Biomasse

Die Gesamtmasse lebender Materie in einem Gebiet

Biomasse ist die Gesamtmasse aller belebten Materie in einem bestimmten Gebiet. Insgesamt ist die Biomasse auf der Erde ungleichmäßig verteilt. Auf hoher See und in Wüsten ist ihre Menge gering, an Küsten und in Wäldern dagegen ist die Gesamtmasse der Lebewesen hoch. In der Zahlenpyramide nimmt die Biomasse mit jeder trophischen Ebene stark ab.

Produktivität

Die Geschwindigkeit der Produktion organischer Stoffe durch Lebewesen

Die **Primärproduktivität** ist ein Maß für die Bildung neuer Biomasse durch die Produzenten. Sie ist in einzelnen Lebensgemeinschaften sehr unterschiedlich. Vorwiegend hängt sie von der Sonneneinstrahlung ab, sie wird aber auch durch Faktoren wie den Niederschlag beeinflusst. Die **Sekundärproduktivität** besagt, wie schnell die Konsumenten organisches Material herstellen. Sie ist stets geringer als die Primärproduktivität, weil Konsumenten nur einen kleinen Teil ihrer Nahrung in organische Stoffe umwandeln.

Zahlenpyramide

Eine schematische Darstellung der Artenzahl auf den einzelnen trophischen Ebenen

Ein Tier gibt in der Nahrungskette nur 10 % der aufgenommenen Energie weiter. Der Rest wird zur Körpererhaltung und Bewegung gebraucht oder geht als Wärme verloren. Deshalb nimmt die verfügbare Energiemenge auf jeder trophischen Ebene ab, und jede Ebene ernährt weniger Individuen. Das Ergebnis ist eine Zahlenpyramide mit vielen Lebewesen unten und wenigen oben.

Zahlenpyramide
Wie die Pyramide zeigt, nimmt die Zahl der Tiere von Ebene zu Ebene stark ab. Es gibt viele Primärproduzenten und viel weniger Räuber wie z. B. die Raubvögel.

Limitierender Faktor

Eine Begrenzung der Produktivität

Wenn man eine Wüste **bewässert**, nimmt ihre Produktivität stark zu. Wird die Bewässerung eingestellt, geht sie wieder auf das ursprüngliche Maß zurück. Demnach ist Wasser in der Wüste ein limitierender Faktor: Ist es knapp, sinkt die Produktivität. Andere limitierende Faktoren sind je nach Lebensraum die einfallende Sonnenenergie, die Temperatur und die Mineralstoffmenge im Boden.

Beziehungen zwischen Arten

Die meisten Lebewesen sind auf andere Arten angewiesen. Meist nutzt dabei eine Spezies die andere aus, manchmal kämpfen sie aber auch mit vereinten Kräften ums Überleben.

Räuber

Ein Lebewesen, das andere tötet und frisst

Räuber sind Fleischfresser ■: Sie leben davon, dass sie andere Tiere (die **Beute**) fressen. Als Räuber bezeichnet man in der Regel Tiere, die andere Tiere fangen und töten. Sie sind meist größer als die Beute, und um ihrer Nahrung habhaft zu werden, besitzen sie besondere Anpassungen ■: Sie können z. B. gut sehen ■ und haben einen guten Geruchssinn ■ oder können sich schnell bewegen ■.

Unter kontrollierten Bedingungen

Zahl / *Zeit*

Allein leben
Gibt es keine Räuber, vermehrt sich eine Spezies schnell, bis die Population durch Nahrungsknappheit eine Maximalgröße erreicht.

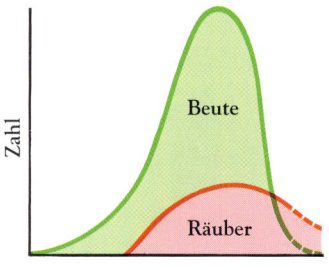

Beute / Räuber

Zahl / *Zeit*

Zusammen leben
Kommt ein Räuber hinzu, sinkt die Zahl der Beutetiere. Beide Populationen schrumpfen, aber in der Natur stirbt die Beutespezies meist nicht ganz aus.

Symbiose

Eine Beziehung zwischen zwei Arten

Viele Lebewesen gehen zumindest zeitweise eine enge Partnerschaft mit Angehörigen einer anderen Art ein. Flechten ■ sind zum Beispiel eine **symbiontische Lebensgemeinschaft** zwischen einem Pilz ■ und einer Alge ■. Dabei profitieren vermutlich beide Partner, aber häufig ist der Nutzen für die eine Art größer als für die andere. Normalerweise bezeichnet man alle Partnerschaften als Symbiose, manchmal meint man aber mit dem Begriff auch nur eine Beziehung zum beiderseitigen Nutzen.

Kommensalismus

Eine symbiontische Beziehung, die einer Spezies nützt, der anderen aber weder nützt noch schadet

Der **Anemonenfisch** (*Amphiprion*) ist ein **Kommensale**: Der kleine Fisch ■ lebt zwischen den Fangarmen von Seeanemonen ■, aber ihre Nesselfäden schaden ihm nicht. Der Anemonenfisch lebt von den Nahrungsresten der Anemone, bringt dieser aber vermutlich keinen Nutzen.

Ein lebendes Zuhause
Seeanemonen geben den Anemonenfischen Nahrung und Schutz. Solche kommensalistischen Partnerschaften sind in der Natur schwer nachzuweisen; meist kann man nicht beweisen, dass eine Art weder Schaden noch Nutzen davon hat.

Mutualismus

Eine symbiontische Beziehung zum Nutzen beider Partner

In der Natur nützt das Zusammenleben vielfach beiden beteiligten Arten. Manchmal ist es eine lockere Partnerschaft, und beide Arten kommen notfalls auch allein zurecht. Oft ist sie aber **obligatorisch**, das heißt, kein Partner könnte ohne den anderen überleben. Der **Feigenbaum** (*Ficus carica*) z. B. wird nur von Wespen ■ einer ganz bestimmten Art befruchtet, und die Wespen brauchen ihn ihrerseits als Nahrungsquelle.

Seeanemone

Parasit

Spezies, die auf Kosten ihres Wirtes lebt

Parasiten leben auf oder in einer anderen Spezies und nutzen diese aus. Fast alle Tiere und Pflanzen beherbergen Parasiten unterschiedlichen Typs. Der Parasit ist meist kleiner als sein Wirt und mit einer Reihe von Eigenschaften an seine Lebensweise angepasst. **Ektoparasiten** leben auf der Oberfläche des Wirtes, **Endoparasiten** in seinem Inneren. Ein **Hyperparasit** lebt auf einem anderen Parasiten. Der **Floh** ist ein Ektoparasit, der sich an das Leben in Fell oder Gefieder eines Tieres angepasst hat. Er hat keine Flügel und ist seitlich abgeflacht, sodass er in seinem Lebensraum gut vorwärts kommt. Die Hinterbeine eignen sich für den Sprung.

Wirt

Ein Lebewesen, das einem Parasiten als Nahrungslieferant dient

Der Wirt stellt einem Parasiten Nahrung und Lebensraum zur Verfügung. Die meisten Parasiten sind **wirtsspezifisch** und besiedeln nur bestimmte Arten. Manche Parasiten wechseln aber auch zwischen zwei verschiedenen Wirten hin und her. Der ausgewachsene **Rinderbandwurm** (*Taenia saginata*) zum Beispiel lebt im Dickdarm des Menschen, seine Larve ■ entwickelt sich jedoch in Rindern. Der Malariaparasit *Plasmodium* ■ wechselt zwischen Menschen und Mücken.

Anemonenfische

Ein Fremder im Nest
Sobald der junge Kuckuck geschlüpft ist, wirft er alle anderen Eier aus dem Nest. Dann hat er alle von den Pflegeeltern gelieferte Nahrung für sich allein.

Brutparasit

Ein Tier, das seine Jungen von einer anderen Spezies großziehen lässt

Die Aufzucht der Jungen erfordert viel Zeit und Energie. Brutparasiten überlassen diese Arbeit den Eltern einer anderen Spezies. Diese Pflegeeltern merken nicht, dass sie hinters Licht geführt wurden, und ziehen das Junge des Parasiten wie ihr eigenes groß. Ein bekannter Brutparasit ist der **Kuckuck** (*Cuculus canorus*). Er nutzt oft Grasmücken und andere kleine Vögel ■ aus; seine Eier ähneln denen der Wirte.

Überträger

Ein Lebewesen, das Parasiten oder Krankheitserreger von einem Wirt zum anderen überträgt

Überträger helfen Parasiten oder Krankheitserregern ■ bei der Ausbreitung. Häufig beißen oder stechen sie einen potenziellen Wirt, sodass der Parasit oder Erreger in dessen Organismus eindringen kann. Zu den bekanntesten Überträgern gehören die Stechmücken aus der Familie der Fliegen ■.

Naturschutz

Die Menschen verbrauchen auf der Erde einen Großteil der Ressourcen und produzieren gewaltige Abfall- und Schmutzmengen. Naturschutz trägt dazu bei, dass wir den Lebewesen, mit denen wir die Erde teilen, weniger Schaden zufügen.

Naturschutz

Die Bewirtschaftung der Ressourcen zum Schutz der Natur

Der Mensch schädigt andere Lebensformen auf vielerlei Weise. Landwirtschaft und Fischerei beeinträchtigen natürliche Nahrungsketten ▪, Straßen- und Wohnungsbau zerstört natürliche Lebensräume ▪. Der Naturschutz sichert durch sorgfältige Planung und Bewirtschaftung, dass wir die Natur möglichst wenig schädigen.

Luftschadstoffe
Im 20. Jahrhundert wurden viele Schadstoffe in die Luft gepumpt, die wir alle atmen.

Umweltverschmutzung

Die Schädigung der Natur durch Chemikalien und andere Einflüsse

Durch Umweltverschmutzung ändert sich das chemische Gleichgewicht in der Natur. Wir produzieren gewaltige Mengen von **Schadstoffen** wie Haushaltsabfall, Abwasser, schädliche Chemikalien und andere Stoffe. Manche Schadstoffe gelangen in die Luft, andere werden an Land abgelagert oder fließen in die Gewässer. Welche Schäden sie auf lange Sicht anrichten, weiß man meist nicht.

Biologische Vielfalt

Die Artenvielfalt in einem Gebiet

Die biologische Vielfalt ist je nach Lebensraum unterschiedlich. Regenwälder beherbergen eine große Artenvielfalt, in Wüsten gibt es nur relativ wenige Spezies ▪. Die wachsende menschliche Bevölkerung schädigt die Artenvielfalt stark: Nach Schätzungen ist bereits am Ende des 20. Jahrhunderts ein Fünftel aller Arten ausgestorben ▪.

Saurer Regen

Regen, der durch Luftschadstoffe viel Säure enthält

Gase aus der Atmosphäre lösen sich im Regenwasser. Sind darunter schädliche Gase wie Schwefeloxide aus Kraftwerken und Stickoxide aus Autos, enthält der Regen viel Säure. In manchen Teilen Europas und Amerikas hat der saure Regen große Waldgebiete geschädigt.

Ozonloch

Die Schrumpfung der atmosphärischen Ozonschicht

Die Ozonschicht liegt in der Atmosphäre etwa 40 km über dem Boden und schützt die Erde vor der schädlichen ultravioletten Strahlung im Sonnenlicht ▪. In den letzten Jahren gelangten immer mehr **Fluorchlorkohlenwasserstoffe (FCKWs)** in die Atmosphäre, Gase, die mit dem Ozon reagieren und die Ozonschicht schrumpfen lassen. Deshalb erreicht mehr ultraviolette Strahlung die Erde; diese Strahlung ist für Lebewesen gefährlich, denn sie kann die Nucleinsäuren ▪ schädigen, sodass genetische Fehler und Krebs entstehen.

Schutz der Antarktis
Die Antarktis ist die größte noch verbliebene Wildnis auf der Erde. Ohne strengen Naturschutz wäre auch dieser unwirtliche Kontinent durch die Suche nach Öl und Bodenschätzen gefährdet.

Entwaldung

Das Abholzen von Wäldern

In vielen Gegenden wurden Wälder vollständig abgeholzt, weil man Flächen für die Landwirtschaft brauchte. Diese Entwaldung führt häufig zur **Wüstenbildung**: Mineralische Nährstoffe ■ werden aus dem nackten Boden gewaschen, sodass fruchtbares Land sich in wenigen Jahren in eine Halbwüste verwandelt.

Treibhauseffekt

Die Ansammlung von Wärme in der Erdatmosphäre

Ein Teil der Energie, die als Sonnenlicht auf die Erde fällt, wird reflektiert. Sie gelangt dann aber nicht vollständig in den Weltraum, sondern wird teilweise von den Gasen der Atmosphäre festgehalten, vor allem vom Kohlendioxid. Wie unter dem Glas eines Treibhauses erwärmt sich die Erde so stark, dass Leben möglich ist. Im 20. Jahrhundert ist der Kohlendioxidgehalt der Atmosphäre durch Entwaldung und Verfeuern fossiler Brennstoffe ■ stark angestiegen. Die Folge war die **globale Erwärmung**, eine Zunahme der Durchschnittstemperatur auf der Erde.

Eutrophierung

Das Einbringen von Nährstoffen in Gewässer-Ökosysteme

Viele von uns produzierte Abfälle enthalten mineralische Nährstoffe wie Phosphate und Nitrate. Werden sie in Gewässer gespült, wirken sie wie Dünger. Die Folge ist eine Algenblüte ■: Die Algen verbrauchen den Sauerstoff im Wasser, sodass Fische und andere Lebewesen zu Grunde gehen.

Biozid

Eine Substanz, die Lebewesen tötet

Es gibt zwei Hauptgruppen von Bioziden: **Herbizide** töten unerwünschte Pflanzen (**Unkräuter**), **Pestizide** vernichten Tiere, die der Landwirtschaft im Wege stehen. Biozide erfüllen ihren Zweck, schädigen aber oft auch andere Arten. Ungefährlicher ist die Methode der **biologischen Schädlingsbekämpfung**. Dabei setzt man natürliche Räuber ■ oder Parasiten gegen die Schädlinge ein, denn diese greifen nur die betreffende Spezies an, lassen andere aber ungeschoren und bleiben auch nicht als giftige Abfallstoffe in der Umwelt.

Rachel Carson

Amerikanische Biologin und Schriftstellerin, 1907–1964

Rachel Carson schrieb *Der stumme Frühling*, eines der wichtigsten Bücher in der Geschichte der Ökologie. Es erschien 1962 und erklärt, wie Chemikalien die Umwelt schädigen können. Der Titel sollte eine Warnung sein: Eines Tages würden Pestizide so viele Vögel töten, dass ihr Gesang nicht mehr den Frühling ankündigt. *Der stumme Frühling* machte erstmals auf die Umweltverschmutzung aufmerksam und kennzeichnet den Beginn der modernen Umweltbewegung.

Biologisch abbaubar

Eigenschaft eines Stoffes, der durch natürliche Vorgänge abgebaut wird

Biologisch abbaubare Stoffe wie Papier werden nach dem Wegwerfen von Destruenten ■ abgebaut. Kunststoffe sind vielfach **nicht biologisch abbaubar** und bleiben sehr lange erhalten.

Pioniere der Biologie

Addison, Thomas
Britischer Arzt, 1793–1860
Erforschte die Nebennieren; Mitbegründer der Endokrinologie

an-Nafis, Ibn *(siehe Seite 127)*

Anning, Mary
Britische Fossilsammlerin, 1799–1847
Entdeckte einen fossilen Ichthyosaurier sowie die ersten Fossilien eines Plesiosauriers und eines Pterodactylus.

Aristoteles *(siehe Seite 14)*

Avery, Oswald
Amerikanischer Bakteriologe, 1877–1955
Wies nach, dass man eine Form von Bakterien durch Behandlung mit DNA einer anderen in diese »verwandeln« kann – der Beweis, dass DNA genetische Anweisungen trägt.

Avicenna (Ibn Sina)
Arabischer Arzt, 980–1037
Schrieb ein medizinisches Handbuch, das in Europa bis zum 18. Jahrhundert in Gebrauch war.

Bacon, Francis
Britischer Philosoph und Schriftsteller, 1561–1626
Entwickelte naturwissenschaftliche Methoden und betonte die Bedeutung des Sammelns von Daten.

Baer, Karl von
Estnischer Embryologe, 1792–1876
Begründer der modernen Embryologie. Entdeckte, dass der Graaf-Follikel die Eizelle enthält, und untersuchte die Formentstehung bei Tieren.

Banks, Sir Joseph
Britischer Naturforscher, 1734–1820
Reiste viel auf der Südhalbkugel und brachte viele exotische Pflanzen nach Europa.

Banting, Sir Frederick
Kanadischer Physiologe, 1891–1941
Entwickelte eine Methode zur Gewinnung von Insulin aus dem Pankreas und damit zur Behandlung der Zuckerkrankheit.

Bary, Anton de *(siehe Seite 77)*

Bates, Henry
Britischer Naturforscher, 1825–1892
Äußerte die Idee, manche ungefährlichen Tiere könnten gefährliche nachahmen – heute sprechen wir von Batesscher Mimikry.

Bateson, William
Britischer Genetiker, 1861–1926
Äußerte die Ansicht, Lebewesen könnten sich in Sprüngen weiterentwickeln, wobei dazwischen Phasen mit wenig Veränderungen liegen.

Benenden, Edouard van
Belgischer Cytologe, 1846–1910
Entdeckte, dass jede Spezies in ihren Zellen eine charakteristische Chromosomenzahl besitzt.

Bernard, Claude
Französischer Physiologe, 1813–1878
Untersuchte, wie der Körper seinen stabilen Zustand beibehält; formulierte die Vorstellung von der Homöostase.

Bichat, Marie François
(siehe Seite 23)

Blackman, Frederick
Englischer Physiologe, 1866–1947
Wies nach, dass Pflanzen durch die Spaltöffnungen Gase austauschen.

Boussingault, Jean-Baptiste
Französischer Chemiker, 1802–1887
Wies nach, dass Pflanzen aus der Familie der Schmetterlingsblütler den Luftstickstoff fixieren können.

Boveri, Theodor
Deutscher Zellbiologe, 1862–1915
Wies nach, dass eine normale Entwicklung nur mit einem vollständigen Chromosomensatz möglich ist.

Broca, Paul
Französischer Chirurg, 1824–1880
Wies als Erster nach, dass einzelne Gehirnregionen für bestimmte Körperfunktionen verantwortlich sind.

Brown, Robert
Britischer Botaniker, 1773–1858
Entdeckte die zufällige Bewegung der Moleküle (Brownsche Bewegung); beobachtete als Erster den Kern lebender Zellen.

Buchner, Eduard
Deutscher Chemiker, 1860–1917
Wies nach, dass Gärung auch außerhalb der Zellen möglich ist, was zum Begriff der Enzyme führte.

Buffon, Graf Georges-Louis
Französischer Naturforscher, 1707–1788
Stellte Vermutungen über die Evolution an und veröffentlichte eine 44-bändige Naturenzyklopädie.

Calvin, Melvin
Amerikanischer Biochemiker, 1911–1997
Klärte den Weg der Kohlenstoffatome in der Photosynthese auf.

Camerarius, Rudolf
Deutscher Botaniker, 1665–1721
Erarbeitete experimentelle Belege für die sexuelle Fortpflanzung der Pflanzen.

Candolle, Augustin de
Schweizer Botaniker, 1778–1841
Untersuchte die Verwandtschaft der Pflanzen anhand ihrer ähnlichen Form.

Carson, Rachel
(siehe Seite 177)

Chain, Sir Ernst
Deutsch-britischer Biochemiker, 1906–1979
Wirkte an der Isolierung des Penicillins mit, sodass es als Medikament dienen konnte.

Chargaff, Erwin
Amerikanischer Biochemiker, geb. 1905
Wies nach, dass die vier Basen sich im DNA-Molekül paaren.

Colombo, Matteo
Italienischer Anatom, 1516–1559
Wies nach, dass das Blut vom Herzen zur Lunge und wieder zurück fließt.

Crick, Francis
(siehe Seite 35)

Cuvier, Baron Georges
Französischer Biologe, 1769–1832
Rekonstruierte als einer der Ersten ausgestorbene Tiere aus unvollständigen Fossilien und leistete wichtige Beiträge zur Einteilung der Tiere.

Darwin, Charles *(siehe Seite 45)*

de Vries, Hugo
Niederländischer Botaniker,
1848–1935
Stellte genetische Untersuchungen an und vertrat die zuvor übersehenen Ansichten Mendels.

Doisy, Edward
Amerikanischer Biochemiker,
1893–1986
Isolierte das an der Blutgerinnung beteiligte Vitamin K.

Dubois, Marie Eugene
Niederländischer Paläoanthropologe,
1858–1941
Entdeckte Fossilien des Javamenschen, einer Form des *Homo erectus*.

Dutrochet, Henri
Französischer Physiologe, 1776–1847
Entdeckte die Spaltöffnungen der Pflanzenblätter und wies nach, dass nur grüne Pflanzenteile Kohlendioxid aufnehmen.

Duve, Christian de
Belgischer Biochemiker, geb. 1917
Entdeckte die Lysosomen und untersuchte ihre Funktion

Ehrlich, Paul
Deutscher Biochemiker, 1854–1915
Wies Substanzen nach, die als Arzneistoffe dienen und Bakterien im Organismus vernichten können.

Eijkman, Christiaan
Niederländischer Arzt, 1858–1930
Entdeckte, dass man die Mangelkrankheit Beriberi durch Ernährungsumstellung heilen kann.

Enders, John
Amerikanischer Virologe, 1897–1985
Entwickelte Methoden zur Virenzucht im Labor

Fabre, Jean-Henri
Französischer Insektenforscher,
1823–1915
Machte die Erforschung der Insekten durch seine Schriften populär.

Fallopio, Gabriello (Fallopius)
Italienischer Anatom, 1523–1562
Entdeckte die Eileiter von den Eierstöcken zur Gebärmutter.

Fisher, Ronald
Britischer Genetiker, 1890–1962
Untersuchte mit statistischen Methoden die sexuelle Selektion.

Fleming, Sir Alexander
Britischer Mikrobiologe, 1881–1955
Entdeckte das Penicillin, das erste Antibiotikum.

Flemming, Walther
Deutscher Zellbiologe, 1843–1905
Entdeckte das Chromatin und beobachtete als Erster die Mitose.

Florey, Sir Howard
Australischer Pathologe, 1898–1968
Wirkte an der Isolierung des Penicillins mit, sodass es als Medikament dienen konnte.

Franklin, Rosalind
(*siehe Seite 35*)

Frisch, Karl von
Österreichischer Verhaltensforscher,
1886–1982
Erforschte den Bienentanz.

Galen, Claudius (Galenus)
Römischer Anatom, 129–199 n. Chr.
Erforschte Bau und Funktion des menschlichen Körpers; seine Lehren galten viele Jahrhunderte lang.

Galvani, Luigi (*siehe Seite 143*)

Golgi, Camillo
Italienischer Histologe, 1844–1926
Entwickelte eine Methode zur Färbung von Nerven und entdeckte den Golgi-Apparat.

Goodall, Jane
Englische Biologin, 1934–1993
Untersuchte das Verhalten wilder Schimpansen und setzte sich für ihren Schutz ein.

Gould, Stephen Jay
(*siehe Seite 49*)

Gowland Hopkins, Frederick
Britischer Biochemiker, 1861–1947
Führte umfassende Untersuchungen zur Vitaminwirkung durch.

Gram, Hans
Dänischer Bakteriologe, 1853–1938
Entwickelte die Gramfärbung, mit der man Bakterien in zwei große Gruppen einteilen kann.

Haeckel, Ernst (*siehe Seite 169*)

Haldane, John
Britischer Biologe, 1892–1964
Untersuchte viele Aspekte von Physiologie und Biochemie; stellte Spekulationen über den Ursprung des Lebens an.

Hales, Stephen
Britischer Chemiker, 1677–1761
Beschrieb in seinem Buch *Vegetable Staticks* genaue Experimente zu Wachstum und Transpiration der Pflanzen.

Harden, Arthur
Britischer Biochemiker, 1865–1940
Untersuchte die Funktion der Enzyme bei der Gärung.

Harvey, William
Britischer Arzt, 1578–1657
Veröffentlichte die erste vollständige Beschreibung des Blutkreislaufes.

Helmholtz, Hermann von
(*siehe Seite 153*)

Hershey, Alfred
Amerikanischer Biochemiker,
1908–1997
Wies nach, dass Bakteriophagen-DNA genetische Information trägt.

Hippokrates
Griechischer Arzt, ca. 460–377 v. Chr.
Begründer der medizinischen Wissenschaft mit genauer Diagnose an Stelle von Mythos und Magie.

Hodgkin, Dorothy
Britische Biochemikerin, 1910–1994
Untersuchte das Penicillin und andere wichtige Substanzen mit Röntgenstrukturanalyse.

Hofmeister, Wilhelm
Deutscher Botaniker, 1824–1877
Entdeckte den Generationswechsel bei Pflanzen.

Holmes, Arthur
Britischer Geologe, 1890–1965
Entwickelte ein System geologischer Zeittafeln.

Hooke, Robert (*siehe Seite 21*)

Hooker, Joseph
Britischer Botaniker, 1817–1911
Reiste viel und brachte Pflanzen aus der ganzen Welt nach Europa.

Huxley, Hugh
Britischer Physiologe, geb. 1924
Trug zur Entwicklung der Gleitfilament-Theorie der Muskelkontraktion bei.

Fortsetzung nächste Seite ➤

Huxley, Thomas
Britischer Biologe, 1825–1895
Einflussreicher Vorkämpfer für
Darwins Evolutionstheorie.

Ingenhousz, Jan (siehe Seite 85)

Jenner, Edward
Britischer Arzt, 1749–1823
Pionier der Pockenschutzimpfung

Kekulé, Friedrich
(siehe Seite 25)

Kettlewell, Henry
Britischer Genetiker, 1907–1979
Wies den Industriemelanismus beim
Birkenspanner nach.

Khorana, Har Gobind
(siehe Seite 37)

Kitasato, Shibasaburo
Japanischer Bakteriologe, 1852–1931
Mitentdecker des Pestbakteriums

Koch, Robert (siehe Seite 61)

Krebs, Hans (siehe Seite 33)

Kühne, Wilhelm
Deutscher Physiologe, 1837–1900
Untersuchte chemische Verän-
derungen in den lichtempfindlichen
Pigmenten der Pflanzen.

Lamarck, Jean
Französischer Naturforscher,
1744–1829
Pionier der Evolutionstheorie,
Urheber des Lamarckismus, wonach
Lebewesen die während ihres Lebens
erworbenen Eigenschaften vererben.

Landsteiner, Karl
Österreichischer Immunologe
Entdeckte die menschlichen
Blutgruppen.

Lavoisier, Antoine
Französischer Chemiker, 1743–1794
Pionier der modernen Chemie;
erkannte, dass Lebewesen die
Nahrung durch Atmung oxidieren.

Leakey, Louis, Mary und Richard
(siehe Seite 55)

Leeuwenhoek, Antoni van
Niederländischer Mikroskopiker,
1632–1723
Entwickelte das einlinsige Mikroskop;
beobachtete Bakterien und andere
Mikroorganismen.

Levi-Montalcini, Rita
(siehe Seite 149)

Liebig, Justus von (siehe Seite 171)

Lind, James
Britischer Arzt, 1716–1794
Fand heraus, dass Zitrusfrüchte die
Vitamin-C-Mangelkrankheit Skorbut
verhüten.

Linné, Carl von
(siehe Seite 59)

Lorenz, Konrad
Österreichischer Verhaltensforscher,
1903–1989
Pionier der Verhaltensforschung.

Ludwig, Karl
Deutscher Physiologe, 1816–1895
Entwickelte Methoden zur Unter-
suchung der Körperfunktionen.

Lyell, Charles
Britischer Geologe, 1797–1875
Vertrat den Uniformitarianismus,
wonach Gesteinsformationen sich
allmählich aufbauen und wieder
angetragen werden. Seine Ideen
lieferten Darwin wichtige Anhaltspunkte für die Evolutionstheorie.

Lyssenko, Trofim
Sowjetischer Genetiker, 1898–1976
Regte Kreuzungsversuche auf
Grund der falschen Vorstellungen
Lamarcks an. Wegen seiner
beherrschenden Stellung wurden
Mendel-Genetiker in der früheren
Sowjetunion verfolgt.

Malpighi, Marcello (siehe Seite 141)

Malthus, Thomas
Britischer Geistlicher, 1766–1834
Schrieb den Aufsatz Essay on the
Principle of Population, der Darwin
später auf die Idee vom
Überlebenskampf brachte.

McClintock, Barbara
Amerikanische Genetikerin,
1902–1992
Entdeckte, dass manche Gene in und
zwischen den Chromosomen springen
können.

Mead, Margaret
Amerikanische Anthropologin,
1901–1978
Stellte eingehende Untersuchungen
des menschlichen Verhaltens in
verschiedenen Gesellschaften an.

Mendel, Gregor Johann
(siehe Seite 43)

Meyerhof, Otto
Deutsch-amerikanischer Biochemiker,
1884–1951
Entdeckte, wie sich in den Muskeln
die Milchsäure bildet.

Miller, Stanley (siehe Seite 52)

Monod, Jacques
Französischer Biochemiker,
1910–1976
Entdeckte einen Mechanismus zum
Ein- und Ausschalten der Gene.

Morgan, Thomas
Amerik. Genetiker, 1866–1945
Entwickelte die Theorie, dass die
Chromosomen genetische Infor-
mation tragen.

Müller, Johannes
Deutscher Physiologe, 1801–1858
Pionier der Physiologie; erforschte
Kreislauf, Sinnesorgane und
Nervensystem.

Müller, Paul
Schweizer Chemiker, 1899–1965
Entwickelte das DDT, ein wirksames,
aber nicht abbaubares Insektizid.

Nägeli, Karl
Schweizer Botaniker, 1817–1891
Machte wichtige Beobachtungen zu
Pflanzenwachstum und Zellteilung.

Oparin, Alexandr
Russischer Biochemiker, 1894–1980
Vertrat die Vorstellung, das Leben
könne durch chemische Prozesse
entstanden sein.

Palade, George
Rum.-amerik. Zellbiologe, geb. 1912
Entdeckte die Ribosomen und klärte
die Funktion der Mitochondrien auf.

Pasteur, Louis
Französischer Mikrobiologe,
1822–1895
Pionier der Mikrobiologie; untersuchte Gärung und Infektionskrankheiten, widerlegte mit anderen
die Theorie der Spontanzeugung.

Pauling, Linus
Amerikanischer Biochemiker,
1901–1994
Untersuchte Proteinstrukturen und
äußerte erste Vorstellungen über den
Aufbau der DNA.

◄ Fortsetzung von der vorherigen Seite

Pawlow, Iwan
(siehe Seite 159)

Payen, Anselme *(siehe Seite 31)*

Perutz, Max
Österreichischer Biochemiker,
geb. 1914
Klärte Struktur des Hämoglobins auf.

Plinius, Gaius
Römischer Naturforscher, ca. 23–79
n. Chr.
Schrieb *Historia Naturalis*, eine frühe
Naturenzyklopädie.

Priestley, Joseph
Britisch-amerikanischer Chemiker,
1733–1804
Entdeckte den Sauerstoff und wies
nach, dass er von Pflanzen erzeugt
und von Tieren verbraucht wird.

Pringsheim, Nathanael
(siehe Seite 69)

Purkinje, Johannes
Tschechischer Zellbiologe,
1787–1869
Entdeckte stark verzweigte Neuronen
im Gehirn.

Ramón y Cajal, Santiago
Spanischer Physiologe, 1852–1934
Pionier der Nervenforschung und der
Färbung von Nervenzellen.

Ray, John
Britischer Naturforscher, 1627–1705
Pionier der Pflanzensystematik.

Réaumur, René Antoine
Französischer Naturforscher und
Physiker, 1683–1757
Nahm an Wirbellosen, insbesondere
Insekten, genaue Untersuchungen vor.

Redi, Francesco
Italienischer Arzt, 1626–1697
Prüfte als einer der Ersten mit
Experimenten die Theorie der
Spontanzeugung.

Ross, Ronald
Britischer Medizinforscher,
1857–1932
Klärte den Lebenszyklus des
Malariaparasiten auf.

Roux, Pierre
Franz. Bakteriologe, 1853–1933
Entdeckte, dass Bakterien starke Gifte
(Toxine) abgeben und damit Krank-
heiten auslösen.

Sachs, Julius von
Deutscher Botaniker, 1832–1897
Wies nach, dass die Photosynthese in
den Chloroplasten abläuft, und unter-
suchte die Mineralienaufnahme durch
Pflanzen.

Sanctorius (Santorio Santorio)
Italienischer Arzt, 1561–1636
Untersuchte Körperfunktionen;
wohnte, um den Stoffwechsel zu
erforschen, mehrere Tage lang in
einem großen Wiegeapparat.

Sanger, Frederick
Britischer Biochemiker, geb. 1918
Entwickelte Methoden zur Auf-
klärung der Basenreihenfolge
(Sequenz) in der DNA.

Schleiden, Jakob
(siehe Seite 21)

Schwann, Theodor
Deutscher Physiologe, 1810–1882
Trug zur Entwicklung der Zelltheorie
bei und prüfte die Theorie der
Spontanzeugung.

Snow, John
Britischer Arzt, 1813–1858
Entdeckte, dass Cholera, eine
Bakterieninfektion, durch
verseuchtes Wasser übertragen wird.

Spallanzani, Lazzaro
(siehe Seite 53)

Stanley, Wendell
Amerikanischer Biochemiker,
1904–1971
Wies nach, dass gereinigte Viren sich
kristallisieren lassen.

Starling, Ernest
Britischer Physiologe, 1866–1927
Prägte den Begriff »Hormone« und
begründete ihre Erforschung, die
Endokrinologie.

Sturtevant, Alfred
Amerikanischer Genetiker,
1891–1970
Entwickelte Methoden zur
Chromosomenkartierung durch den
Nachweis gemeinsam vererbter Gene.

Szent-György, Albert von
Ungarischer Biochemiker, 1863–1986
Untersuchte die Muskelkontraktion und beobachtete,
wie Muskelproteine sich auch
außerhalb des Gewebes
zusammenziehen.

Takamine, Joichi
(siehe Seite 134)

Theophrastus
Griechischer Naturforscher, ca.
372–286 v. Chr.
Legte mit seinen Pflanzen-Büchern
den Grundstein für die Botanik.

Tinbergen, Nikolaas
Niederländischer Verhaltensforscher,
1907–1988
Stellte berühmte Untersuchungen des
Tierverhaltens an.

Twort, Frederick
Britischer Mikrobiologe, 1877–1950
Wies als einer der Ersten die Bakterio-
phagen nach.

Urey, Harold
(siehe Seite 52)

Wawilow, Nikolai
Russischer Botaniker, 1887–1942
Entwickelte Kreuzungsverfahren zur
Verbesserung von Nutzpflanzen; starb
als Gegner Lyssenkos im
Gefangenenlager.

Vesalius, Andreas
Belgischer Anatom, 1514–1564
Gab erste richtige Beschreibung des
menschlichen Körperbaues.

Virchow, Rudolf
Deutscher Arzt und Zellbiologe,
1821–1902
Trug zur Durchsetzung der Zellbiologie bei und begründete die
moderne Pathologie.

Wallace, Alfred Russel
(siehe Seite 45)

Watson, James
(siehe Seite 35)

White, Gilbert
Britischer Naturforscher, 1720–1793
Verfasste *The Natural History of
Selborne*, eine klassische Beschreibung
von Tieren und Pflanzen.

Wilson, Edward
Amerikanischer Biologe, geb. 1929
Fachmann für Tiergesellschaften;
begründete die Soziobiologie.

Wöhler, Friedrich
Deutscher Chemiker, 1800–1882
Stellte als Erster die organische
Verbindung Harnstoff aus
anorganischen Substanzen her.

Register

In diesem Register sind alle Haupteinträge und Untereinträge mit den zugehörigen Seitenzahlen zu finden. Hinter den Untereinträgen steht der Haupteintrag in Klammern. Tabelleneinträge sind mit dem kursiven Wort *Tabelle* gekennzeichnet.

Danksagungen

Dorling Kindersley dankt Nachfolgenden: Esther Labi: Redaktionsassistenz, Register; Lucy Pringle: Bildbibliothek; Miriam Farbey: Datenbank. Fotos: Dennis Avon, Peter Anderson, Steve Bartholomew, Geoff Brightling, David Burnie, Jane Burton, Peter Chadwick, Geoff Dann, Richard Davies, Philip Dowell, Andreas Einsiedel, Neil Fletcher, Yaël Freudmann, Frank Greenaway, Steve Gorton, Stephen Hayward, Colin Keates, Dave King, Cyril Laubscher, Michael Leach, Mike Linley, Andrew McRobb, Roger Phillips, Susannah Price, Tim Ridley, Karl Shone, Kim Taylor, Spike Walker, Matthew Ward, Andrew Webb, Jerry Young.

FOTONACHWEISE t = oben b = unten c = Mitte l = links r = rechts **Archiv für Kunst und Geschichte, Berlin** 35cr, 77tr. **Biophoto Associates** 27br. **British Antarctic Survey** 177b. **Bruce Coleman** 49c Jen & Des Bartlett 25br; Jane Burton 53tc, 53c, 117bc; Eric Crichton 78tr; Adrian P. Davies 78c; Jeff Foott 71c; CB & DW Frith 168cr; David Hughes 145cl; Felix Labhardt 30tc; Dieter & Mary Plage 44tl; Leonard Lee Rue III 173cb; Frieder Sauer 77bl; Nancy Sefton 99br; Kim Taylor 79cl, 96bc, 100tc, 117tl, 157br; Gunter Ziesler 99tr. **David Burnie** 75tc, 87bc. **Camera Press** 49tr /Grazia neri 149tr. **Mary Evans Picture Library** 14tr, 141tr, 143br, 153tr, 171tr, 159tl. **Derek Hall** 74bl, 75cr. **Robert Harding Picture Library** 48c, 53br. **Hulton Deutsch Collection** 21tr, 23tr, 33tr, 35tr, 37tr, 45tr, 55tr, 169tl, 177tr. **Mansell Collection** 43tr, 53tr. **Nature Photographers** /Nicholas Brown 173cl. **NHPA** /Berthoule 104bc; Stephen Dalton 93cl; Scott Johnson 97cl; John Shaw 83bl, 83cl. **Oxford Scientific Films** 26b, 86bc /Doug Allan 159tr; G.I. Bernard 123cr; Mike Birkhead 175tr; P. Breck 47tc; Michael Leach 172tr; Photo Researchers Inc. /Nick Bergkessel 146tr; David Thompson 159bc. **Performing Arts Library** /Laurie Lewis 155bl. **Planet Earth Picture Library** 144bc /K. Ammann 115tr; Geoff du Feu 48tr; Chris Howes 176cl; Doug Perrine 98tr. **Harry Smith Collection** 172cb. **Science Photo Library** 25tr, 35tc, 59tr, 151tr /Biocosmos /Francis Leroy 129c; Biology Media 131cl, 142c; Biophoto Associates 38c; Martin Bond 10cl; Dr Jeremy Burgess 7bl, 20bl, 45tc, 79cb, 92tl, 93bc; John Burbridge 23cl; Dr R. Clark & M.R. Goff 133cl; CNRI 38tr, 39c, 39cr, 128c, 128bc, 131cr; John Durham 79br; Manfred Kage 23b, 63c, 64cr; Omi Kron 61c; Prof. P. Motta 19cr, 127cl; NASA/Dr Gene Feldmann/GSFC 64b; Division of Computer Research & Technology /National Institute of Health 130bc; National Library of Medicine 61tr; NIBSC 18bl; Claude Nuridsany & Marie Perennou 63bl; David Parker 11b; John Reader 54cl; Roger Ressmeyer 52br; J.C. Revy 135b; Andrew Syred 10cr.

BILDNACHWEISE
John Woodcock 6, 64, 65bl, 67, 68, 84tc, 93, 96, 122r, 123, 124, 125, 133, 150, 154, 161, 171. **Janos Marffy** 5c, 34, 35, 36, 37, 38, 40, 41c, 58, 65tc, 85t, 127r, 130, 131, 132, 134c. **Andrew Green** 5c, 22, 34, 35, 36, 37, 40, 41c, 65tc, 143. **Sandra Pond / Will Giles** 59, 62, 63, 83, 91, 97, 122bl, 134br, 148, 169, 173. **Peter Visscher** 42, 117. **Sean Milne** 164, 165. **Nick Hall** 153.**Yaël Freudmann** 31, 41r. **Simone Ward** 126, 127bl, 162.